同步视频+实例文件+配套资源+在线服务

AutoCAD

2022中文版

室内设计一本通

张 亭·编著

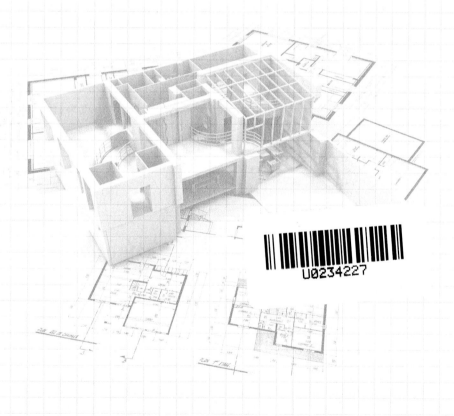

U0234227

人民邮电出版社
北京

图书在版编目（CIP）数据

AutoCAD 2022中文版室内设计一本通 / 张亭编著
. -- 北京 : 人民邮电出版社, 2022.5 (2022.11重印)
ISBN 978-7-115-58418-2

Ⅰ. ①A… Ⅱ. ①张… Ⅲ. ①室内装饰设计—计算机
辅助设计—AutoCAD软件 Ⅳ. ①TU238.2-39

中国版本图书馆CIP数据核字(2021)第268610号

内 容 提 要

本书依据 AutoCAD 认证考试大纲编写，重点介绍 AutoCAD 2022 中文版的新功能及其在室内设计应用方面的各种基本操作方法和技巧。本书在大量利用图解方法进行知识点讲解的同时，巧妙地融入了室内设计工程应用案例，使读者能够真正提升室内设计能力。

本书配套电子资源包括实例同步教学视频、源文件和素材、AutoCAD 认证考试大纲及练习题等，供读者学习参考。

本书既可以作为 AutoCAD 初学者的入门参考书，也可作为参考 AutoCAD 认证考试人员的教学与自学参考书。

◆ 编　著　张　亭
　　责任编辑　李　强
　　责任印制　马振武
◆ 人民邮电出版社出版发行　　北京市丰台区成寿寺路 11 号
　　邮编　100164　　电子邮件　315@ptpress.com.cn
　　网址　https://www.ptpress.com.cn
　　北京九州迅驰传媒文化有限公司印刷
◆ 开本：787×1092　1/16
　　印张：25　　　　　　　　2022 年 5 月第 1 版
　　字数：639 千字　　　　　2022 年 11 月北京第 2 次印刷

定价：89.80 元

读者服务热线：(010)81055493　印装质量热线：(010)81055316
反盗版热线：(010)81055315
广告经营许可证：京东市监广登字 20170147 号

　　室内设计是建筑物内部的环境设计，是以一定建筑空间为基础，运用技术和艺术因素制造人工环境，是一种以追求室内环境多种功能完美结合、能充分满足人们生活和工作中的物质需求和精神需求为目标的设计活动。因此，从一定意义上说，室内设计是建筑设计的延续、完善和再创造。建筑设计完成后，室内设计按照相应的功能对原建筑设计进行进一步的细化和完善，并对原建筑设计中存有缺陷的空间进行优化、改造；如果原建筑设计提供的空间与使用者需要的功能要求不一致，室内设计可以在不违背相关规范的前提下根据实际的要求重新进行功能设计和空间改造。

　　AutoCAD 是美国 Autodesk 公司推出的集二维绘图、三维设计、渲染及通用数据库管理和互联网通信功能为一体的计算机辅助绘图软件包。它自 1982 年被推出以来，从初期的 1.0 版本，经多次更新和性能完善，不仅在机械、电子和建筑等工程设计领域得到了广泛的应用，而且在地理、气象、航海等特殊图形的绘制方面也得到了应用，甚至在乐谱、灯光、幻灯和广告等领域也得到了多方面的应用，目前已成为 CAD 系统中应用最为广泛的图形软件之一。本书以 AutoCAD 2022 版本为基础讲解其在室内设计中的应用方法和技巧。

一、编写目的

　　鉴于 AutoCAD 丰富的功能和深厚的工程应用底蕴，编者力图为初学者、自学者或准备参加 AutoCAD 认证考试的读者开发一套多方位介绍 AutoCAD 在各个行业应用实际情况的图书。在具体编写过程中，编者不求事无巨细地将 AutoCAD 知识点介绍得面面俱到，而是针对本行业需要，参考 AutoCAD 认证考试新大纲，以 AutoCAD 大体知识脉络为线索，以"实例"为抓手，由浅入深，从易到难地安排全书内容，以帮助读者快速掌握利用 AutoCAD 进行本行业工程设计的基本技能和技巧。希望本书能够为广大读者的学习起到良好的引导作用，并为广大读者学习 AutoCAD 提供一个快捷、有效的途径。

二、本书特点

1. 编者专业性强，经验丰富

　　编者在高校从事了多年的计算机图形教学研究工作，具有丰富的教学实践经验，能够准确地把握学生的实际需求，前期出版的 AutoCAD 相关图书经过市场检验很受读者欢迎。编者总结了多年的设计经验和教学的心得体会，结合 AutoCAD 认证考试新大纲要求编写此书，本书具有很强的专业性和针对性。

2．实例丰富，步步为营

作为 AutoCAD 软件在室内设计领域的应用类图书，编者力求避免空洞的介绍和描述，多数知识点配有工程实例，既有知识点讲解的小实例，也有几个知识点或全章知识点结合的综合实例，还有练习提高的上机实例。各种实例交错讲解，从而帮助读者加深理解，巩固学习成效。

3．技巧总结，点石成金

除了一般技巧说明性的内容，本书在大部分章节的最后部分还特别设计了"名师点拨"的内容环节，针对本章内容所涉及的知识给出编者多年操作应用的经验总结和关键操作技巧提示，进一步帮助读者提升绘图效率。

4．认证实题训练，模拟考试环境

本书编者负责 AutoCAD 认证考试大纲的制定和考试题库建设，所以本书在大部分章节设计了一个"模拟考试"的内容环节。所有的模拟试题均来自 AutoCAD 认证考试题库，具有真实性和针对性。

三、本书配套电子资源

1．56 个实例同步教学视频（动画演示）

为了方便读者学习，针对书中大多数实例，本书专门制作了同步教学视频（动画演示），使用微信"扫一扫"功能扫描正文中的二维码，读者可以轻松愉悦地学习本书内容。

2．AutoCAD 绘图技巧集、快捷命令速查手册等辅助学习资料

本书配套电子资源提供 AutoCAD 绘图技巧集、快捷命令速查手册、常用工具按钮速查手册、常用快捷键速查手册、疑难问题汇总等电子文档，方便读者使用。

3．10 套大型图纸设计方案及其同步教学视频

为了帮助读者拓展视野，随书赠送 10 套大型图纸设计方案、图纸源文件及同步教学视频。

4．全书实例的源文件和素材

本书配套电子资源中包含实例的源文件和素材，可供读者使用。

5．室内设计常用图块

本书配套电子资源赠送室内设计常用图块，读者可根据需要直接或稍加修改后使用，提高绘图效率。

6．认证考试相关资料

本书配套电子资源中提供了 AutoCAD 认证考试大纲和 3 套 AutoCAD 认证考试模拟题，可以帮助读者更有针对性地学习和通过相关认证考试。

四、本书服务

1. AutoCAD 2022 安装软件的获取

在学习本书前，请先在计算机中安装 AutoCAD 2022 软件（本书配套资源中不附带软件安装程序），读者可在 Autodesk 官网下载其试用版本，也可在当地电脑城、软件经销商处购买软件使用。安装完成后，即可按照本书的实例进行操作练习。

2. 关于本书和配套资源的技术问题或有关本书信息的发布

读者遇到有关本书的技术问题，可以加入 QQ 群 597056765 进行咨询，也可以将问题发送到邮箱 2243765248@qq.com，编者将及时回复。

五、关于作者

本书主要由张亭老师编写，解江坤对本书进行了全面的审校。本书是编者的一点心得，书中难免存在疏漏之处，敬请各位读者批评指正。

编　者

扫描关注公众号
输入"58418"获
取配套电子资源

CONTENTS 目 录

第一篇　基础知识篇

第三篇　洗浴中心室内设计综合实例篇

第一篇
基础知识篇

本篇主要介绍室内设计的基本理论和 AutoCAD 2022 的基础知识。

对室内设计基本理论进行介绍的目的是使读者对室内设计的各种基本概念、基本规则有一个基本的认识，并了解当前应用于室内设计领域的各种计算机辅助设计软件的功能特点和发展概况，从而帮助读者进行一个全景式的知识扫描。

对 AutoCAD 2022 的基础知识进行介绍的目的是为下一步室内设计案例讲解进行必要的知识准备。本篇主要介绍 AutoCAD 2022 的基本绘图方法、快速绘图工具的使用及各种基本室内设计模块的绘制方法。

▶▶ 室内设计基本概念

▶▶ AutoCAD 2022 入门

▶▶ 二维绘制命令

▶▶ 基本绘图工具

▶▶ 编辑命令

▶▶ 文字和表格及尺寸

▶▶ 快速绘图工具

第1章

室内设计基本概念

本章主要介绍室内设计的基本概念和基本理论。只有掌握了基本概念，才能正确理解和领会室内设计布置图中的内容和安排方法、更好地学习室内设计的知识。

【内容要点】

☑ 室内设计基础

☑ 室内设计原理

☑ 室内设计制图的内容

☑ 室内设计制图的要求及规范

☑ 室内设计方法

【案例欣赏】

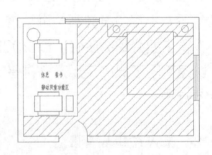

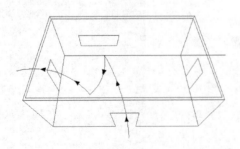

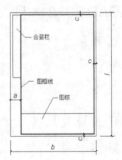

1.1　室内设计基础

室内装潢是现代工作生活空间环境中比较重要的内容，也是与建筑设计密不可分的组成部分。了解室内装潢的特点和要求，对学习使用 AutoCAD 进行室内设计是十分必要的。

1.1.1　室内设计概述

室内（Interior）是指建筑物的内部，即建筑物的内部空间。室内设计（Interior design）就是对建筑物的内部空间进行设计。所谓"装潢"，即"装点、美化、打扮"之义。关于室内设计的特点与专业范围，各种提法很多，但把室内设计简单地称为"装潢设计"是较为常见的。诚然，在室内设计工作中含有装潢设计的内容，但又不完全是单纯的装潢问题。要深刻地理解室内设计的含义，需要对历史文化、技术水平、城市文脉、环境状况、经济条件、生活习俗和审美要求等因素做出综合分析，只有这样才能掌握室内设计的内涵和其应有的特色。在具体的创作过程中，室内设计不同于雕塑、绘画等其他的造型艺术形式，它不能再现生活，只能运用特殊手段（如利用空间、体型、细部、色彩、质感等形式）创作出综合整体效果，从而表达各种抽象的意味，形成宏伟、壮观、粗放、秀丽、庄严、活泼、典雅等风格。因为室内设计的创作，其构思过程是受各种制约条件限定的，只能沿着一定的轨迹，运用形象的思维逻辑，创造出美的艺术形式。

室内设计是建筑创作不可分割的组成部分，其焦点是如何为人们创造出良好的物质与精神上的生活环境。室内设计不是一项孤立的工作，确切地说，它是建筑构思中的深化、延伸和升华，因而既不能人为地将其从完整的建筑总体构思中划分出去，也不能否认室内设计的相对独立性，更不能把室内外空间界定得那么准确。因为室内空间的创意，是相对于室外环境和总体设计架构而存在的，它们是相互依存、相互制约、相互渗透和相互协调的。忽视或有意割断这种内在的联系，将使创作犹如无源之水、无本之木一样失掉构思的依据，导致创作思路的枯竭，使作品变得苍白、落套而缺乏新意。显然，当今室内设计发展的特征，更多的是强调尊重人们自身的价值观、深层的文化背景、民族的形式特色及宏观的时代潮流。通过装潢设计，可以使得室内环境更加优美，更加适宜人们的工作和生活。图 1-1 和图 1-2 所示是常见住宅居室中的客厅装潢前后的效果对比。

图 1-1　客厅装潢前效果　　　　　图 1-2　客厅装潢后效果

尽管现代室内设计是一门新兴的学科，但是人们有意识地对自己生产、生活的室内场所进行布置，甚至美化装潢，赋予室内环境所希望的氛围，却早已从人类文明伊始就存在了。我国各类民居，如北京的四合院、四川的山地住宅及上海的里弄建筑等，在体现地域文化的建筑形体和室内空间组织、建筑装潢的设计与制作等方面，都有极为宝贵的可供借鉴的成果。随着经济的发展，从公共建筑、商业建筑开始，到涉及千家万户的居住建筑，在室内设计和建筑装潢方面都有了蓬勃的发展。当代社会是一个经济、信息、科技、文化等各方面都高速发展的社会，人们对社会的物质生活和精神生活不断提出新的要求，相应地人们对自身所处的生产、生活环境的质量也必将提出更高的要求，这就需要设计师从实践到理论去认真学习、钻研和探索，只有这样才能打造出安全、健康、适用、美观、能满足现代室内综合要求、具有文化内涵的室内环境。

从风格上划分，室内设计有中式风格、西式风格和现代风格，再进一步细分，可分为地中海风格、北美风格等。

1.1.2　室内设计特点

1．室内设计是建筑的构成空间，是环境的一部分

室内设计的空间存在形式主要是依靠建筑物的围合性与控制性而形成的，是在没有屋顶的空间中对其进行空间和地面两大体系设计语言的表现。当然，室内设计是以建筑为中心，和周围环境要素共同构成的统一整体，周围的环境要素既相互联系，又相互制约，组合成具有功能相对单一、空间相对简洁的室内设计。

室内设计是整体环境的一部分，是环境空间的节点设计，衬托主体环境的视觉形象构筑，同时，室内设计的形象特色还将反映建筑物的某种功能及空间特征。当设计师运用地面上形成的水面、草地、踏步、铺地的变化，或在空间中运用高墙、矮墙、花墙、透空墙等的处理，或在向外延伸时，包括花台、廊柱、雕塑、小品、栏杆等多种空间的隔断形式的交替使用，都要与建筑主体物的功能、形象、含义相得益彰，在造型、色彩上协调统一。因此，必须在整体性原则的基础上，处理好整体与局部、建筑主体与室内设计的关系。

2．室内设计的相对独立性

室内设计与任何环境一样，都是由环境的构成要素及环境设施所组成的空间系统。室内设计在整体的环境中具有相对独立的功能，也具有由环境设施构成的相对完整的空间形象，并且可以传达出相对独立的空间内涵，同时在满足部分人群行为需求的基础上，也可以为其带来精神上的慰藉，以及对美的、个性化环境的追求。

在相对独立的室内设计中，虽然从属于整体建筑环境空间，但每一处室内设计都是为了表达某种含义或服务于某些特定的人群行为，是外部环境的最终归宿，是整个环境的设计节点。

3．室内设计的环境艺术性

环境是一门综合的艺术，是一种空间艺术的载体，它将空间的组织方法、空间的造型方式、材料等与社会文化、人们的情感、审美、价值取向相结合，创造出具有艺术美感价值的环境空间。其为人们提供舒适、美观、安全、实用的生活空间，并满足人们生理、心理、审美等多方面的需求。环境的设计是自然科学与社会科学的综合，是哲学与艺术的探讨。

室内设计是环境的一部分，所以，室内设计是环境空间与艺术的综合体现，是环境设计的细化与深入。

在进行现代的室内设计时，设计师要使室内设计在统一的、整体的环境前提下，运用自己对空间造型、材料肌理、对人—环境—建筑之间关系的理解进行设计；同时还要突出室内设计所具有的独立性，利用空间环境的构成要素的差异性和统一性，通过造型、质地、色彩向人们展示形象，表达特定的情感；通过整体的空间形象向人们传达某种特定的信息，通过室内设计的空间造型、色彩基调、光线的变化及空间尺度等的协调统一，借鉴建筑形式美的法则等艺术手段进行加工处理；完成向人们传达特定的情感、吸引人们的注意力、实现空间行为的需要，并使小环境的环境艺术性得以充分的展现。

1.2 室内设计原理

1.2.1 室内设计的作用

从广义上讲，室内设计是一门大众参与最为广泛的艺术活动，是设计内涵集中体现之处。室内设计是人类创造更好的生存和生活环境条件的重要活动，它通过运用现代的设计原理进行适用、美观的设计，使空间更加符合人们的生理和心理需求，同时促进了社会中审美意识的普遍提高，从而不仅对社会的物质文明建设有着重要的促进作用，而且对于社会的精神文明建设也有了潜移默化的积极推动作用。

一般认为，室内设计具有以下作用和意义。

1. 提高室内造型的艺术性，满足人们的审美需求

在现代社会生活中，人们对于城市的景观环境、居住环境及室内设计的质量越来越关注，特别是城市的景观环境及室内设计。室内设计不仅关系城市的形象、城市的经济发展，还与城市的精神文明建设密不可分。

随着时代发展，在高技术、高情感的指导下，强化建筑及建筑空间的性格、意境和气氛，使不同类型的建筑及建筑外部空间更具性格特征及艺术感染力，以此来满足不同人群室外活动的需要。同时，通过对空间造型、色彩基调、光线的变化及空间尺度的艺术处理，来营造良好、开阔的室外视觉审美空间。

因此，室内设计应从打造舒适、美观的室内环境入手，改善并提高人们的生活水平及生活质量，表现出空间造型的艺术性；同时，随着时间的流逝，富有创造性的艺术设计将凝铸在历史的时空艺术中。

2. 保护建筑主体结构的牢固性，延长建筑的使用寿命

室内设计可以弥补建筑空间的缺陷与不足，加强建筑的空间序列效果，增强构筑物、景观的物理性能，以及辅助设施的使用效果，提高室内空间的综合使用性能。

室内设计是一门综合性的设计，它要求设计师不仅具备审美的艺术素质，同时还应具备环境保护学、园林学、绿化学、室内装修学、社会学、设计学等多门学科的综合知识体系。它可以增强建筑的物理性能和设备的使用效果，提高建筑的综合使用性能。因此，家具、绿化、雕塑、水体、基面、小品等设计可以弥补由建筑而造成的空间缺陷与不足，加强室内设计空间的序列效果，增强对室内设计中各构成要素进行的艺术处理，提高室外空间的综合使用性能。

如在室内设计中，雕塑、小品、构筑物的设置既可以改变空间的构成形式，提高空间的利用效果，也可以提升空间的审美功能，满足人们对室外空间的综合性能的使用需要。

3．协调好"建筑—人—空间"三者的关系

室内设计是以人为中心的设计，是空间环境的节点设计。室内环境是由建筑物围合而成，且具有限定性的空间小环境。自室内设计产生，它就展现出"建筑—人—空间"三者之间协调与制约的关系。室内设计就是要将建筑的艺术风格，形成的限制性空间的强弱，使用者的个人特征、需要，所具有的社会属性及小环境空间的色彩、造型、肌理三者之间的关系，按照设计者的思路重新加以组合，以满足使用者"舒适、美观、安全、实用"的需求，并于空间环境中实现。

总之，室内设计的中心议题是如何通过对室内小空间进行艺术的、综合的、统一的设计，提升室内整体空间环境的形象，满足人们的生理及心理需求，更好地为人类的生活、生产和活动服务，并创造出新的、现代的生活理念。

1.2.2　室内设计主体

人是室内设计的主体。人的活动决定了室内设计的目的和意义，人是室内环境的使用者和创造者。有了人，才区分出了室内和室外。

人的活动规律之一是在动态和静态之间交替进行，即动态—静态—动态—静态。

人的活动规律之二是个人活动与多人活动交叉进行。

人体活动的功能区划分如下。

人们在室内空间活动时，按照一般的活动规律，可将活动空间分为 3 种功能区：静态功能区、动态功能区和静动双重功能区。

根据人们的具体活动行为，活动空间有更加详细的划分，例如，静态功能区可划分为睡眠区、休息区、学习办公区等，其中睡眠区如图 1-3 所示。动态功能区可划分为走道、大厅等，其中走道如图 1-4 所示。静动双重功能区可划分为会客区、车站候车室、生产车间等，其中会客区如图 1-5 所示。

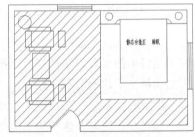

图 1-3　静态功能区——睡眠区

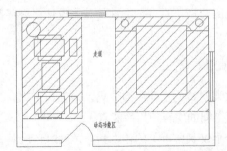

图 1-4　动态功能区——走道

图 1-5　静动双重功能区——会客区

同时，要明确使用空间的性质。其性质通常是由使用功能决定的。虽然许多空间中设置了其他使用功能的设施，但要明确其主要的使用功能。例如，在起居室内设置酒吧台、视听区等，但其主要功能仍然是起居室的性质。

空间流线分析是室内设计中的重要步骤，其目的是为了以下 4 项。

（1）明确空间主体——人的活动规律和使用功能的参数，如数量、体积、常用位置等。

（2）明确设备、物品的运行规律、摆放位置、数量、体积等。

（3）分析各种活动因素的平行、互动、交叉关系。

（4）经过以上 3 部分分析，提出初步设计思路和设想。

空间流线分析从构成情况分为水平流线和垂直流线；从使用状况上来讲可分为单人流线和多人流线；从流线性质上可分为单一功能流线和多功能流线；流线交叉形成的枢纽室内空间厅、场。

某单人流线分析如图 1-6 所示，多人流线分析如图 1-7 所示。

功能流线组合形式分为中心型、自由型、对称型、簇型和线型，如图 1-8 所示。

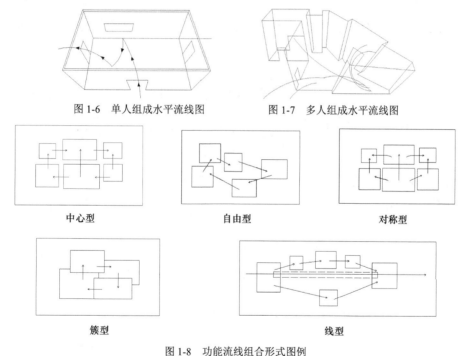

图 1-6　单人组成水平流线图　　　　图 1-7　多人组成水平流线图

中心型　　　　　　　　自由型　　　　　　　　对称型

簇型　　　　　　　　　线型

图 1-8　功能流线组合形式图例

1.2.3　室内设计构思

1．初始阶段

室内设计的构思在设计的过程中起着举足轻重的作用。因此，在设计初始阶段就要进行一系列的构思设计，使后续工作能够有效、完美地进行。构思的初始阶段主要包括以下内容。

（1）空间性质（使用功能）

室内设计是在建筑主体完成后的原型空间内进行的。因此，室内设计师的首要工作就是要确认原型空间的使用功能，即原型空间的使用性质。

（2）空间流线组织

当原型空间的使用功能确认之后，着手进行流线分析和组织，包括水平流线和垂直流线。流线功能需要可能是单一流线也可能是多种流线。

（3）功能分区图式化

空间流线组织完成之后，应及时进行功能分区图式化布置，进一步接近平面布局设计。

（4）图式选择

选择最佳图式布局作为平面设计的最终依据。

（5）平面初步组合

经过前面几个步骤的操作，最后形成了空间平面组合的形式，有待进一步深化。

2．深化阶段

经过初始阶段的室内设计构成了最初的构思方案，并在此基础上进行构思深化阶段的设计。深化阶段的构思内容和步骤如图1-9所示。

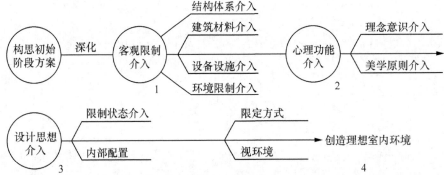

图1-9　室内设计构思深化阶段内容与步骤图解

结构技术对室内设计构思的影响，主要表现在两个方面：一是原型空间墙体结构方式，二是原型空间屋顶结构方式。

墙体结构方式关系到室内设计内部空间改造的饰面采用的方法和材料。基本的原型空间墙体结构方式有以下4种。

（1）板柱墙。

（2）砌块墙。

（3）柱间墙。

（4）轻隔断墙。

屋顶（屋盖）结构决定室内设计的顶棚做法。屋盖结构主要分为以下4种。

（1）构架结构体系。

（2）梁板结构体系。

（3）大跨度结构体系。

（4）异型结构体系。

　　另外，室内设计要考虑建筑所用材料对设计内涵和色彩、光影、情趣的影响，室内外露管道和布线的处理，通风条件、采光条件、噪声、空气清新和温度的影响等。

　　随着人们对室内环境要求的提高，还要结合个人喜好，制定室内设计的风格。一般人们对室内的风格要求有以下 3 种类型。

　　（1）现代新潮型。

　　（2）怀旧情调型。

　　（3）随意舒适型（折中型）。

1.2.4　创造理想室内空间

　　经过前面两个阶段的构思设计，已形成较完美的设计方案。创建室内空间的第一个标准就是要使其具备形态、体量、质量，即形、体、质三方面的协调统一。而第二个标准是使用功能和精神功能的统一。如在住宅的书房中除布置写字台、书柜外，还布置了绿化装饰物等，使室内空间在满足书房的使用功能的同时，也活跃了气氛，净化了空气，满足了人们的精神需要。

　　一个完美的室内设计作品，是经过初始构思阶段和深入构思阶段，最后又通过设计师对各种因素和功能的协调和平衡创造出来的。要提高室内设计水平，就要综合利用各个领域的知识和深入的构思设计。最终室内设计方案形成最基本的图纸方案，一般包括设计平面图、设计剖面图和室内透视图。

1.3　室内设计制图的内容

　　如前所述，一套完整的室内设计图一般包括平面图、顶棚图、立面图、构造详图和透视图。下面简述各种图样的概念及内容。

1.3.1　室内平面图

　　室内平面图是以平行于地面的切面在距地面 1.5mm 左右的位置将上部切去而形成的正投影图。室内平面图中应表达的内容有以下 8 项。

　　（1）墙体、隔断及门窗、各空间大小及布局、家具陈设、人流交通路线、室内绿化等；若不单独绘制地面材料平面图，则应该在平面图中标示地面材料。

　　（2）标注各房间尺寸、家具陈设尺寸及布局尺寸，对于复杂的公共建筑，则应标注轴线编号。

　　（3）注明地面材料名称及规格。

　　（4）注明房间名称、家具名称。

　　（5）注明室内地坪标高。

　　（6）注明详图索引符号、图例及立面内视符号。

　　（7）注明图名和比例。

　　（8）若需要辅助文字说明的平面图，还要注明文字说明、统计表格等。

1.3.2　室内顶棚图

室内顶棚图是根据顶棚在其下方假想的水平镜面上的正投影绘制而成的镜像投影图。顶棚图中应表达的内容有以下 6 项。

（1）顶棚的造型及材料说明。

（2）顶棚灯具和电器的图例、名称规格等说明。

（3）顶棚造型尺寸标注、灯具、电器的安装位置标注。

（4）顶棚标高标注。

（5）顶棚细部做法的说明。

（6）详图索引符号、图名、比例等。

1.3.3　室内立面图

以平行于室内墙面的切面将前面部分切去后，剩余部分的正投影图即室内立面图。室内立面图的主要内容有以下 5 项。

（1）墙面造型、材质及陈设家具的立面上的正投影图。

（2）门窗立面及其他装潢元素立面。

（3）立面各组成部分尺寸、地坪吊顶标高。

（4）材料名称及细部做法说明。

（5）详图索引符号、图名、比例等。

1.3.4　构造详图

为了放大个别设计内容和细部做法，多以剖面图的方式表达局部剖开后的情况，这就是构造详图。表达的内容有以下 7 项。

（1）以剖面图的绘制方法绘制出各材料断面、构配件断面及其相互关系。

（2）用细线表示出剖视方向上看到的部位轮廓及相互关系。

（3）标注材料断面图例。

（4）用指引线标注构造层次的材料名称及做法。

（5）标注其他构造做法。

（6）标注各部分尺寸。

（7）标注详图编号和比例。

1.3.5　透视图

透视图是根据透视原理在平面上绘制出能够反映三维空间效果的图形，它与人的视觉空间感受相似。室内设计常用的绘制方法有一点透视、两点透视（成角透视）和鸟瞰图 3 种。

透视图可以通过人工绘制，也可以用计算机绘制，它能直观地表达设计思路和效果，故也称作效果图或表现图，是一个完整的设计方案不可缺少的组成部分。鉴于本书重点是介绍应用 AutoCAD 2022 绘制二维图形，因此本书中不包含这部分内容。

1.4 室内设计制图的要求及规范

1.4.1　图幅、图标及会签栏

1．图幅即图面的大小

国家标准规定，图幅的等级是按图面的长和宽的大小来确定的。室内设计常用的图幅有 A0（也称 0 号图幅，其余类推）、A1、A2、A3 及 A4，每种图幅的长宽尺寸如表 1-1 所示，表中的尺寸代号的意义如图 1-10 和图 1-11 所示。

表 1-1　图幅标准

尺寸代号	图幅代号				
	A0	A1	A2	A3	A4
$b×l$ /（mm×mm）	841×1189	594×841	420×594	297×420	210×297
c/mm	10			5	
a/mm	25				

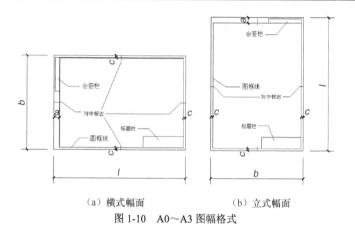

（a）横式幅面　　　（b）立式幅面
图 1-10　A0～A3 图幅格式

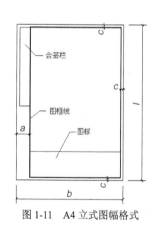

图 1-11　A4 立式图幅格式

2．图标

图标即图纸的图标栏，包括设计单位名称、工程名称、签字区、图名区及图号区等内容。一般图标格式如图 1-12 所示，如今不少设计单位采用自己个性化的图标格式，但是仍必须包括这几项内容。

3．会签栏

会签栏是为各工种负责人审核后签名用的表格，包括专业、姓名、日期等内容，具体内容根据需要设置，图 1-13 所示为其中一种格式。对于不需要会签的图样，可以不设此栏。

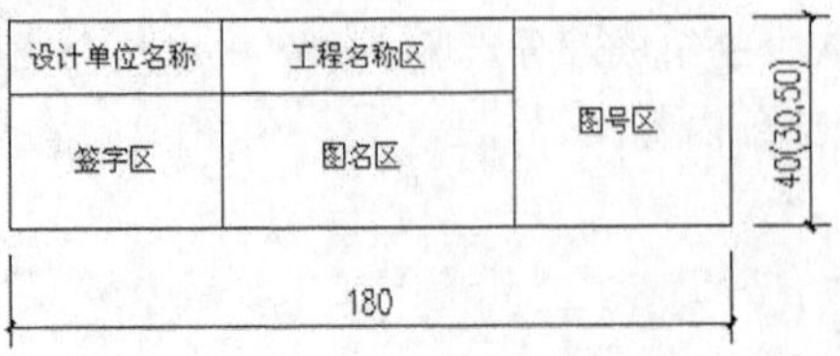

图 1-12　图标格式 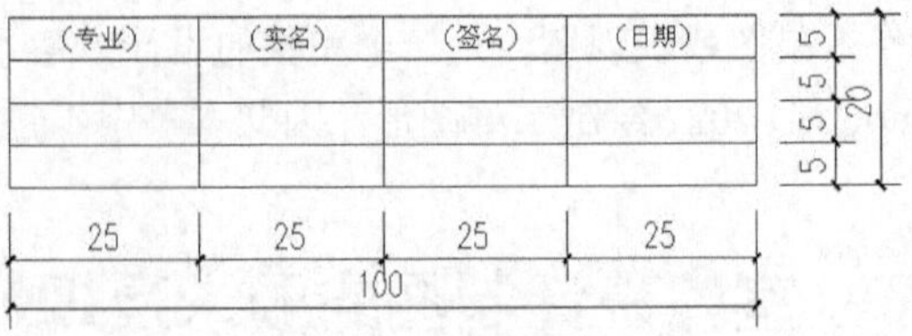　　　　　　　　　　图 1-13　会签栏格式

1.4.2　线型要求

室内设计图主要由各种线条构成，不同的线型表示不同的对象和不同的部位，代表着不同的含义。为了图面能够清晰、准确、美观地表达设计思想，工程实践中采用了一套常用的线型，并规定了其使用范围，常用线型如表 1-2 所示。在 AutoCAD 2022 中，可以通过"图层"中"线型"和"线宽"的设置来选定所需线型。

表 1-2　常用线型

名称		线型	线宽	适用范围
实线	粗		b	建筑平面图、剖面图、构造详图的被剖切截面的轮廓线，建筑立面图、室内立面图外轮廓线；图框线
	中		$0.5b$	室内设计图中被剖切的次要构件的轮廓线；室内平面图、顶棚图、立面图、家具三视图中构配件的轮廓线等
	细		$\leq 0.25b$	尺寸线、图例线、索引符号、地面材料线及其他细部刻画用线
虚线	中		$0.5b$	主要用于构造详图中不可见的实物轮廓线
	细		$\leq 0.25b$	其他不可见的次要实物轮廓线
点划线	细		$\leq 0.25b$	轴线、构配件的中心线、对称线等
折断线	细		$\leq 0.25b$	画图样时的断开界线
波浪线	细		$\leq 0.25b$	构造层次的断开界线，有时也表示省略画出时的断开界线

注意

标准实线宽度 $b=0.4\sim0.8$mm。

1.4.3　尺寸标注

在对室内设计图进行尺寸标注时，要注意以下 6 项原则。

（1）尺寸标注应力求准确、清晰、美观大方。同一张图样中，标注风格应保持一致。

（2）尺寸线应尽量标注在图样轮廓线以外，从内到外依次标注从小到大的尺寸，不能将大尺寸标注在内，而小尺寸标注在外，如图 1-14 所示。

（3）最内一道尺寸线与图样轮廓线之间的距离不应小于10mm，两道尺寸线之间的距离一般为 7~10mm。

（4）尺寸界线朝向图样的端头距图样轮廓的距离应大于等于 2mm，不宜直接与之相连。

（5）在图线拥挤的地方，应合理安排尺寸线的位置，但不宜与图线、文字及符号相交；可以考虑将轮廓线用作尺寸界线，但不能作为尺寸线。

（6）对于连续相同的尺寸，可以采用"均分"或"（EQ）"字样代替，如图 1-15 所示。

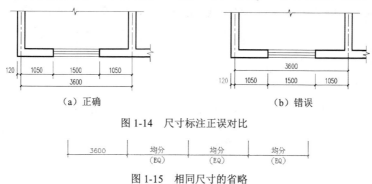

<table>
<tr><td>（a）正确</td><td>（b）错误</td></tr>
</table>

图 1-14　尺寸标注正误对比

图 1-15　相同尺寸的省略

1.4.4　文字说明

在一幅完整的图样中用图线方式表现得不充分和无法用图线表示的地方，就需要进行文字说明，例如材料名称、构配件名称、构造做法、统计表及图名等。文字说明是图样内容的重要组成部分，制图规范对文字标注中的字体、字号及字体字号搭配等方面做了一些具体规定。

（1）一般原则：字体端正，排列整齐，清晰准确，美观大方，避免过于个性化的文字标注。

（2）字体：一般标注推荐采用仿宋字体，标题可用楷体、隶书、黑体等。例如以下字体样式。

仿宋：室内设计（小四）室内设计（四号）室内设计（二号）

黑体：**室内设计（四号）室内设计（小二）**

楷体：室内设计（四号）室内设计（二号）

隶书：**室内设计（三号）室内设计（一号）**

字母、数字及符号：0123456789abcdefghijk% @

0123456789abcdefghijk%@

（3）字的大小：标注的文字高度要适中。同一类型的文字采用同一大小的字体。较大的字用于概括性的说明内容，较小的字用于细致的说明内容。

（4）字体及大小的搭配注意体现层次感。

1.4.5　常用图示标志

1. 详图索引符号及详图符号

室内平面图、立面图、剖面图中，在需要另设详图表示的部位，可标注一个索引符号，以表明该详图的位置，该索引符号就是详图索引符号。详图索引符号采用细实线绘制，圆圈直径为10mm。如图1-16所示，当详图就在本张图样时，采用图1-16（a）的形式；详图不在本张图样时，采用如图1-16（b）～图1-16（g）所示的形式；图1-16（d）～图1-16（h）用于索引剖面详图。

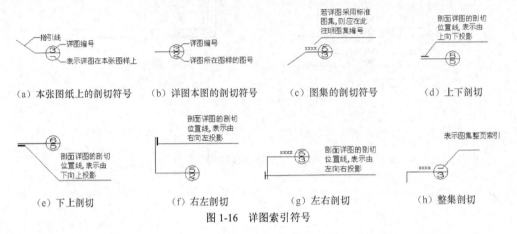

（a）本张图纸上的剖切符号　（b）详图本图的剖切符号　（c）图集的剖切符号　（d）上下剖切

（e）下上剖切　（f）右左剖切　（g）左右剖切　（h）整集剖切

图1-16　详图索引符号

详图符号即详图的编号，用粗实线绘制，圆圈直径为14mm，如图1-17所示。

2. 引出线

由图样引出一条或多条线段指向文字说明，该线段就是引出线。引出线与水平方向的夹角一般采用0°、30°、45°、60°、90°，常见的引出线形式如图1-18所示。图1-18（a）～图1-18（d）为普通引出线，图1-18（e）～图1-18（h）

（a）普通详图编号　（b）带索引详图编号

图1-17　详图符号

为多层构造引出线。使用多层构造引出线时，应注意构造分层的顺序要与文字说明的分层顺序一致。文字说明可以放在引出线的端头处，如图1-18（a）～图1-18（h）所示，也可放在引出线水平段之上，如图1-18（i）所示。

3. 内视符号

在房屋建筑中，一个特定的室内空间领域由竖向分隔（隔断或墙体）来界定。因此，根据具体情况，就有可能绘制一个或多个立面图来表达隔断、墙体及家具、构配件的设计情况。内视符号标注在平面图中，包含视点位置、方向和编号3种信息，其目的是建立平面图和室内立面图之间的联系。内视符号的形式如图1-19所示。图中立面图编号可用英文字母或阿拉伯数字表示，黑色的箭头指向表示立面的方向；图1-19（a）为单向内视符号，图1-19（b）为双向内视符号，图1-19（c）为四向内视符号，A、B、C、D顺时针标注。

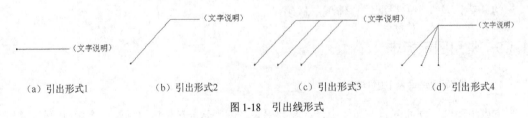

（a）引出形式1　（b）引出形式2　（c）引出形式3　（d）引出形式4

图1-18　引出线形式

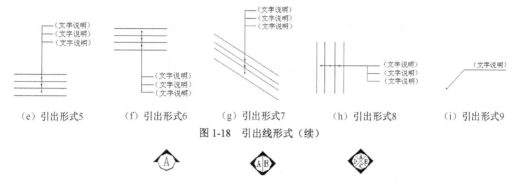

（e）引出形式5　　（f）引出形式6　　（g）引出形式7　　（h）引出形式8　　（i）引出形式9

图 1-18　引出线形式（续）

（a）单项内视符号　　（b）双向内视符号　　（c）四向内视符号

图 1-19　内视符号

为了方便读者查阅，其他常用符号及其意义如表 1-3 所示。

表 1-3　室内设计图常用符号图例

符号	说明	符号	说明
3.600 / 3.600	标高符号，线上数字为标高值，单位为 m，下面一种在标注位置比较拥挤时采用	i=5%	表示坡度
1　　　1	标注剖切位置的符号，标注数字的方向为投影方向，"1"与剖面图的编号"3-1"对应	2　　　2	标注绘制断面图的位置，标注数字的方向为投影方向，"2"与断面图的编号"3-2"对应
	对称符号。在对称图形的中轴位置绘制此符号，可以省略画另一半图形		指北针
	楼板开方孔		楼板开圆孔
@	表示重复出现的固定间隔，例如，"双向木格栅@500"	Φ	表示直径，如 Φ30
平面图 1:100	图名及比例	1 1:5	索引详图名及比例
	单扇平开门		旋转门
	双扇平开门		卷帘门
	子母门		单扇推拉门
	单扇弹簧门		双扇推拉门

符号	说明	符号	说明
	四扇推拉门	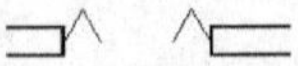	折叠门
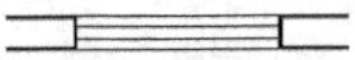	窗	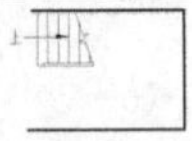	首层楼梯
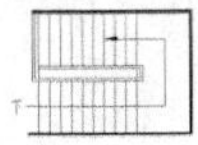	顶层楼梯	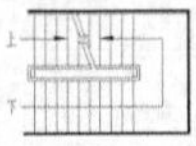	中间层楼梯

1.4.6 常用材料符号

室内设计图中经常用材料图例来表示材料，在无法用图例表示的地方，采用文字说明。常用的材料图例如表1-4所示。

表1-4 常用材料图例

材料图例	说明	材料图例	说明
	自然土壤		夯实土壤
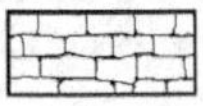	毛石砌体	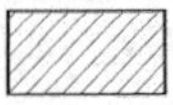	普通砖
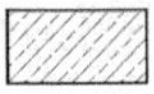	石材		砂、灰土
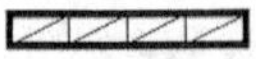	空心砖		松散材料
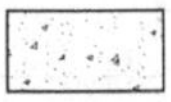	混凝土		钢筋混凝土
	多孔材料	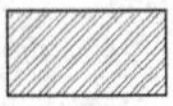	金属
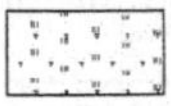	矿渣、炉渣	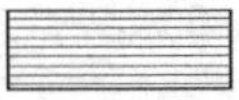	玻璃
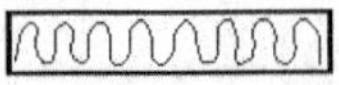	纤维材料	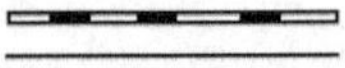	防水材料上下两种根据绘图比例大小选用
	木材	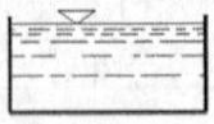	液体，须注明液体名称

1.4.7 常用绘图比例

下面列出常用绘图比例，读者可根据实际情况灵活使用。

（1）平面图的常用绘图比例有 1:50、1:100 等。

（2）立面图的常用绘图比例有 1:20、1:30、1:50、1:100 等。

（3）顶棚图的常用绘图比例有 1:50、1:100 等。

（4）构造详图的常用绘图比例有 1∶1、1∶2、1∶5、1∶10、1∶20 等。

1.5　室内设计方法

室内设计的目的是美化室内环境，这是毋庸置疑的，但如何达到美化的目的，则有不同的方法。

1．现代室内设计方法

该方法是在满足功能要求的情况下，利用材料、色彩、质感、光影等有序地布置创造美。

2．空间分割方法

组织和划分平面与空间，这是室内设计的一个主要方法。利用该设计方法，巧妙地布置平面和利用空间，有时可以突破原有的建筑平面、空间的限制，满足室内需要。在另一种情况下，设计又能使室内空间流通、平面灵活多变。

3．民族特色方法

在表达民族特色方面，应采用该设计方法，使室内充满民族韵味，而不仅是民族符号、语言的堆砌。

4．其他设计方法

如突出主题、人流导向、制造气氛等都是室内设计的方法。

室内设计人员往往首先拿到的是一个建筑的外壳，这个外壳或许是新建的，或许是老建筑，也或许是旧建筑，设计的魅力就在于在原有建筑的各种限制下做出最理想的方案。下面将列举一些公共空间和住宅室内装潢效果图，供在室内装潢设计中学习参考和借鉴。

📢**注意**

"他山之石，可以攻玉。"多观察、多交流有助于提高设计水平和鉴赏能力。

AutoCAD 2022 入门

本章将学习 AutoCAD 2022 绘图的基本知识。了解如何设置图形的系统参数、基本输入操作，熟悉创建新的图形文件、打开已有文件的方法等，为系统学习 AutoCAD 2022 准备必要的知识。

【内容要点】

- ☑ 操作环境简介
- ☑ 文件管理
- ☑ 基本绘图参数
- ☑ 基本输入操作

【案例欣赏】

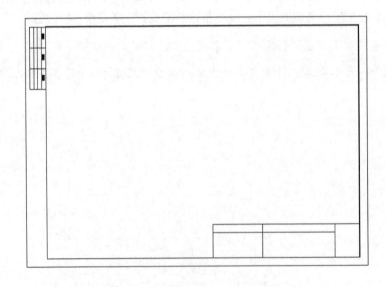

2.1 操作环境简介

操作环境是指和本软件相关的操作界面、绘图系统设置等一些涉及软件的最基本的界面和参数。本节将进行简要介绍。

【预习重点】

☑ 熟悉软件界面。

☑ 观察光标大小与绘图区颜色。

2.1.1 操作界面

AutoCAD 2022 操作界面是用于显示、编辑图形的区域。一个完整的 AutoCAD 2022 操作界面如图 2-1 所示，包括标题栏、菜单栏、功能区、绘图区、十字光标、导航栏、坐标系图标、命令行窗口、状态栏、布局标签和快速访问工具栏等。

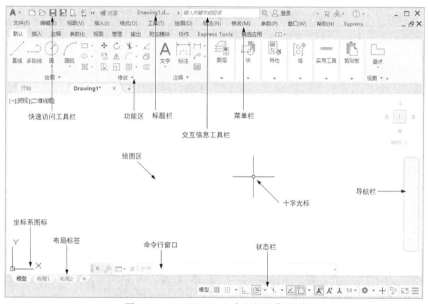

图 2-1 AutoCAD 2022 中文版操作界面

1. 标题栏

在 AutoCAD 2022 操作界面的最上端是标题栏。在标题栏中，显示了系统当前正在运行的应用程序和用户正在使用的图形文件。在第一次启动 AutoCAD 2022 时，在标题栏中将显示 AutoCAD 2022 在启动时创建并打开的图形文件的名称"Drawing1.dwg"，如图 2-1 所示。

◀»注意

　　需要将 AutoCAD 的工作空间切换到"草图与注释"模式下（单击操作界面右下角的"切换工作空间"按钮，在打开的菜单中执行"草图与注释"命令），才能显示如图 2-1 所示的操作界面。本书中的所有操作均在"草图与注释"模式下进行。

2. 菜单栏

　　①单击"快速访问"工具栏右侧的下拉按钮▼，②在下拉菜单中选取"显示菜单栏"选项，如图 2-2 所示，调出后的菜单栏如图 2-3 所示。AutoCAD 标题栏的下方即是菜单栏。同其他 Windows 程序一样，AutoCAD 的菜单也是下拉形式的，并在菜单中包含子菜单。AutoCAD 的菜单栏中包含 13 个菜单："文件""编辑""视图""插入""格式""工具""绘图""标注""修改""参数""窗口""帮助"和"Express"，这些菜单包含了 AutoCAD 的绝大部分绘图命令，后面的章节将对这些菜单功能做详细的讲解。一般来讲，AutoCAD 下拉菜单中的命令有以下 3 种。

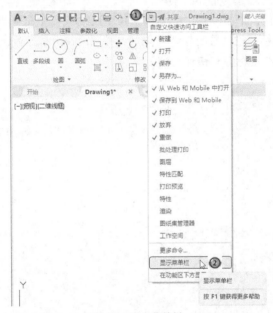

图 2-2　调出菜单栏

图 2-3　菜单栏显示界面

　　（1）带有子菜单的菜单命令。这种类型的菜单命令后面带有小三角形。例如，①选择菜单栏中的"绘图"菜单，将光标②指向其下拉菜单中的"圆"选项，③系统就会进一步显示出"圆"

子菜单中所包含的命令，如图 2-4 所示。

（2）打开对话框的菜单命令。这种类型的命令后面带有省略号。例如，❶执行菜单栏中的"格式"→"表格样式"命令，如图 2-5 所示；❷系统就会打开"表格样式"对话框，如图 2-6 所示。

（3）直接执行操作的菜单命令。这种类型的命令后面既不带小三角形，也不带省略号，执行该命令将直接进行相应的操作。例如，选择菜单栏中的"视图"→"重画"命令，系统将刷新显示所有视口。

图 2-4　带有子菜单的菜单命令

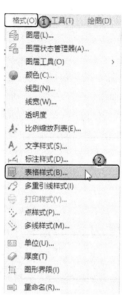

图 2-5　打开对话框的菜单命令

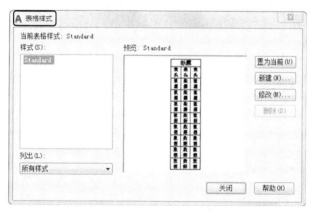

图 2-6　"表格样式"对话框

3．工具栏

工具栏是一组按钮工具的集合。

（1）设置工具栏。AutoCAD 提供了几十种工具栏，执行菜单栏中的❶"工具"→❷"工具栏"→❸"AutoCAD"命令，选择所需要的工具栏，如图 2-7 所示。❹单击某一个未在界面显示的工具栏名，系统自动在界面中打开该工具栏；反之，关闭工具栏。

图 2-7　调出工具栏

（2）工具栏的固定、浮动与打开。工具栏可以在绘图区浮动显示，如图 2-8 所示，此时显示该工具栏标题，并可关闭该工具栏；可以按住鼠标左键拖动浮动工具栏到绘图区边界，使其变为固定工具栏，此时该工具栏标题隐藏；也可以按住鼠标左键把固定工具栏拖出，使其成为浮动工具栏。

某些工具栏按钮的右下角带有一个小三角，单击会打开相应的工具栏按钮列表，将光标移动到某一按钮上并单击，该按钮就变为当前显示的按钮。单击当前显示的按钮，即可执行相应的命令，如图 2-9 所示。

图 2-8　浮动工具栏

图 2-9　打开工具栏

4．快速访问工具栏和交互信息工具栏

（1）快速访问工具栏。该工具栏包括"新建""打开""保存""另存为""从 Web 和 Mobile

中打开""保存到 Web 和 Mobile""打印""放弃""重做"等几个最常用的工具按钮。用户可以单击此工具栏后面的小三角下拉按钮选择需要的常用工具。

（2）交互信息工具栏。该工具栏包括"搜索""Autodesk Account""Autodesk App Store""保持连接"和"单击此处访问帮助"几个常用的数据交互访问工具按钮。

5．功能区

在默认情况下，功能区包括"默认""插入""注释""参数化""视图""管理""输出""附加模块""协作""Express Tools"和"精选应用"选项卡，如图 2-10 所示。所有的选项卡显示面板如图 2-11 所示。每个选项卡集成了相关的操作工具，方便用户的使用。用户可以单击功能区选项后面的 按钮控制功能的展开与收缩。

图 2-10　默认情况下出现的选项卡

图 2-11　所有选项卡

（1）设置选项卡。将光标放在面板中任意位置处并单击鼠标右键，打开图 2-12 所示的快捷菜单。单击某一个未在功能区显示的选项卡名，系统自动在功能区打开该选项卡。反之，关闭选项卡（调出面板的方法与调出选项板的方法类似，这里不再赘述）。

（2）选项卡中面板的固定与浮动。面板可以在绘图区浮动，如图 2-13 所示。将光标放到浮动面板的右上角位置处，显示"将面板返回到功能区"，如图 2-14 所示。单击此处，使其变为固定面板；也可以按住鼠标左键把固定面板拖出，使其成为浮动面板。

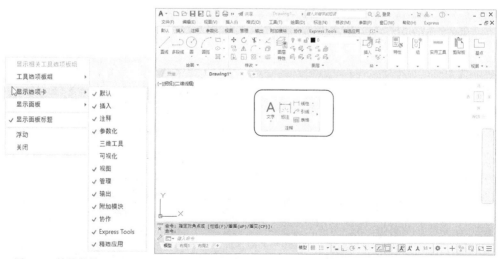

图 2-12　快捷菜单　　　　　　　　　　　　　　　　　　图 2-13　浮动面板

图 2-14 将面板返回到功能区

【执行方式】

- ☑ 命令行：ribbon（或 ribbonclose）。
- ☑ 菜单栏：执行菜单栏中的"工具"→"选项板"→"功能区"命令。

6. 绘图区

绘图区是指在功能区下方的大片空白区域，是用户使用 AutoCAD 绘制图形的区域。用户要完成一幅设计图形，其主要工作都是在绘图区中完成的。

7. 坐标系图标

在绘图区的左下角有一个直线图标，称之为坐标系图标，表示用户绘图时正在使用的坐标系样式。坐标系图标的作用是为点的坐标确定一个参照系。根据工作需要，用户可以选择将其关闭，其方法是执行菜单栏中的❶"视图"→❷"显示"→❸"UCS 图标"→❹"开"命令，如图 2-15 所示。

8. 命令行窗口

命令行窗口是输入命令名和显示命令提示的区域，默认命令行窗口布置在绘图区下方，由若干文本行构成。对命令行窗口，有以下 4 点需要说明。

（1）移动拆分条，可以扩大和缩小命令行窗口。

（2）可以用鼠标拖动命令行窗口，将其布置在绘图区的其他位置。默认情况下布置在图形区的下方。

（3）对当前命令行窗口中输入的内容，可以按 F2 键用文本编辑的方法进行编辑，如图 2-16 所示。AutoCAD 文本窗口和命令行窗口相似，它可以显示当前 AutoCAD 进程中命令的输入和执行过程。在执行 AutoCAD 的某些命令时，系统会自动切换到文本窗口，列出有关信息。

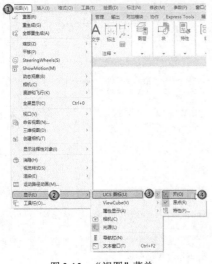

图 2-15 "视图"菜单

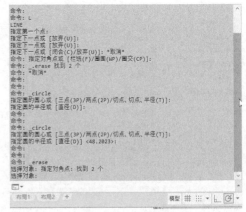

图 2-16 文本窗口

（4）AutoCAD 通过命令行窗口反馈各种信息，包括出错信息，因此，用户要时刻关注命令行窗口中出现的信息。

9. 状态栏

状态栏在操作界面的底部，依次有"坐标""模型空间""栅格""捕捉模式""推断约束""动态输入""正交模式""极轴追踪""等轴测草图""对象捕捉追踪""二维对象捕捉""线宽""透明度""选择循环""三维对象捕捉""动态 UCS""选择过滤""小控件""注释可见性""自动缩放""注释比例""切换工作空间""注释监视器""单位""快捷特性""锁定用户界面""隔离对象""图形性能""全屏显示"和"自定义"30 个功能按钮。单击部分开关按钮，可以实现这些功能的开关。通过单击部分按钮也可以控制图形或绘图区的状态。

> **◁》注意**
>
> 　　默认情况下，状态栏不会显示所有工具，可以通过状态栏上最右侧的按钮，选择要在"自定义"菜单中显示的工具。状态栏上显示的工具可能会发生变化，具体取决于当前的工作空间及当前显示的是"模型"选项卡还是"布局"选项卡。下面对部分状态栏上的按钮做简单介绍，如图 2-17 所示。

图 2-17　状态栏

（1）坐标：显示工作区十字光标放置点的坐标。

（2）模型空间：可在模型空间与布局空间之间进行转换。

（3）栅格：栅格是覆盖整个坐标系（UCS）XY 平面的直线或点组成的矩形图案。使用栅格类似于在图形下放置一张坐标纸。利用栅格可以对齐对象并能直观地显示对象之间的距离。

（4）捕捉模式：对象捕捉对于在对象上指定精确位置非常重要。不论何时提示输入点，都可以指定对象捕捉。默认情况下，当光标移动到对象的对象捕捉位置时，将显示标记和工具提示。

（5）推断约束：自动在正在创建或编辑的对象与对象捕捉的关联对象或点之间应用约束。

（6）动态输入：在光标附近显示一个提示框（称之为"工具提示"），工具提示中显示对应的命令提示和光标的当前坐标值。

（7）正交模式：将光标限制在水平或垂直方向上移动，以便于用户精确地创建和移动对象。当创建或移动对象时，用户可以使用"正交模式"将光标限制在相对于用户坐标系（UCS）的水平或垂直方向上。

（8）极轴追踪：使用"极轴追踪"，光标将按指定角度进行移动。创建或移动对象时，用户可以使用"极轴追踪"来显示由指定的极轴角度所定义的临时对齐路径。

（9）等轴测草图：通过设定"等轴测捕捉/栅格"，用户可以很容易地沿三个等轴测平面之一对齐对象也可以设置从不同视点显示对象或自动消除隐藏线。尽管等轴测图形看似三维图形，但它实际上是由二维图形表示的。因此不能期望等轴测图形从对象中提取三维距离和面积等信息。

（10）对象捕捉追踪：使用"对象捕捉追踪"，用户可以沿着基于对象捕捉点的对齐路径进行追踪。已获取的点将显示一个加号（+），一次最多可以获取 7 个追踪点。获取点之后，在绘图路径上移动光标，将显示相对于获取点的水平、垂直或极轴对齐路径。例如，用户可以基于对象端点、中点或者对象的交点，沿着某个路径选择一点。

（11）二维对象捕捉：也称为对象捕捉，通过执行"对象捕捉"设置，用户可以在对象上精确指定捕捉点。选择多个选项后，将应用选定的捕捉模式，以返回距离靶框中心最近的点。按 Tab 键以在这些选项之间循环。

（12）线宽：分别显示对象所在图层中设置的不同宽度，而不是统一线宽。

（13）透明度：使用该命令，用户可以调整绘图对象显示的明暗程度。

（14）选择循环：当一个对象与其他对象彼此接近或重叠时，准确的选择某一个对象是很困难的，使用选择循环的命令，将光标移动到要选择对象的地方单击鼠标左键，弹出"选择集"列表框，里面列出了鼠标单击处周围的图形，然后在列表中选择所需的对象。

（15）三维对象捕捉：三维中的对象捕捉与在二维中工作的方式类似，不同之处在于在三维中可以投影对象捕捉。

（16）动态 UCS：在创建对象时使 UCS 的 XY 平面自动与实体模型上的平面临时对齐。

（17）选择过滤：根据对象特性或对象类型对选择集进行过滤。当按下图标后，只选择满足指定条件的对象，其他对象将被排除在选择集之外。

（18）小控件：帮助用户沿三维轴或平面移动、旋转或缩放一组对象。

（19）注释可见性：当图标亮显时表示显示所有比例的注释性对象；当图标变暗时表示仅显示当前比例的注释性对象。

（20）自动缩放：注释比例更改时，自动将比例添加到注释对象。

（21）注释比例：单击注释比例右下角小三角符号弹出注释比例列表，如图 2-18 所示，用户可以根据需要选择适当的注释比例。

（22）切换工作空间：进行工作空间转换。

（23）注释监视器：打开仅用于所有事件或模型文档事件的注释监视器。

（24）单位：指定线性单位和角度单位时使用的格式和小数位数。

（25）快捷特性：控制快捷特性面板的使用与禁用。

（26）锁定用户界面：按下该按钮，锁定工具栏、面板和可固定窗口的位置和大小。

（27）隔离对象：当选择隔离对象时，在当前视图中显示选定对象，其他对象都被暂时隐藏；当选择隐藏对象时，在当前视图中暂时隐藏选定对象，其他对象都可见。

（28）图形性能：设定图形卡的驱动程序及设置硬件加速的选项。

（29）全屏显示：该选项可以清除 Windows 窗口中的标题栏、功能区和选项板等界面元素，使 AutoCAD 的绘图窗口全屏显示，如图 2-19 所示。

（30）自定义：状态栏可以提供重要信息，而无须中断工作流。使用 MODEMACRO 系统变量可将应用程序所能识别的大多数数据显示在状态栏中。使用该系统变量的计算、判断和编辑功能可以完全按照用户的要求构造状态栏。

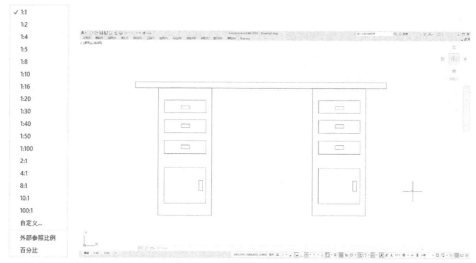

图 2-18　注释比例列表　　　　　　　　　　　　图 2-19　全屏显示

10．布局标签

AutoCAD 系统默认设定一个"模型"空间布局标签和"布局 1""布局 2"两个图样空间布局标签。在这里有两个概念需要解释一下。

（1）布局。布局是系统为绘图设置的一种环境，包括图样大小、尺寸单位、角度设定、数值精确度等，在系统预设的 3 个标签中，这些环境变量都按默认设置。用户可根据实际需要改变这些变量的值，在此暂且从略。用户也可以根据需要设置符合自己要求的新标签。

（2）模型。AutoCAD 的空间分为模型空间和图样空间两种。模型空间是通常绘图的环境；而在图样空间中，用户可以创建浮动视口区域，以不同视图显示所绘图形。用户可以在图样空间中调整浮动视口并决定所包含视图的缩放比例。如果选择图样空间，用户可打印多个视图，也可以打印任意布局的视图。AutoCAD 系统默认打开模型空间，用户可以通过单击操作界面下方的布局标签选择需要的布局。

11．滚动条

在 AutoCAD 的绘图区下方和右侧还提供了用来浏览图形的水平和竖直方向的滚动条。拖动滚动条中的滚动块，用户可以在绘图区按水平或竖直两个方向浏览图形。

2.1.2　操作实例——设置十字光标大小

（1）执行菜单栏中的"工具"→"选项"命令，❶打开"选项"对话框。

（2）❷选择"显示"选项卡，❸在"十字光标大小"文本框中直接输入数值，或拖动文本框后面的滑块，即可对十字光标的大小进行调整，将十字光标的大小设置为 100%，如图 2-20 所示；单击"确定"按钮，返回绘图状态，可以看到十字光标充满了整个绘图区。

此外，用户还可以通过设置系统变量 CURSORSIZE 的值，修改其大小。如图 2-21 所示，

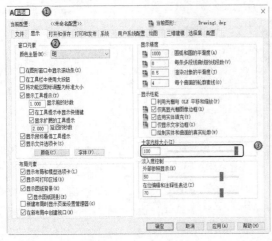

图 2-20 "显示"选项卡　　　　　　　　图 2-21 修改后的十字光标

2.1.3 绘图系统

　　每台计算机所使用的显示器、输入设备和输出设备的类型不同，用户喜好的风格及计算机的目录设置也不同。一般来讲，使用 AutoCAD 的默认配置就可以绘图，但为了方便用户使用定点设备或打印机，以及提高绘图的效率，推荐用户在开始绘图前先对系统进行必要的配置。

【执行方式】

　　☑　命令行：preferences。

　　☑　菜单栏：执行菜单栏中的"工具"→"选项"命令。

　　☑　快捷菜单：在绘图区单击鼠标右键，系统打开快捷菜单，如图 2-22 所示，选择"选项"命令。

【操作步骤】

　　执行上述任一操作后，系统打开"选项"对话框，如图 2-23 所示。

【选项说明】

　　用户可以在该对话框中设置有关选项，对绘图系统进行配置。下面就其中主要的两个选项卡进行说明。

　　(1)"系统"选项卡。"选项"对话框中的第 5 个选项卡为"系统"选项卡，如图 2-23 所示。该选项卡用来设置 AutoCAD 系统的有关特性。其中，"常规选项"选项组确定是否选择系统配置的相关基本选项。

　　(2)"显示"选项卡。"选项"对话框中的第 2 个选项卡为"显示"选项卡。该选项卡用于控制 Auto CAD 系统的外观，如图 2-24 所示。该选项卡用于设定滚动条显示与否、界面菜单显示与否、绘图区颜色、十字光标大小、AutoCAD 的版面布局设置、各实体的显示精度等。

图 2-22　快捷菜单

图 2-23　"选项"对话框

图 2-24　"显示"选项卡

🎓 高手支招

设置实体显示精度时请务必记住，显示质量越高，即精度越高，计算机计算的时间越长，因此建议不要将精度设置得太高，合理即可。

2.1.4　操作实例——修改绘图区颜色

扫码看视频

在默认情况下，AutoCAD 的绘图区是黑色背景、白色线条，如图 2-25 所示，但是通常在绘图时习惯将绘图区设置为白色，操作步骤如下。

（1）在绘图区中单击鼠标右键，打开快捷菜单，❶选择"选项"选项，如图 2-26 所示；❷选择图 2-27 所示的"显示"选项卡，❸在"窗口元素"选项组中，将"颜色主题"设置为"明"，❹然后单击"窗口元素"选项组中的"颜色"按钮，打开图 2-28 所示的"图形窗口颜色"对话框。

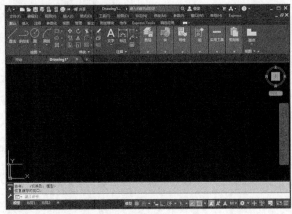

图 2-25 系统默认的绘图区

图 2-26 快捷菜单

图 2-27 "显示"选项卡

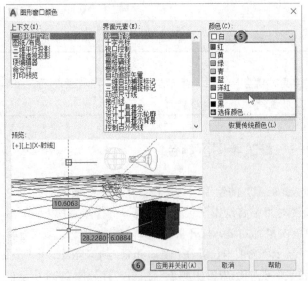

图 2-28 "图形窗口颜色"对话框

（2）在"界面元素"中选择"统一背景"，⑤在"颜色"下拉列表框中选择白色，⑥然后单击"应用并关闭"按钮，此时 AutoCAD 的绘图区就变换了背景色。通常按视觉习惯选择白色为窗口颜色，返回"选项"对话框，⑦单击"确定"按钮，退出对话框，设置后的界面如图 2-1 所示。

2.2　文件管理

本节介绍有关文件管理的一些基本操作方法，包括新建文件、打开已有文件、保存文件、删除文件等，这些都是进行 AutoCAD 2022 操作最基础的知识。

【预习重点】

☑　了解有几种文件管理命令。
☑　简单练习新建文件、打开文件、保存文件、退出文件等方法。

2.2.1　新建文件

【执行方式】

☑　命令行：new。
☑　菜单栏：执行菜单栏中的"文件"→"新建"命令。
☑　工具栏：单击"标准"工具栏中的"新建"按钮□。
☑　快捷组合键：Ctrl+N。

2.2.2　打开文件

【执行方式】

☑　命令行：open。
☑　菜单栏：执行菜单栏中的"文件"→"打开"命令。
☑　工具栏：单击"标准"工具栏中的"打开"按钮□。
☑　快捷组合键：Ctrl+O。

【操作步骤】

执行上述任一操作后，打开"选择文件"对话框，如图 2-29 所示，在"文件类型"下拉列表框中用户可选择 dwg、dwt、dxf 和 dws 格式的文件。dws 文件是包含标准图层、标注样式、线型和文字样式的样板文件；dxf 格式的文件是用文本形式存储的图形文件，能够被其他程序读取，许多第三方应用软件支持 dxf 格式的文件。

🎓 **高手支招**

有时在打开 dwg 格式的文件时，系统会打开一个信息提示对话框，提示用户图形文件不

能打开。在这种情况下先退出打开操作，然后执行菜单栏中的"文件"→"图形实用工具"→"修复"命令，或在命令行中输入"recover"，接着在"选择文件"对话框中输入要恢复的文件，确认后系统开始执行恢复文件操作。

另外，还有"保存""另存为"和"关闭"命令，它们的操作方式类似，若用户对图形所做的修改尚未保存，则会打开图 2-30 所示的系统警告对话框。单击"是"按钮，系统将保存文件，然后退出；单击"否"按钮，系统将不保存文件，然后退出。若用户对图形所做的修改已经保存，则直接退出。

图 2-29 "选择文件"对话框

图 2-30 系统警告对话框

2.2.3 操作实例——设置自动保存的时间间隔

执行菜单栏中的"工具"→"选项"命令，①打开"选项"对话框，②选择图 2-31 所示的"打开和保存"选项卡；③在"文件安全措施"选项组中，勾选"自动保存"复选框，并设置保存的时间间隔，默认的时间间隔是 10 分钟，这里用户可以根据具体的需要，进行设置，例如设置保存的时间间隔为 5 分钟；④单击"确定"按钮，这样可以防止突发状况而造成的文件丢失。

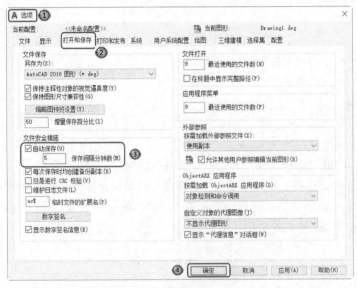

扫码看视频

图 2-31 "打开和保存"选项卡

2.3　基本绘图参数

绘制一幅图形时，用户需要先设置一些基本参数，例如，图形单位、图幅界限等，下面简要进行介绍。

【预习重点】

☑　了解基本参数概念。
☑　熟悉参数设置命令的使用方法。

2.3.1　设置图形单位

【执行方式】

☑　命令行：ddunits（或 units，快捷命令为 un）。
☑　菜单栏：执行菜单栏中的"格式"→"单位"命令。

【操作步骤】

执行上述任一操作后，系统打开"图形单位"对话框，如图 2-32 所示，该对话框用于定义单位和角度格式。

图 2-32　"图形单位"对话框

【选项说明】

（1）"长度"与"角度"选项组：指定测量的长度与角度、当前单位及精度。

（2）"插入时的缩放单位"选项组：控制插入当前图形中的块和图形的测量单位。如果块或图形创建时使用的单位与该选项指定的单位不同，则在插入这些块或图形时，将对其按比例进行缩放。插入比例是原块或图形使用的单位与目标图形使用的单位之比。如果插入块时不按指定单位缩放，则在其下拉列表框中选择"无单位"选项。

（3）"输出样例"选项组：显示用当前单位和角度设置的例子。

图2-33 "方向控制"对话框

（4）"光源"选项组：控制当前图形中光度控制光源的强度测量单位。为创建和使用光度控制光源，必须从下拉列表框中指定非"常规"的单位。如果"插入比例"设置为"无单位"，则将显示警告信息，通知用户渲染输出可能不正确。

（5）"方向"按钮：单击该按钮，系统打开"方向控制"对话框，如图2-33所示，用户可进行方向控制设置。

2.3.2　设置图形界限

【执行方式】

☑　命令行：limits。
☑　菜单栏：执行菜单栏中的"格式"→"图形界限"命令。

【操作步骤】

执行上述任一操作后，命令行提示与操作如下。

```
命令：_limits
重新设置模型空间界限：
指定左下角点或[开(ON)/关(OFF)] <0.0000,0.0000>：（输入图形边界左下角的坐标后按Enter键）
指定右上角点<12.0000,90000>：（输入图形边界右上角的坐标后按Enter键）
```

【选项说明】

（1）开（ON）：使图形界限有效。系统在图形界限以外拾取的点将视为无效。

（2）关（OFF）：使图形界限无效。用户可以在图形界限以外拾取点或实体。

（3）动态输入角点坐标：用户可以直接在绘图区的动态文本框中输入角点坐标，输入了横坐标值后，按"，"键，接着输入纵坐标值，如图2-34所示；也可以在光标位置直接单击，确定角点位置。

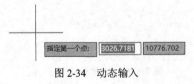

图2-34　动态输入

✎ 举一反三

在命令行中输入坐标时，请检查此时的输入法是否是英文输入。如果是中文输入法，例如，输入"150，20"，则由于逗号"，"为中文输入法下的标点，系统会认定该坐标输入无效。这时，只需将输入法改为英文即可。

2.4　基本输入操作

【预习重点】

☑　了解基本输入操作方法。

2.4.1　命令输入方式

在使用 AutoCAD 交互绘图时必须输入必要的指令和参数。有多种 AutoCAD 命令输入方式，下面以绘制直线为例，介绍命令输入方式。

（1）在命令行中输入命令字符。命令字符可不区分大小写，本书采用小写输入，使用命令行执行方式的命令在显示时命令前面会有一个下划线"_"，输入时只输入命令（或快捷命令）即可。执行命令时，在命令行提示中经常会出现命令选项。在命令行中输入绘制直线命令"line"后，命令行提示与操作如下。

> 命令: _line
> 指定第一个点:（在绘图区指定一点或输入一个点的坐标）
> 指定下一点或[放弃(U)]:

命令行中不带括号的提示为默认选项（如上面的"指定下一点或[放弃(U)]"），因此用户可以直接输入直线段的起点坐标或在绘图区指定一点，如果要选择其他选项，则应该输入该选项的标识字符，如"放弃"选项的标识字符"U"，然后按系统提示输入数据即可。在命令选项的后面有时还带有尖括号，尖括号内的数值为默认数值。

（2）在命令行中可输入快捷命令，例如 l（line）、c（circle）、a（arc）、z（zoom）、r（redraw）、m（move）、co（copy）、pl（pline）、e（erase）等。

（3）执行"绘图"菜单栏中对应的命令，在命令行窗口中可以看到对应的命令说明及命令名。

（4）单击"绘图"工具栏中对应的按钮，在命令行窗口中也可以看到对应的命令说明及命令名。

（5）在绘图区打开快捷菜单。如果在前面刚刚使用过要输入的命令，可以在绘图区域单击鼠标右键，打开快捷菜单，在"最近的输入"子菜单中选择需要的命令，如图 2-35 所示。"最近的输入"子菜单中存储最近使用过的一些命令，如果经常重复使用某些命令，这种方法就比较简便。

图 2-35　命令行快捷菜单

（6）在绘图区按 Enter 键。如果用户要重复使用上次使用过的命令，可以直接在绘图区按 Enter 键，系统立即重复执行上次使用的命令，这种方法适用于重复执行某个命令。

2.4.2 命令的重复、撤销、重做

1．命令的重复

按 Enter 键，可重复调用上一个命令，不管上一个命令完成了还是被取消了。

2．命令的撤销

在命令执行的任何时刻都可以取消和终止命令的执行。

【执行方式】

 ☑ 命令行：undo。
 ☑ 菜单栏：执行菜单栏中的"编辑"→"放弃"命令。
 ☑ 快捷键：Esc。

3．命令的重做

如果已被撤销的命令要恢复重做，用户可以恢复撤销的最后一个命令。

【执行方式】

 ☑ 命令行：redo（快捷命令为 re）。
 ☑ 菜单栏：执行菜单栏中的"编辑"→"重做"命令。
 ☑ 工具栏：单击"标准"工具栏中的"重做"按钮 ⤳ 或单击"快速访问"工具栏中的"重做"按钮 ⤳。
 ☑ 快捷组合键：Ctrl+Y。

AutoCAD 可以一次执行多重放弃和重做操作。单击"快速访问"工具栏中的"放弃"按钮 ⟲ 或"重做"按钮 ⤳ 后面的下拉三角形，用户可以选择要放弃或重做的操作，如图 2-36 所示。

图 2-36 多重放弃选项

扫码看视频

2.4.3 综合演练——样板图设置

本实例绘制的样板图如图 2-37 所示。在前面学习的基础上，本实例主要讲解样板图的图形

单位、图形界限和保存等知识。

☞**手把手教你学**

绘制的大体顺序是先打开.dwg 格式的图形文件，设置图形单位与图形界限，最后将设置好的文件保存成.dwt 格式的样板图文件。绘制过程中要用到打开、单位、图形界限和保存等命令。

（1）打开文件。单击"快速访问"工具栏中的"打开"按钮📂，打开"源文件\第 2 章\A3 图框样板图.dwg"。

（2）设置单位。执行菜单栏中的"格式"→"单位"命令，AutoCAD 打开"图形单位"对话框，如图 2-38 所示。❶将"长度"的类型设置为"小数"，"精度"设为0；❷将"角度"的类型设置为"十进制度数"，"精度"设为 0，❸系统默认逆时针方向为正，❹"插入时的缩放单位"设置为"毫米"。

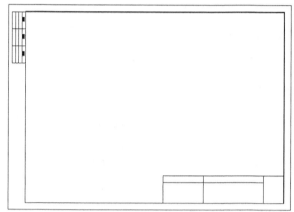

图 2-37　样板图文件

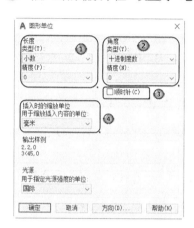

图 2-38　"图形单位"对话框

（3）设置图形边界。国家标准对图纸的幅面大小做了严格规定，如表 2-1 所示。

表 2-1　图幅国家标准

幅面代号	A0	A1	A2	A3	A4
宽×长/（mm×mm）	841×1189	594×841	420×594	297×420	210×297

此处不妨按国家标准 A3 图纸幅面设置图形边界。A3 图纸的幅面为 420mm×297mm（长×宽）。

执行菜单栏中的"格式"→"图形界限"命令，设置图幅，命令行提示与操作如下。

```
命令: _limits
重新设置模型空间界限:
指定左下角点或[开(ON)/关(OFF)] <0,0>:
指定右上角点<420,297>:
```

（4）保存成样板图文件。现阶段的样板图及其环境设置已经完成，先将其保存成样板图文件。

执行菜单栏中的"文件"→"另存为"命令，打开"图形另存为"对话框，如图 2-39 所示。❶在"文件类型"下拉列表框中选择"AutoCAD 图形样板（*.dwt）"选项，如图 2-39 所示。❷输入文件名"A3 建筑样板图"，❸单击"保存"按钮，系统打开"样板选项"对话框，如图 2-40 所示。各项参数保持默认设置，单击"确定"按钮，保存文件。

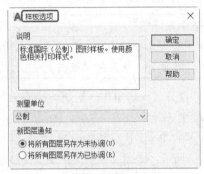

图 2-39 保存样板图 　　　　　　　　　　图 2-40 样板选项

2.5 名师点拨——基本图形设置技巧

1. 绘图前，绘图界限（limits）一定要设好吗

绘制新图时最好按国家标准图幅设置图界。图形界限好比图纸的幅面，绘图时就在图界内，一目了然。按图界绘图打印很方便，还可实现自动成批出图。当然，有人习惯在一个图形文件中绘制多张图，这样设置图界就没有太大意义了。在这里还是建议大家在绘图前首先设置图形界限。

2. 什么是 DXF 文件格式

DXF（Drawing Exchange File，图形交换文件）是一种 ASCII 码文本文件，它包含其对应的 DWG 文件的全部信息。DWG 文件不是 ASCII 码形式的文件，可读性差，但用它形成图形的速度快。不同类型的计算机，哪怕是用同一版本的文件，其 DWG 文件也是不可交换的。为了克服这一缺点，AutoCAD 提供了 DXF 类型的文件，其内部为 ASCII 码，这样不同类型的计算机可通过交换 DXF 来达到交换图形的目的。由于 DXF 可读性好，用户可方便地对其进行修改、编程，从而达到从外部图形进行编辑、修改的目的。

2.6 上机实验

【练习 1】设置绘图环境。
【练习 2】熟悉操作界面。
【练习 3】管理图形文件。

2.7 模拟考试

（1）用什么命令可以设置图形界限？（　　　）

A．scale　　　　B．extend　　　　C．limits　　　　D．layer

（2）以下哪种打开方式不存在？（　　）

A．以只读方式打开　　　　　　B．局部打开

C．以只读方式局部打开　　　　D．参照打开

（3）正常退出 AutoCAD 的方法有（　　）。

A．使用 quit 命令　　　　　　B．使用 exit 命令

C．单击屏幕右上角的"关闭"按钮　D．直接关机

（4）AutoCAD 打开后，只有一个菜单，如何恢复默认状态？（　　）

A．menu 命令加载 acad.cui　　　B．cui 命令打开 AutoCAD 经典空间

C．menu 命令加载 custom.cui　　D．重新安装

（5）在图形修复管理器中，以下哪个文件是由系统自动创建的自动保存文件？（　　）

A．drawing1_1_1_6865.svs$　　B．drawing1_1_68656.svs$

C．drawing1_recovery.dwg　　　D．drawing1_1_1_6865.bak

（6）取世界坐标系的点（70,20）作为用户坐标系的原点，则用户坐标系的点（–20,30）的世界坐标为（　　）。

A．（50,50）　　B．（90,–10）　　C．（–20,30）　　D．（70,20）

（7）在日常工作中贯彻绘图标准时，下列哪种方式最为有效？（　　）

A．应用典型的图形文件　　　　B．应用模板文件

C．重复利用已有的二维绘图文件　D．在"启动"对话框中选取公制

（8）重复使用刚刚执行的命令，按什么键？（　　）

A．Ctrl　　　　B．Alt　　　　C．Enter　　　　D．Shift

第3章

二维绘制命令

本章主要介绍简单二维绘图的基本知识，包括直线类命令、圆类命令、平面图形、点命令等。

【内容要点】

- ☑ 直线类命令
- ☑ 圆类命令
- ☑ 平面图形
- ☑ 点类命令
- ☑ 多段线
- ☑ 样条曲线
- ☑ 图案填充
- ☑ 多线

【案例欣赏】

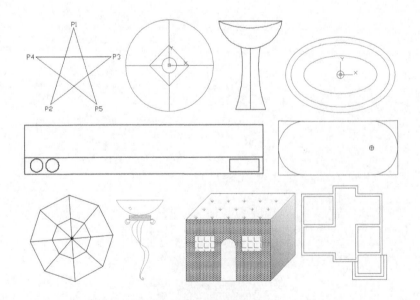

3.1　直线类命令

直线类命令包括直线段命令、射线命令和构造线命令。这些命令是 AutoCAD 中最简单的绘图命令。

【预习重点】

- ☑ 了解有几种直线类命令。
- ☑ 简单练习直线、构造线、多段线的绘制方法。

3.1.1　直线段

【执行方式】

- ☑ 命令行: line（快捷命令为 1）。
- ☑ 菜单栏: 执行菜单栏中的"绘图"→"直线"命令。
- ☑ 工具栏: 单击"绘图"工具栏中的"直线"按钮 ╱。
- ☑ 功能区: 单击"默认"选项卡"绘图"面板中的"直线"按钮 ╱。

【操作步骤】

执行上述任一操作后，命令行提示与操作如下。

```
命令: _line
指定第一个点:（输入直线段的起点坐标或在绘图区单击指定点）
指定下一点或 [放弃(U)]:（输入直线段的端点坐标，或利用光标指定一定角度后，直接输入直线的长度）
指定下一点或 [放弃(U)]:（输入下一直线段的端点，或输入选项"U"表示放弃前面的输入；单击鼠标右键或按Enter键，结束命令）
指定下一点或 [闭合(C)/放弃(U)]:（输入下一直线段的端点，或输入选项"C"使图形闭合，结束命令）
```

【选项说明】

（1）若采用按 Enter 键响应"指定第一个点"提示，系统会把上次绘制图线的终点作为本次图线的起始点。若上次操作为绘制圆弧，按 Enter 键响应提示后绘制通过上一个圆弧的终点并与该圆弧相切的直线段，该线段的长度为光标在绘图区指定的一点与切点之间线段的距离。

（2）在"指定下一点"提示下，用户可以指定多个端点，从而绘制出多条直线段。但是，每一段直线是一个独立的对象，可以对其进行单独的编辑操作。

（3）绘制两条以上直线段后，若采用输入选项"C"响应"指定下一点"提示，系统会自动连接直线段的起始点和最后一个端点，从而绘制出封闭的图形。

（4）若采用输入选项"U"响应提示，则删除最近一次绘制的直线段。

（5）若设置正交方式（单击状态栏中的"正交模式"按钮，使其处于按下状态），只能绘制水平线段或垂直线段。

（6）若设置动态数据输入方式（单击状态栏中的"动态输入"按钮，使其处于按下状态），则可以动态输入坐标或长度值，效果与非动态数据输入方式类似。除了特别需要，以后不再强调，而只按非动态数据输入方式输入相关数据。

3.1.2 数据的输入方法

在 AutoCAD 中，点的坐标可以用直角坐标、极坐标、球面坐标和柱面坐标表示，每一种坐标又分别具有两种坐标输入方式：绝对坐标和相对坐标。其中，直角坐标和极坐标最为常用，下面主要介绍它们的输入方法。

（1）直角坐标法：用点的 X、Y 坐标值表示坐标。

例如，在命令行中输入点的坐标提示下，输入"15,18"，则表示输入一个 X、Y 的坐标值分别为 15、18 的点。此为绝对坐标输入方式，表示该点的坐标是相对于当前坐标原点的坐标值，如图 3-1（a）所示。如果输入"@10,20"，则为相对坐标输入方式，表示该点的坐标是相对于前一点的坐标值，如图 3-1（b）所示。

（2）极坐标法：用长度和角度表示坐标，只能用来表示二维点的坐标。

在绝对坐标输入方式下，极坐标表示为"长度<角度"，如"25<50"，其中长度为该点到坐标原点的距离，角度为该点至原点的连线与 X 轴正向的夹角，如图 3-1（c）所示。

在相对坐标输入方式下，极坐标表示为"@长度<角度"，如"@25<45"，其中长度为该点到前一点的距离，角度为该点至前一点的连线与 X 轴正向的夹角，如图 3-1（d）所示。

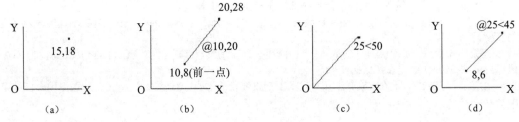

图 3-1 数据输入方法

（3）动态数据输入

单击状态栏上的"动态输入"按钮，系统打开动态输入功能，用户可以在屏幕上动态地输入某些参数数据。例如，绘制直线时，在光标附近，会动态地显示"指定第一个点"及后面的坐标框，当前坐标框中显示的是光标所在位置，可以输入数据，两个数据之间以逗号隔开，如图 3-2 所示。指定第一点后，系统动态地显示直线的角度，同时要求输入线段长度值，如图3-3 所示，其输入效果与"@长度<角度"方式相同。

下面分别讲述点与距离值的输入方法。

（1）点的输入

在绘图过程中常需要输入点的位置，AutoCAD 提供

图 3-2 动态输入坐标值

如下几种输入点的方式。

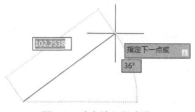

图 3-3　动态输入长度值

直接在命令行窗口中输入点的坐标。笛卡儿坐标有两种输入方式："*X,Y*"（点的绝对坐标值，如"100,50"）和"@*X,Y*"（相对于上一点的相对坐标值，如"@50, -30"）。坐标值是相对于当前的用户坐标系。

① 极坐标的输入方式为"长度<角度"（其中，长度为点到坐标原点的距离，角度为原点至该点连线与 *X* 轴的正向夹角，如"20<45"）或"@长度<角度"（相对于上一点的相对极坐标，如"@50< -30"）。

> **提示**
> 第二个点和后续点的默认设置为相对极坐标，不需要输入@符号。如果需要使用绝对坐标，请使用#符号前缀。例如，要将对象移到原点，请在提示输入第二个点时，输入 #0,0。

② 用十字光标单击取点位置，直接取点。

③ 用目标捕捉方式捕捉已有图形的特殊点（如端点、中点、中心点、插入点、交点、切点、垂足点等，详见第 4 章）。

④ 直接输入距离：先用光标拖拉出橡筋线确定方向，然后用键盘输入距离。这样有利于准确控制对象的长度等参数。

（2）距离值的输入

在 AutoCAD 命令中，有时需要提供高度、宽度、半径、长度等距离值。AutoCAD 提供两种输入距离值的方式：一种是用键盘在命令行窗口中直接输入数值；另一种是在屏幕上拾取两点，以两点的距离值得到所需数值。

扫码看视频

3.1.3　操作实例——绘制五角星

本实例练习利用"直线"命令在非动态输入模式下绘制五角星，绘制流程如图 3-4 所示。

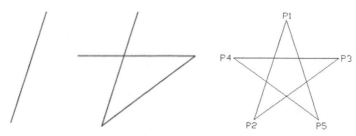

图 3-4　绘制五角星

单击状态栏中的"动态输入"按钮，关闭动态输入，单击"默认"选项卡"绘图"面板中的"直线"按钮，命令行提示与操作如下。

```
命令:_line
指定第一个点:120,120 [（在命令行中输入"120,120"（即顶点P1的位置）后按Enter键，系统继续提示，用相似方法输入五角星的各个顶点]
指定下一点或 [放弃(U)]: @80<252（P2点）
指定下一点或 [退出(E)/放弃(U)]: 159.091,90.870 （P3点，也可以输入相对坐标"@80<36"）
指定下一点或 [关闭(C)/退出(X)//放弃(U)]: @80,0（错误的P4点）
指定下一点或 [关闭(C)/退出(X)/放弃(U)]: U（取消对P4点的输入）
指定下一点或 [关闭(C)/退出(X)/放弃(U)]: @-80,0（P4点）
指定下一点或 [关闭(C)/退出(X)/放弃(U)]: 144.721,43.916（P5点，也可以输入相对坐标"@80<-36"）
指定下一点或 [关闭(C)/退出(X)/放弃(U)]: C
```

通过以下步骤再来练习在动态输入模式下绘制五角星，绘制流程如图 3-5 所示。

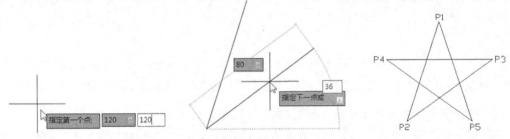

图 3-5　绘制五角星

（1）系统默认打开动态输入功能，如果动态输入功能没有打开，单击状态栏中的"动态输入"按钮，打开动态输入。单击"默认"选项卡"绘图"面板中的"直线"按钮，在动态输入框中输入第一点坐标为（120,120），如图 3-6 所示。按 Enter 键确认 P1 点。

（2）拖动鼠标，然后在动态输入框中输入长度为 80mm，按 Tab 键切换到角度输入框，输入角度为 108°，如图 3-7 所示，按 Enter 键确认 P2 点。

（3）拖动鼠标，然后在动态输入框中输入长度为 80mm，按 Tab 键切换到角度输入框，输入角度为 36°，如图 3-8 所示，按 Enter 键确认 P3 点。也可以输入绝对坐标（#159.091,90.870），如图 3-9 所示，按 Enter 键确认 P3 点。

（4）拖动鼠标，然后在动态输入框中输入长度为 80mm，按 Tab 键切换到角度输入框，输入角度为 180°，如图 3-10 所示，按 Enter 键确认 P4 点。

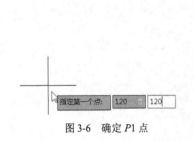

图 3-6　确定 P1 点

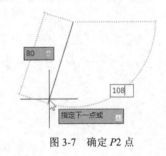

图 3-7　确定 P2 点

扫码看视频

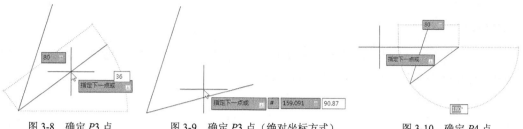

图 3-8　确定 *P*3 点　　　　图 3-9　确定 *P*3 点（绝对坐标方式）　　　　图 3-10　确定 *P*4 点

（5）拖动鼠标，然后在动态输入框中输入长度为 80mm，按 Tab 键切换到角度输入框，输入角度为 36°，如图 3-11 所示，按 Enter 键确认 *P*5 点。也可以输入绝对坐标（#144.721,43.916），如图 3-12 所示，按 Enter 键确认 *P*5 点。

（6）拖动鼠标，直接捕捉 *P*1 点，如图 3-13 所示。也可以输入长度为 80mm，按 Tab 键切换到角度输入框，输入角度为 108°，则完成绘制。

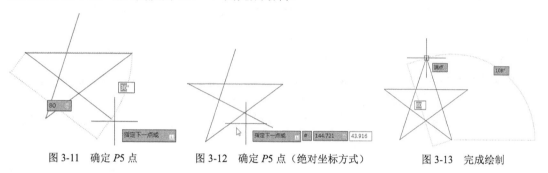

图 3-11　确定 *P*5 点　　　　图 3-12　确定 *P*5 点（绝对坐标方式）　　　　图 3-13　完成绘制

提示

后面实例，如果没有特别提示，均表示在非动态输入模式下输入数据。

3.1.4　构造线

【执行方式】

☑　命令行：xline（快捷命令为 xl）。

☑　菜单栏：执行菜单栏中的"绘图"→"构造线"命令。

☑　工具栏：单击"绘图"工具栏中的"构造线"按钮 。

☑　功能区：单击"默认"选项卡"绘图"面板中的"构造线"按钮 。

【操作步骤】

执行上述任一操作后，命令行提示与操作如下。

命令：_xline
指定点或 [水平(H)/垂直(V)/角度(A)/二等分(B)/偏移(O)]：（指出根点1）
指定通过点：（指定通过点2，绘制一条双向无限长的直线）
指定通过点:[继续指定点，继续绘制线，如图3-14（a）所示，按Enter键结束]

【选项说明】

（1）执行选项中有"指定点""水平""垂直""角度""二等分"和"偏移"6 种方式绘制构造线，分别如图 3-14（a）～图 3-14（f）所示。

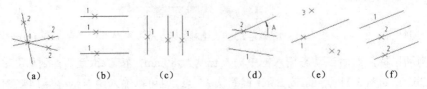

| (a) | (b) | (c) | (d) | (e) | (f) |

图 3-14　绘制构造线

（2）构造线作为模拟手工作图中的辅助作图线，用特殊的线型显示，在图形输出时可不作输出。应用构造线作为辅助线绘制机械图中的三视图是构造线最主要的用途。构造线的应用保证了三视图之间"主视图、俯视图长对正，主视图、左视图高平齐，俯视图、左视图宽相等"的对应关系。

> **◁୬注意**
>
> 　一般每个命令有 4 种执行方式，这里只列出了命令行执行方式，其他 3 种执行方式的操作方法与命令行执行方式类似。在输入坐标数值时，中间的逗号一定要在英文状态下输入，否则系统无法识别。

3.2　圆类命令

圆类命令主要包括"圆""圆弧""圆环""椭圆"及"椭圆弧"命令，这些命令是 AutoCAD 中最简单的曲线命令。

【预习重点】

☑　了解圆类命令的使用方法。
☑　简单练习各命令操作。

3.2.1　圆

【执行方式】

☑　命令行：circle（快捷命令为 c）。
☑　菜单栏：执行菜单栏中的"绘图"→"圆"命令。
☑　工具栏：单击"绘图"工具栏中的"圆"按钮⊙。
☑　功能区：单击①"默认"选项卡"绘图"面板中的②"圆"下拉菜单，如图 3-15 所示。

图 3-15   "圆"下拉菜单

【操作步骤】

执行上述任一操作后，命令行提示与操作如下。

> 命令：_circle
> 指定圆的圆心或 [三点(3P)/两点(2P)/切点、切点、半径(T)]:（指定圆心）
> 指定圆的半径或 [直径(D)]:（直接输入半径值或在绘图区单击指定半径长度）
> 指定圆的直径 <默认值>:（输入直径值或在绘图区单击指定直径长度）

【选项说明】

（1）三点（3P）：通过指定圆周上的 3 点绘制圆。

（2）两点（2P）：通过指定直径的两端点绘制圆（加粗的圆为最后绘制的圆）。

（3）切点、切点、半径（T）：通过先指定两个相切对象，再给出半径的方法绘制圆，如图
3-16 所示。还可以执行菜单栏中的 ① "绘图" → ② "圆" 命令，用 ③ 其子菜单中 "相切、相
切、相切" 方式绘制圆，如图 3-17 所示。

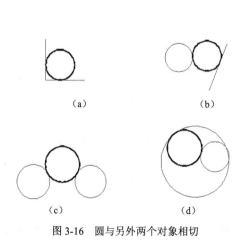

（a）   （b）

（c）   （d）

图 3-16   圆与另外两个对象相切

图 3-17   "圆"子菜单

3.2.2 操作实例——绘制灯

绘制图 3-18 所示的灯，操作步骤如下。

（1）单击"默认"选项卡"绘图"面板中的"圆"按钮⊙，以坐标原点为圆心绘制圆。命令行提示与操作如下。

```
命令: _circle
指定圆的圆心或 [三点(3P)/两点(2P)/切点、切点、半径(T)]:0,0
指定圆的半径或 [直径(D)]:180
```

（2）使用同样方法，绘制半径为 30mm 的同心圆，结果如图 3-19 所示。

（3）单击"默认"选项卡"绘图"面板中的"直线"按钮 ╱，绘制直线。命令行提示与操作如下。

```
命令: _line
指定第一个点:（捕捉大圆的左象限点）
指定下一点或 [放弃(U)]:（捕捉小圆的左象限点）
指定下一点或 [放弃(U)]: ✓
命令: ✓（直接按Enter键表示重复执行上次命令）
指定第一个点:（捕捉小圆的右象限点）
指定下一点或 [放弃(U)]:（捕捉大圆的右象限点）
指定下一点或 [放弃(U)]: ✓
指定第一个点: （捕捉大圆的上象限点）
指定下一点或 [放弃(U)]:（捕捉小圆的上象限点）
指定下一点或 [放弃(U)]: ✓
指定第一个点: （捕捉小圆的下象限点）
指定下一点或 [放弃(U)]:（捕捉大圆的下象限点）
指定下一点或 [放弃(U)]: ✓
```

结果如图 3-20 所示。

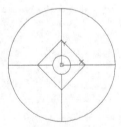
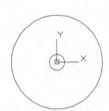
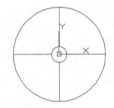

图 3-18　灯　　　　图 3-19　绘制同心圆　　　　图 3-20　绘制直线

（4）单击"默认"选项卡"绘图"面板中的"直线"按钮 ╱，绘制封闭直线，4 个点的坐标分别为（80,0）、（0,80）、（-80,0）和（0,-80），4 个点的坐标顺次捕捉为 4 个半径的中点。结果如图 3-18 所示。

（5）单击"快速访问"工具栏中的"保存"按钮 🖫，保存图形。将绘制完成的图形以"灯.dwg"为文件名保存在指定的路径中。

🎓 高手支招

有时绘制出的圆的圆弧显得很不光滑，这时可以执行菜单栏中的"工具"→"选项"命令，打开"选项"对话框，在其中"显示"选项卡的"显示精度"选项组中把各项参数值设置得高一些，如图 3-21 所示，但不要超过其允许范围的最大值，如果设置超出允许范围，系统会提示允许范围。

图 3-21　设置显示精度

3.2.3　圆弧

【执行方式】

☑ 命令行：arc（快捷命令为 a）。

☑ 菜单栏：执行菜单栏中的"绘图"→"圆弧"命令。

☑ 工具栏：单击"绘图"工具栏中的"圆弧"按钮 。

☑ 功能区：单击①"默认"选项卡②"绘图"面板中的③"圆弧"下拉按钮，如图 3-22 所示。

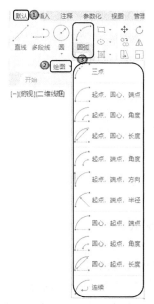

图 3-22　"圆弧"子菜单

【操作步骤】

执行上述任一操作后，命令行提示与操作如下。

```
命令: _arc
指定圆弧的起点或 [圆心(C)]: （指定起点）
指定圆弧的第二个点或[圆心(C)/端点(E)]: （指定第二点）
指定圆弧的端点: （指定末端点）
```

【选项说明】

（1）用命令行方式绘制圆弧时，用户可以根据系统提示选择不同的选项，具体功能和菜单栏中的"绘图"→"圆弧"子菜单中提供的 11 种方式相似。这 11 种方式绘制的圆弧分别如图 3-23（a）～图 3-23（k）所示。

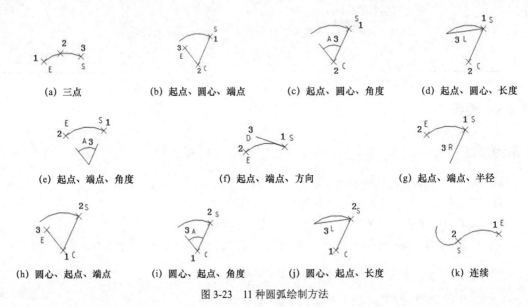

(a) 三点　　(b) 起点、圆心、端点　　(c) 起点、圆心、角度　　(d) 起点、圆心、长度

(e) 起点、端点、角度　　(f) 起点、端点、方向　　(g) 起点、端点、半径

(h) 圆心、起点、端点　　(i) 圆心、起点、角度　　(j) 圆心、起点、长度　　(k) 连续

图 3-23　11 种圆弧绘制方法

（2）需要强调的是使用"连续"方式绘制的圆弧与上一段圆弧相切。继续绘制圆弧段，只提供端点即可，如图 3-23（k）所示。

🎓 **高手支招**

绘制圆弧时，注意圆弧的变化方向是遵循逆时针方向的，所以在选择指定圆弧两个端点和半径模式时，需要注意端点的指定顺序，否则有可能导致圆弧的凹凸形状与预期的相反。

3.2.4　操作实例——绘制洗漱池

扫码看视频

绘制图 3-24 所示的洗漱池，操作步骤如下。

（1）单击"默认"选项卡"绘图"面板中的"直线"按钮／，绘制一条线段，端点坐标分别为（-300,840）和（300,840），如图 3-25 所示。

图 3-24　洗漱池　　　　　　　　　　　图 3-25　绘制直线

（2）单击"默认"选项卡"绘图"面板中的"圆弧"按钮，绘制圆弧。命令行提示与操作如下。

命令: _arc
指定圆弧的起点或 [圆心(C)]: -300,840
指定圆弧的第二个点或[圆心(C)/端点(E)]: 0,780
指定圆弧的端点: 300,840

（3）使用同样方法绘制圆弧，3 个端点的坐标分别为（-300,840）、（0,600）和（300,840），结果如图 3-26 所示。

（4）单击"默认"选项卡"绘图"面板中的"直线"按钮，以（0,600）为起点，绘制一条竖直线段，长度为 600mm，结果如图 3-27 所示。

（5）单击"默认"选项卡"绘图"面板中的"直线"按钮，以（-70,0）和（70,0）为端点坐标，绘制水平直线，结果如图 3-28 所示。

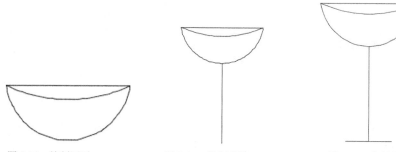

图 3-26　绘制圆弧　　　　　　图 3-27　绘制直线　　　　　图 3-28　绘制直线

（6）单击"默认"选项卡"绘图"面板中的"圆弧"按钮，绘制适当的圆弧，结果如图 3-24 所示。

3.2.5　圆环

【执行方式】

☑　命令行: donut（快捷命令为 do）。

☑　菜单栏: 执行菜单栏中的"绘图" → "圆环"命令。

☑　功能区: 单击"默认"选项卡"绘图"面板中的"圆环"按钮◎。

【操作步骤】

执行上述任一操作后，命令提示与操作如下。

命令: _donut
指定圆环的内径 <默认值>:（指定圆环内径）
指定圆环的外径 <默认值>:（指定圆环外径）
指定圆环的中心点或 <退出>:（指定圆环的中心点）
指定圆环的中心点或 <退出>: [继续指定圆环的中心点，则继续绘制相同内外径的圆环。按Enter
键、空格键或单击鼠标右键结束命令，如图3-29（a）所示]

【选项说明】

（1）若绘制时的内外径不等，则画出填充圆环，如图 3-29（a）所示。

（2）若指定内径为 0，则画出实心填充圆，如图 3-29（b）所示。

（3）若指定内外径相等，则画出普通圆，如图 3-29（c）所示。

（4）fill 命令可以控制圆环是否填充，命令行提示与操作如下。

命令: _fill
输入模式 [开(ON)/关(OFF)] <开>: [选择"开"表示填充，选择"关"表示不填充，如图3-29（d）
所示]

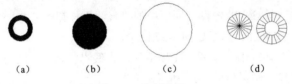

（a）　　　　（b）　　　　（c）　　　　（d）

图 3-29　绘制圆环

3.2.6　椭圆与椭圆弧

【执行方式】

☑　命令行: ellipse（快捷命令为 el）。

☑　菜单栏: 执行菜单栏中的"绘图"→"椭圆"→"圆弧"命令。

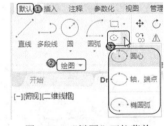

图 3-30　"椭圆"下拉菜单

☑　工具栏: 单击"绘图"工具栏中的"椭圆"按钮 ⬭ 或"椭圆弧"按钮 ⬭。

☑　功能区: 单击❶"默认"选项卡❷"绘图"面板中的❸"椭圆"下拉菜单，如图 3-30
所示。

【操作步骤】

执行上述任一操作后，命令行提示与操作如下。

命令: _ellipse
指定椭圆的轴端点或 [圆弧(A)/中心点(C)]: [指定轴端点1，如图3-31（a）所示]
指定轴的另一个端点: [指定轴端点2，如图3-31（a）所示]
指定另一条半轴长度或 [旋转(R)]:

【选项说明】

（1）指定椭圆的轴端点: 根据两个端点定义椭圆的第一条轴，第一条轴的角度确定了整个椭圆的角度。第一条轴既可定义椭圆的长轴，也可定义其短轴。椭圆按图 3-31（a）中显示的 1-2-3-4 顺序绘制。

（2）圆弧（A）：用于创建一段椭圆弧，与"单击'绘图'面板中的'椭圆弧'按钮 ⌒"功能相同。其中，第一条轴的角度确定了椭圆弧的角度。第一条轴既可定义椭圆弧长轴，也可定义其短轴。选择该项，命令行继续提示如下。

> 指定椭圆弧的轴端点或 [中心点(C)]:（指定端点或输入"C"）
> 指定轴的另一个端点:（指定另一端点）
> 指定另一条半轴长度或 [旋转(R)]:（指定另一条半轴长度或输入"R"）
> 指定起点角度或 [参数(P)]:（指定起始角度或输入"P"）
> 指定端点角度或 [参数(P)/夹角(I)]:

其中各选项含义如下。

① 起点角度：指定椭圆弧端点的两种方式之一，光标与椭圆中心点连线的夹角为椭圆端点位置的角度，如图 3-31（b）所示。

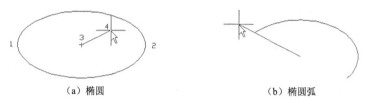

（a）椭圆   （b）椭圆弧

图 3-31 椭圆和椭圆弧

② 参数（P）：指定椭圆弧端点的另一种方式，该方式同样是指定椭圆弧端点的角度，但通过以下矢量参数方程式创建椭圆弧。

$$p(u)=c+a\times\cos u+b\times\sin u$$

其中，c 是椭圆的中心点，a 和 b 分别是椭圆的长轴和短轴，u 为光标与椭圆中心点连线的夹角。

③ 夹角（I）：定义从起点角度与指定点角度的夹角。

（3）中心点（C）：通过指定的中心点创建椭圆。

（4）旋转（R）：通过绕第一条轴旋转圆来创建椭圆。相当于将一个圆绕椭圆轴旋转一个角度后的投影视图。

🎓 **高手支招**

"椭圆"命令生成的椭圆是以多段线还是以椭圆为实体，是由系统变量 PELLIPSE 决定的，当其为 1 时，生成的椭圆将以多段线形式存在。

📢 **注意**

本实例中指定起点角度和端点角度的点时不要将两个点的顺序指定反了，因为系统默认的旋转方向是逆时针，如果指定反了，得出的结果可能和预期的刚好相反。

3.2.7 操作实例——绘制洗脸盆

绘制图 3-32 所示的洗脸盆，操作步骤如下。

扫码看视频

（1）单击"默认"选项卡"绘图"面板中的"椭圆"命令 ◡ ，绘制洗脸池外沿，命令行提示与操作如下。

```
命令: _ellipse
指定椭圆的轴端点或 [圆弧(A)/中心点(C)]: C
指定椭圆的中心点:0,0
指定轴的端点:300,0
指定另一条半轴长度或 [旋转(R)]:200,0
```

结果如图 3-33 所示。

（2）使用同样的方法，单击"默认"选项卡"绘图"面板中的"椭圆"命令 ◡ ，以坐标原点为圆心绘制洗脸池内部的椭圆,轴的端点坐标分别为[（270,0）、（170,0）]和[（200,0）、（100,0）],结果如图 3-34 所示。

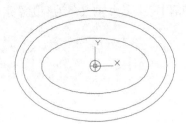

图 3-32　洗脸盆

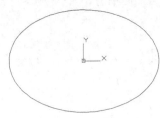

图 3-33　绘制洗脸池外沿

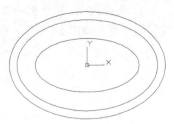

图 3-34　洗脸池内部的椭圆

（3）单击"默认"选项卡"绘图"面板中的"圆"按钮 ⊙ ，以椭圆的圆心为圆的圆心，绘制半径为 20mm 的圆，如图 3-35 所示。

（4）单击"默认"选项卡"绘图"面板中的"直线"按钮 ✎ ，在上步绘制的圆的内部，分别以[（-20,0）、（20,0）]和[（0,-20）、（0,20）]为端点坐标，绘制十字交叉线，最终结果如图 3-32 所示。

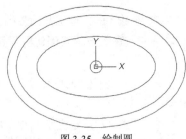

图 3-35　绘制圆

3.3　平面图形

简单的平面图形命令包括"矩形"命令和"多边形"命令。

【预习重点】

☑　了解平面图形的种类及应用。

☑　简单练习矩形与多边形的绘制。

3.3.1　矩形

【执行方式】

☑　命令行: rectang（快捷命令为 rec）。

☑　菜单栏：执行菜单栏中的"绘图"→"矩形"命令。

☑　工具栏：单击"绘图"工具栏中的"矩形"按钮 ▭ 。

☑　功能区：单击"默认"选项卡"绘图"面板中的"矩形"按钮 ▭ 。

【操作步骤】

执行上述任一操作后，命令行提示与操作如下。

命令：_rectang
指定第一个角点或 [倒角(C)/标高(E)/圆角(F)/厚度(T)/宽度(W)]：（指定角点）
指定另一个角点或 [面积(A)/尺寸(D)/旋转(R)]：

【选项说明】

（1）第一个角点：通过指定两个角点确定矩形，如图 3-36（a）所示。

（2）倒角（C）：指定倒角距离，绘制带倒角的矩形，如图 3-36（b）所示。每一个角点的逆时针和顺时针方向的倒角可以相同，也可以不同，其中第一个倒角距离是指角点逆时针方向倒角距离，第二个倒角距离是指角点顺时针方向倒角距离。

（3）标高（E）：指定矩形标高（Z 坐标），即把矩形放置在标高为 Z 并与 XOY 坐标面平行的平面上，并作为后续矩形的标高值。

（4）圆角（F）：指定圆角半径，绘制带圆角的矩形，如图 3-36（c）所示。

（5）厚度（T）：指定矩形的厚度，如图 3-36（d）所示。

（6）宽度（W）：指定线宽，如图 3-36（e）所示。

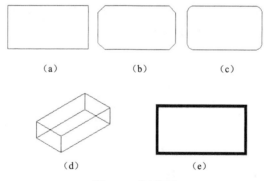

图 3-36　绘制矩形

（7）面积（A）：指定面积和长或宽创建矩形。选择该项，命令行提示与操作如下。

输入以当前单位计算的矩形面积 <20.0000>：（输入面积值）
计算矩形标注时依据 [长度(L)/宽度(W)] <长度>：（按Enter键或输入"W"）
输入矩形长度 <4.0000>：（指定长度或宽度）

指定长度或宽度后，系统自动计算另一个维度，绘制出矩形。如果矩形被倒角或圆角，则长度或面积计算中也会考虑此设置。

（8）尺寸（D）：使用长和宽创建矩形，第二个指定点将矩形定位在与第一角点相关的 4 个位置之一内。

（9）旋转（R）：使所绘制的矩形旋转一定角度。选择该项，命令行提示与操作如下。

指定旋转角度或 [拾取点(P)] <45>：（指定角度）

指定另一个角点或 [面积(A)/尺寸(D)/旋转(R)]:（指定另一个角点或选择其他选项）

指定旋转角度后，系统按指定角度创建矩形。

3.3.2　操作实例——绘制抽油烟机

绘制图 3-37 所示的抽油烟机，操作步骤如下。

（1）单击"默认"选项卡"绘图"面板中的"矩形"按钮 ▭，绘制矩形。命令行提示与操作如下。

命令：_rectang
指定第一个角点或 [倒角(C)/标高(E)/圆角(F)/厚度(T)/宽度(W)]:0,0
指定另一个角点或 [面积(A)/尺寸(D)/旋转(R)]: 750,150

结果如图 3-38 所示。

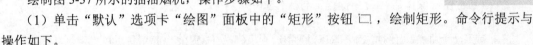

图 3-37　抽油烟机　　　　　　　　　　　图 3-38　绘制矩形

（2）单击"默认"选项卡"绘图"面板中的"直线"按钮 ╱，绘制一条水平直线，端点坐标分别为（0,50）和（750,50），如图 3-39 所示。

（3）单击"默认"选项卡"绘图"面板中的"圆"按钮 ⊙，绘制圆心坐标分别为（30,25）和（80,25），半径为 20mm 的两个圆，如图 3-40 所示。

图 3-39　绘制直线　　　　　　　　　　　图 3-40　绘制圆

（4）单击"默认"选项卡"绘图"面板中的"矩形"按钮 ▭，绘制角点坐标分别为（650,5）和（740,45）的矩形。结果如图 3-37 所示。

3.3.3　多边形

【执行方式】

☑　命令行：polygon（快捷命令为 pol）。
☑　菜单栏：执行菜单栏中的"绘图"→"多边形"命令。
☑　工具栏：单击"绘图"工具栏中的"多边形"按钮 ⬠。
☑　功能区：单击"默认"选项卡"绘图"面板中的"多边形"按钮 ⬠。

【操作步骤】

执行上述任一操作后，命令行提示与操作下。

> 命令: _polygon
> 输入侧面数 <4>:（指定多边形的边数，默认值为4）
> 指定正多边形的中心点或 [边(E)]:（指定中心点）
> 输入选项 [内接于圆(I)/外切于圆(C)] <I>:（指定内接于圆或外切于圆）
> 指定圆的半径:（指定外接圆或内切圆的半径）

【选项说明】

（1）边（E）：选择该选项，则只要指定多边形的一条边，系统就会按逆时针方向创建该正多边形，如图 3-41（a）所示。

（2）内接于圆（I）：选择该选项，绘制的多边形内接于圆，如图 3-41（b）所示。

（3）外切于圆（C）：选择该选项，绘制的多边形外切于圆，如图 3-41（c）所示。

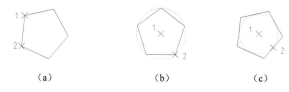

（a）　　　　　　　　（b）　　　　　　　　（c）

图 3-41　绘制正多边形

3.3.4　操作实例——绘制雨伞俯视图

扫码看视频

绘制图 3-42 所示的雨伞俯视图，操作步骤如下。

（1）单击"默认"选项卡"绘图"面板中的"多边形"按钮⬠，绘制外轮廓线。命令行提示与操作如下。

> 命令: _polygon
> 输入侧面数 <8>: 8
> 指定正多边形的中心点或 [边(E)]: 0,0
> 输入选项 [内接于圆(I)/外切于圆(C)] <I>: C
> 指定圆的半径: 800

绘制结果如图 3-43 所示。

（2）单击"默认"选项卡"绘图"面板中的"直线"按钮╱，绘制连接直线。绘制结果如图 3-44 所示。

（3）单击"默认"选项卡"绘图"面板中的"多边形"按钮⬠，绘制内部多边形，命令行提示与操作如下。

> 命令: _polygon
> 输入侧面数 <8>: 8
> 指定正多边形的中心点或 [边(E)]: 0,0
> 输入选项 [内接于圆(I)/外切于圆(C)] <I>: I
> 指定圆的半径: 400

结果如图 3-45 所示。

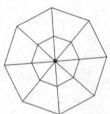

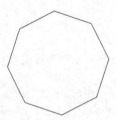

图 3-42　雨伞俯视图 　　　　　　　　图 3-43　绘制多边形

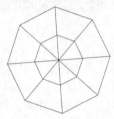

图 3-44　绘制直线 　　　　　　　　图 3-45　绘制多边形

（4）单击"默认"选项卡"绘图"面板中的"圆"按钮⊙，绘制半径为 50mm 的圆，圆心为多边形的中心，结果如图 3-42 所示。

3.4　点类命令

点在 AutoCAD 中有多种不同的表示方式，用户可以根据需要进行设置，也可以设置等分点和测量点。

【预习重点】

☑　了解点类命令的应用。

☑　简单练习点类命令的基本操作。

3.4.1　点

【执行方式】

☑　命令行：point（快捷命令为 po）。

☑　菜单栏：执行菜单栏中的"绘图"→"点"→"单点"或"多点"命令。

☑　工具栏：单击"绘图"工具栏中的"点"按钮⸭。

☑　功能区：单击"默认"选项卡"绘图"面板中的"多点"按钮⸭。

【操作步骤】

执行上述任一操作后，命令行提示与操作如下。

```
命令:_point
当前点模式: PDMODE=0  PDSIZE=0.0000
指定点：（指定点所在的位置）
```

【选项说明】

（1）通过菜单方法执行"点"命令，如图 3-46 所示，"单点"命令表示只输入一个点，"多点"命令表示可输入多个点。

（2）可以单击状态栏中的"对象捕捉"按钮 □，使其处于按下状态，设置点捕捉模式，帮助用户选择点。

（3）点在图形中的表示样式共有 20 种。可通过 ddptype 命令或执行菜单栏中的"格式"→"点样式"命令，通过打开的"点样式"对话框来进行设置，如图 3-47 所示。

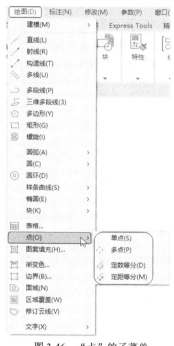

图 3-46　"点"的子菜单

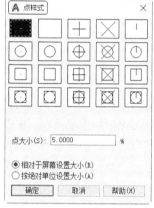

图 3-47　"点样式"对话框

3.4.2　等分点与测量点

1．等分点

【执行方式】

- ☑ 命令行：divide（快捷命令为 div）。
- ☑ 菜单栏：执行菜单栏中的"绘图"→"点"→"定数等分"命令。
- ☑ 功能区：单击"默认"选项卡"绘图"面板中的"定数等分"按钮 ⚡。

【操作步骤】

执行上述任一操作后，命令行提示与操作如下。

命令：_divide
选择要定数等分的对象：
输入线段数目或 [块(B)]：（指定实体的等分数）

【选项说明】

（1）等分数目范围为 2～32767。

（2）在等分点处，按当前点样式设置绘制出等分点。

（3）在第二提示行选择"块（B）"选项时，表示在等分点处插入指定的块。

2．测量点

【执行方式】

☑ 命令行：measure（快捷命令为 me）。

☑ 菜单栏：执行菜单栏中的"绘图"→"点"→"定距等分"命令。

☑ 功能区：单击"默认"选项卡"绘图"面板中的"定距等分"按钮 。

【操作步骤】

执行上述任一操作后，命令行提示与操作如下。

```
命令：_measure
选择要定距等分的对象：（选择要设置测量点的实体）
指定线段长度或 [块(B)]：（指定分段长度）
```

【选项说明】

（1）设置的起点一般是指定线的绘制起点。

（2）在第二提示行选择"块（B）"选项时，表示在测量点处插入指定的块。

（3）在等分点处，按当前点样式设置绘制测量点。

（4）最后一个测量段的长度不一定等于指定分段长度。

3.4.3　点的钳夹功能

利用钳夹功能用户可以快速方便地编辑对象。AutoCAD 在图形对象上定义了一些特殊点，称为夹点，利用这些夹点用户可以灵活地控制对象，如图 3-48 所示。

要使用钳夹功能编辑对象，必须先打开钳夹功能，打开方法是：执行菜单栏中的"工具"→"选项"命令。

在"选项"对话框的"选择集"选项卡中，勾选"显示夹点"复选框。在该选项卡中，用户还可以设置代表夹点的小方格的尺寸和颜色。

用户也可以通过 GRIPS 系统变量来控制是否打开钳夹功能，1 代表打开，0 代表关闭。

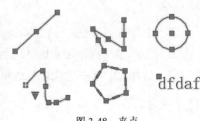

打开了钳夹功能后，在编辑对象之前应先选择对象。夹点表示了对象的控制位置。

图 3-48　夹点

在使用夹点编辑对象时，要选择一个夹点作为基点，选择的这个夹点被称为基准夹点，然后再选择编辑操作：如镜像、移动、旋转、拉伸或缩放。可以用空格键、Enter 键或键盘上的快捷键循环选择这些功能。

下面仅就其中的拉伸对象操作为例进行讲述，其他操作类似。

在图形上拾取一个夹点，该夹点改变颜色，此点为夹点编辑的基准夹点，选中该点，拖动鼠标，可以修改对象。这时系统提示如下。

```
** 拉伸 **
指定拉伸点或 [基点(B)/复制(C)/放弃(U)/退出(X)]:
```

3.4.4 操作实例——绘制楼梯

绘制图 3-49 所示的楼梯，操作步骤如下。

（1）单击"默认"选项卡"绘图"面板中的"直线"按钮 ╱ 和"矩形"按钮 □ ，绘制墙体和扶手（或单击"快速访问"工具栏中的"打开"按钮，打开"选择文件"对话框，找到源文件下的"原图"图形，单击打开按钮，打开绘制的墙体与扶手），如图 3-50 所示。

（2）设置点样式。执行菜单栏中的"格式"→"点样式"命令，在打开的"点样式"对话框中选择"×"样式。

（3）单击"默认"选项卡"绘图"面板中的"定数等分"按钮 ，以左边扶手外面线段为对象，数目为 8 进行等分，如图 3-51 所示。命令行提示与操作如下。

图 3-49 楼梯

```
命令:_divide
选择要定数等分的对象:（选择左边扶手外面线段）
输入线段数目或 [块(B)]:8
```

（4）单击"默认"选项卡"绘图"面板中的"直线"按钮 ╱ ，分别以等分点为起点，左边墙体上的点为终点绘制水平线段，如图 3-52 所示。

（5）单击键盘上的 Delete 键，选择需要删除的点，如图 3-53 所示。

（6）用相同的方法绘制另一侧楼梯，结果如图 3-49 所示。

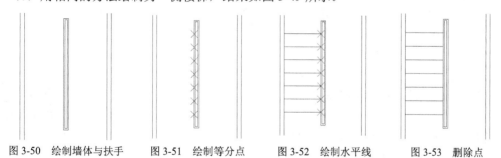

图 3-50 绘制墙体与扶手　　　图 3-51 绘制等分点　　　图 3-52 绘制水平线　　　图 3-53 删除点

3.5 多段线

多段线是一种由线段和圆弧组合而成的不同线宽的多线，这种线由于其组合形式的多样和线宽的不同，弥补了直线或圆弧功能的不足，适合绘制各种复杂的图形轮廓，因此得到了广泛的应用。

【预习重点】

☑ 比较多段线与直线、圆弧组合体的差异。

☑ 了解多段线命令行选项的含义。

☑ 了解如何编辑多段线。

☑ 对比编辑多段线与面域的区别。

3.5.1 绘制多段线

【执行方式】

☑ 命令行：pline（快捷命令为 pl）。

☑ 菜单栏：执行菜单栏中的"绘图"→"多段线"命令。

☑ 工具栏：单击"绘图"工具栏中的"多段线"按钮。

☑ 功能区：单击"默认"选项卡"绘图"面板中的"多段线"按钮。

【操作步骤】

执行上述任一操作后，命令行提示与操作如下。

```
命令: _pline
指定起点：（指定多段线的起点）
当前线宽为 0.0000
指定下一个点或 [圆弧(A)/半宽(H)/长度(L)/放弃(U)/宽度(W)]:（指定多段线的下一个点）
```

【选项说明】

多段线主要由连续的不同宽度的线段或圆弧组成，如果在上述提示中选择"圆弧"选项，则命令行提示如下。

```
指定圆弧的端点(按住Ctrl键以切换方向)或 [角度(A)/圆心(CE)/闭合(CL)/方向(D)/半宽(H)/直线(L)/半径(R)/第二个点(S)/放弃(U)/宽度(W)]:
```

绘制圆弧的方法与"圆弧"命令相似。

扫码看视频

3.5.2 操作实例——绘制浴缸

绘制图 3-54 所示的浴缸，操作步骤如下。

（1）单击"默认"选项卡"绘图"面板中的"多段线"按钮，绘制浴缸内沿，如图 3-55 所示。命令行提示与操作如下。

图 3-54 浴缸

图 3-55 绘制浴缸内沿

命令: _pline
指定起点:350,0
当前线宽为 0.0000
指定下一个点或 [圆弧(A)/半宽(H)/长度(L)/放弃(U)/宽度(W)]: 900（鼠标指向水平向右）
指定下一点或 [圆弧(A)/闭合(C)/半宽(H)/长度(L)/放弃(U)/宽度(W)]: A
指定圆弧的端点(按住 Ctrl 键以切换方向)或[角度(A)/圆心(CE)/闭合(CL)/方向(D)/半宽(H)/直线(L)/半径(R)/第二个点(S)/放弃(U)/宽度(W)]: A
指定夹角: 180
指定圆弧的端点(按住 Ctrl 键以切换方向)或 [圆心(CE)/半径(R)]: R
指定圆弧的半径: 350
指定圆弧的弦方向(按住 Ctrl 键以切换方向) <0>: （在直线的上方单击一下鼠标的左键）
指定圆弧的端点(按住 Ctrl 键以切换方向)或[角度(A)/圆心(CE)/闭合(CL)/方向(D)/半宽(H)/直线(L)/半径(R)/第二个点(S)/放弃(U)/宽度(W)]: L
指定下一点或 [圆弧(A)/闭合(C)/半宽(H)/长度(L)/放弃(U)/宽度(W)]: 900（鼠标指向水平向左）
指定下一点或 [圆弧(A)/闭合(C)/半宽(H)/长度(L)/放弃(U)/宽度(W)]: A
指定圆弧的端点(按住 Ctrl 键以切换方向)或[角度(A)/圆心(CE)/闭合(CL)/方向(D)/半宽(H)/直线(L)/半径(R)/第二个点(S)/放弃(U)/宽度(W)]: A
指定夹角: 180
指定圆弧的端点(按住 Ctrl 键以切换方向)或 [圆心(CE)/半径(R)]: R
指定圆弧的半径: 350
指定圆弧的弦方向(按住 Ctrl 键以切换方向) <180>: （用鼠标单击多段线的起点）
指定圆弧的端点(按住 Ctrl 键以切换方向)或
[角度(A)/圆心(CE)/闭合(CL)/方向(D)/半宽(H)/直线(L)/半径(R)/第二个点(S)/放弃(U)/宽度(W)]: （按Enter键结束多段线的绘制）

（2）单击"默认"选项卡"绘图"面板中的"矩形"按钮 ▭，以（0,0）和（1600,700）为角点绘制矩形，作为浴缸的外沿。结果如图 3-56 所示。

（3）单击"默认"选项卡"绘图"面板中的"圆"按钮 ⊙，绘制放水阀，绘制圆心坐标为（1250,350），半径为 30mm 的圆。结果如图 3-57 所示。

图 3-56 绘制矩形

图 3-57 绘制圆

3.6 样条曲线

AutoCAD 中有一种被称为"非均匀有理 B 样条（NURBS）曲线"的特殊样条曲线类型。使用该曲线可在控制点之间产生一条光滑的样条曲线，如图 3-58 所示。样条曲线可用于创建形状不规则的曲线，例如，地理信息系统（GIS）应用的曲线图和在汽车设计中绘制的轮廓线都为 NURBS 曲线。

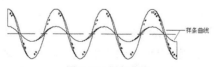

图 3-58 样条曲线

【预习重点】

☑ 观察绘制的样条曲线。

☑ 了解样条曲线中命令行选项的含义。

☑ 对比观察利用夹点编辑与编辑样条曲线命令调整曲线轮廓的区别。

☑ 练习样条曲线的应用。

3.6.1 绘制样条曲线

【执行方式】

☑ 命令行：spline。

☑ 菜单栏：执行菜单栏中的"绘图"→"样条曲线"命令。

☑ 工具栏：单击"绘图"工具栏中的"样条曲线"按钮 N。

☑ 功能区：单击"默认"选项卡"绘图"面板中的"样条曲线拟合"按钮 N 或"样条曲线控制点"按钮 N。

【操作步骤】

执行上述任一操作后，命令行提示与操作如下。

```
命令：_spline
当前设置：方式=拟合    节点=弦
指定第一个点或 [方式(M)/节点(K)/对象(O)]:[指定一点或选择"对象(O)"选项]
输入下一个点或 [起点切向(T)/公差(L)]:（指定一点）
输入下一个点或 [端点相切(T)/公差(L)/放弃(U)]:（指定第三点）
输入下一个点或 [端点相切(T)/公差(L)/放弃(U)/闭合(C)]:
```

【选项说明】

（1）对象（O）：将二维或三维的二次或三次样条曲线的拟合多段线转换为等价的样条曲线，然后（根据 DelOBJ 系统变量的设置）删除该拟合多段线。

（2）闭合（C）：将最后一点定义为与第一点一致，并使其在连接处与样条曲线相切，这样可以闭合样条曲线。

用户可以指定一点来定义切向矢量，或者通过使用"切点"和"垂足"对象来捕捉模式使样条曲线与现有对象相切或垂直。

（3）公差（L）：修改当前样条曲线的拟合公差。根据新的拟合公差，以现有点重新定义样条曲线。拟合公差表示样条曲线拟合时所指定的拟合点集的拟合精度。拟合公差越小，样条曲线与拟合点越接近。公差为 0 时，样条曲线将通过该点。输入大于 0 的拟合公差时，将使样条曲线在指定的公差范围内通过拟合点。在绘制样条曲线时，用户可以通过改变样条曲线的拟合公差以查看效果。

（4）起点切向（T）：定义样条曲线的第一点和最后一点的切向。

如果在样条曲线的两端都指定切向，可以通过输入一个点或者使用"切点"和"垂足"对象来捕捉模式使样条曲线与已有的对象相切或垂直。如果按 Enter 键，AutoCAD 将计算默认切向。

3.6.2　操作实例——绘制壁灯

绘制图 3-59 所示的壁灯，操作步骤如下。

（1）单击"默认"选项卡"绘图"面板中的"矩形"按钮 □，在适当位置绘制一个 220mm ×50mm 的矩形。

（2）单击"默认"选项卡"绘图"面板中的"直线"按钮 ╱，在矩形中绘制 5 条水平直线，结果如图 3-60 所示。

（3）单击"默认"选项卡"绘图"面板中的"多段线"按钮 ⊃，绘制灯罩。命令行提示与操作如下。

```
命令: _pline
指定起点:（在矩形上方适当位置）
当前线宽为 0.0000
指定下一个点或 [圆弧(A)/半宽(H)/长度(L)/放弃(U)/宽度(W)]: A
指定圆弧的端点(按住Ctrl键以切换方向)或 [角度(A)/圆心(CE)/方向(D)/半宽(H)/直线(L)/半径(R)/
第二个点(S)/放弃(U)/宽度(W)]: S
指定圆弧上的第二个点:（大约指定矩形上边线中点）
指定圆弧的端点:（适当指定一点，此点大约与第一点水平）
指定圆弧的端点(按住Ctrl键以切换方向)或 [角度(A)/圆心(CE)/闭合(CL)/方向(D)/半宽(H)/直线(L)/
半径(R)/第二个点(S)/放弃(U)/宽度(W)]: L
指定下一点或 [圆弧(A)/闭合(C)/半宽(H)/长度(L)/放弃(U)/宽度(W)]: C
```

重复"多段线"命令，在灯罩上绘制一个不等四边形，如图 3-61 所示。

（4）单击"默认"选项卡"绘图"面板中的"样条曲线拟合"按钮 ∿，绘制装饰物，命令行提示与操作如下。

```
命令: _spline
当前设置: 方式=拟合　节点=弦
指定第一个点或 [方式(M)/节点(K)/对象(O)]:（适当指定一点）
输入下一个点或 [起点切向(T)/公差(L)]:（适当指定一点）
输入下一个点或 [端点相切(T)/公差(L)/放弃(U)]:（适当指定一点）
输入下一个点或 [端点相切(T)/公差(L)/放弃(U)/闭合(C)]:（适当指定一点）
输入下一个点或 [端点相切(T)/公差(L)/放弃(U)/闭合(C)]:（适当指定一点）
输入下一个点或 [端点相切(T)/公差(L)/放弃(U)/闭合(C)]: ↙
```

重复"样条曲线"命令，绘制另两条样条曲线，适当选取各控制点，结果如图 3-62 所示。

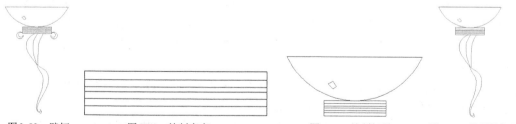

图 3-59　壁灯　　　　图 3-60　绘制底座　　　　　　图 3-61　绘制灯罩　　　图 3-62　绘制装饰物

（5）单击"默认"选项卡"绘图"面板中的"多段线"按钮 ⊃，在矩形的两侧绘制月亮装饰，如图 3-59 所示。

3.7 图案填充

当用户需要用一个重复的图案（pattern）填充一个区域时，可以使用 bhatch 命令，创建一个相关联的填充阴影对象，即所谓的图案填充。

【预习重点】

- ☑ 观察图案填充结果。
- ☑ 了解填充样例对应的含义。
- ☑ 确定边界选择要求。
- ☑ 了解对话框中参数的含义。

3.7.1 基本概念

1. 图案边界

当进行图案填充时，要先确定填充图案的边界。定义边界的对象只能是直线、双向射线、单向射线、多段线、样条曲线、圆弧、圆、椭圆、椭圆弧、面域等对象或用这些对象定义的块，作为边界的对象在当前图层上必须全部可见。

2. 孤岛

在进行图案填充时，把位于总填充区域内的封闭区称为孤岛，如图 3-63 所示。在使用 bhatch 命令填充时，AutoCAD 系统允许用户以拾取点的方式确定填充边界，即在希望填充的区域内任意拾取一点，系统会自动确定出填充边界，同时也确定该边界内的岛。如果用户以选择对象的方式确定填充边界，则必须确切地选取这些岛，有关知识将在 3.7.2 节中介绍。

3. 填充方式

在进行图案填充时，需要控制填充的范围。AutoCAD 系统为用户设置了以下 3 种填充方式，以实现对填充范围的控制。

（1）普通方式。如图 3-64（a）所示，该方式从边界开始，从每条填充线或每个填充符号的两端向里填充，遇到内部对象与之相交时，填充线或符号断开，直到遇到下一次相交时再继续填充。采用这种填充方式时，要避免剖面线或符号与内部对象的相交次数为奇数，该方式为系统内部的默认方式。

（2）最外层方式。如图 3-64（b）所示，该方式从边界向里填充，只要在边界内部与对象相交，剖面符号就会断开，系统不再继续填充。

（3）忽略方式。如图 3-64（c）所示，该方式忽略边界内的对象，所有内部结构都被剖面符号覆盖。

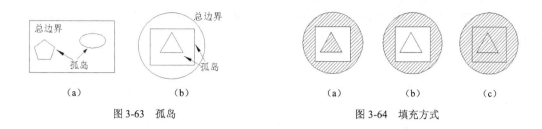

图 3-63 孤岛

图 3-64 填充方式

3.7.2 图案填充的操作

【执行方式】

- ☑ 命令行：bhatch（快捷命令为 h）。
- ☑ 菜单栏：执行菜单栏中的"绘图"→"图案填充"或"渐变色"命令。
- ☑ 工具栏：单击"绘图"工具栏中的"图案填充"按钮▨或"渐变色"按钮▨。
- ☑ 功能区：单击"默认"选项卡"绘图"面板中的"图案填充"按钮▨。

【操作步骤】

执行上述任一操作后，系统打开图 3-65 所示的"图案填充创建"选项卡，各面板中的按钮含义如下。

图 3-65 "图案填充创建"选项卡

【选项说明】

1. "边界"面板

（1）拾取点：通过选择由一个或多个对象形成的封闭区域内的点，确定图案填充边界，如图 3-66 所示。指定内部点时，可以随时在绘图区域中单击鼠标右键以显示包含多个选项的快捷菜单。

（2）选择边界对象：指定基于选定对象的图案填充边界。使用该选项时，系统不会自动检测内部对象，而是选择选定边界内的对象，以按照当前孤岛检测样式填充这些对象，如图 3-67 所示。

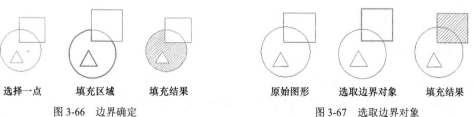

图 3-66 边界确定

图 3-67 选取边界对象

（3）"删除边界"按钮：从边界定义中删除之前添加的任何对象，然后填充剩下的区域如图 3-68 所示。

选取边界对象　　　　删除边界　　　　填充结果

图 3-68　删除"岛"后的边界

（4）重新创建边界：围绕选定的图案填充或填充对象创建多段线或面域，并使其与图案填充对象相关联（可选）。

（5）显示边界对象：选择构成选定关联图案填充对象的边界的对象，使用显示的夹点可修改图案填充边界。

（6）保留边界对象：指定如何处理图案填充边界对象。选项包括以下 4 个。

① 不保留边界。（仅在图案填充创建期间可用）不创建独立的图案填充边界对象。

② 保留边界-多段线。（仅在图案填充创建期间可用）创建封闭图案填充对象的多段线。

③ 保留边界-面域。（仅在图案填充创建期间可用）创建封闭图案填充对象的面域对象。

④ 选择新边界集。指定对象的有限集（称为边界集），以便通过创建图案填充时的拾取点进行计算。

2．"图案"面板

显示所有预定义和自定义图案的预览图像。

3．"特性"面板

（1）图案填充类型：指定使用纯色、渐变色、图案或用户定义的填充。

（2）图案填充颜色：替代实体填充和填充图案的当前颜色。

（3）背景色：指定填充图案背景的颜色。

（4）图案填充透明度：指定新图案填充或填充的透明度，替代当前对象的透明度。

（5）图案填充角度：指定图案填充或填充的角度。

（6）填充图案比例：放大或缩小预定义或自定义填充图案。

（7）相对图纸空间：（仅在布局中可用）相对于图纸空间单位缩放填充图案。使用此选项，可很容易地做到以适合于布局的比例显示填充图案。

（8）双向：（仅当"图案填充类型"设定为"用户定义"时可用）将绘制第二组直线，与原始直线成 90°，从而构成交叉线。

（9）ISO 笔宽：（仅对预定义的 ISO 图案可用）基于选定的笔宽缩放 ISO 图案。

4．"原点"面板

（1）设定原点：直接指定新的图案填充原点。

（2）左下：将图案填充原点设定在图案填充边界矩形范围的左下角。

（3）右下：将图案填充原点设定在图案填充边界矩形范围的右下角。

（4）左上：将图案填充原点设定在图案填充边界矩形范围的左上角。

（5）右上：将图案填充原点设定在图案填充边界矩形范围的右上角。

（6）中心：将图案填充原点设定在图案填充边界矩形范围的中心。

（7）使用当前原点：将图案填充原点设定在 HPORIGIN 系统变量中存储的默认位置。

（8）存储为默认原点：将新图案填充原点的值存储在 HPORIGIN 系统变量中。

5."选项"面板

（1）关联：指定图案填充或填充为关联图案填充。关联的图案填充或填充在用户修改其边界对象时将会更新。

（2）注释性：指定图案填充为注释性。此特性会自动完成缩放注释过程，从而使注释能够以正确的大小在图纸上打印或显示。

（3）特性匹配。

① 使用当前原点：使用选定图案填充对象（除图案填充原点外）设定图案填充的特性。

② 使用源图案填充的原点：使用选定图案填充对象（包括图案填充原点）设定图案填充的特性。

（4）允许的间隙：设定将对象用作图案填充边界时可以忽略的最大间隙。默认值为 0，此值指定对象必须封闭区域而没有间隙。

（5）创建独立的图案填充：控制当指定了几个单独的闭合边界时，是创建单个图案填充对象，还是创建多个图案填充对象。

（6）孤岛检测。

① 普通孤岛检测：从外部边界向内填充。如果遇到内部孤岛，填充将关闭，直到遇到孤岛中的另一个孤岛。

② 外部孤岛检测：从外部边界向内填充。此选项仅填充指定的区域，不会影响内部孤岛。

③ 忽略孤岛检测：忽略所有内部的对象，填充图案时将通过这些对象。

（7）绘图次序：为图案填充或填充指定绘图次序。选项包括不更改、后置、前置、置于边界之后和置于边界之前。

（8）图案填充设置：单击"图案填充设置"按钮 ↘，弹出"图案填充和渐变色"对话框。

① "图案填充"选项卡。此选项卡下各选项用来确定图案及其参数。

② "渐变色"选项卡。渐变色是指从一种颜色到另一种颜色的平滑过渡。渐变色能产生光的效果，可为图形添加视觉效果。

6."关闭"面板

"关闭图案填充创建"按钮 ✓：单击此按钮可退出 bhatch 并关闭上下文选项卡。也可以按 Enter 键或 Esc 键退出 bhatch。

3.7.3　操作实例——绘制独立小屋

绘制图 3-69 所示的独立小屋，操作步骤如下。

扫码看视频

图 3-69　独立小屋

（1）单击"默认"选项卡"绘图"面板中的"矩形"按钮 ▭ ，绘制一个矩形，角点坐标为（210,160）和（400,25）。

（2）单击"默认"选项卡"绘图"面板中的"直线"按钮 ╱ ，坐标为[（210,160）、（@80<45）、（@190<0）、（@135<-90）、（400,25）]。重复"直线"命令，绘制另一条直线，坐标为[（400,160）、（@80<45）]。

（3）绘制窗户。单击"默认"选项卡"绘图"面板中的"矩形"按钮 ▭ ，一个矩形的两个角点坐标为（230,125）和（275,90）。另一个矩形的两个角点坐标为（335,125）和（380,90）。

（4）单击"默认"选项卡"绘图"面板中的"多段线"按钮 ┐ ，绘制门。命令行提示与操作如下。

命令: _pl
指定起点:288,25
当前线宽为 0.0000
指定下一点或 [圆弧(A)/闭合(C)/半宽(H)/长度(L)/放弃(U)/宽度(W)]: 288,76
指定下一点或 [圆弧(A)/闭合(C)/半宽(H)/长度(L)/放弃(U)/宽度(W)]: A
指定圆弧的端点(按住Ctrl键以切换方向)或 [角度(A)/圆心(CE)/闭合(CL)/方向(D)/半宽(H)/直线(L)/半径(R)/第二点(S)/放弃(U)/宽度(W)]: A（用给定圆弧的包角方式画圆弧）
指定夹角: -180（包角值为负，则顺时针画圆弧；反之，则逆时针画圆弧）
指定圆弧的端点(按住Ctrl键以切换方向)或 [圆心(CE)/半径(R)]: 322,76（给出圆弧端点的坐标值）
指定圆弧的端点(按住Ctrl键以切换方向)或 [角度(A)/圆心(CE)/闭合(CL)/方向(D)/半宽(H)/直线(L)/半径(R)/第二点(S)/放弃(U)/宽度(W)]: L
指定下一点或 [圆弧(A)/闭合(C)/半宽(H)/长度(L)/放弃(U)/宽度(W)]: @51<-90
指定下一点或 [圆弧(A)/闭合(C)/半宽(H)/长度(L)/放弃(U)/宽度(W)]: ↵

（5）单击"默认"选项卡"绘图"面板中的"图案填充"按钮 ▨ ，①弹出"图案填充创建"选项卡，②选择"GRASS"图案，③设置"角度"为 0°、④"比例"为 0.5，如图 3-70 所示，⑤单击"拾取点"按钮 ▨ ，选择屋顶进行图案填充。命令行提示与操作如下。

命令:_bhatch
选择内部点:（单击"拾取点"按钮，用十字光标在屋顶上拾取一点，如图3-71所示点1）

图 3-70　"图案填充创建"选项卡

⑥单击"关闭图案填充创建"按钮✔，关闭选项卡，系统以选定的图案进行填充。

（6）单击"默认"选项卡"绘图"面板中的"图案填充"按钮▨，弹出"图案填充创建"选项卡，选择预定义的"ANGLE"图案，设置"角度"为 0°、"比例"为 1，拾取如图 3-72 所示 2、3 两个位置的点填充窗户。

（7）单击"默认"选项卡"绘图"面板中的"图案填充"按钮▨，弹出"图案填充创建"选项卡，选择预定义的"BRSTONE"图案，设置"角度"为 0°、"比例"为 0.25，拾取如图 3-73 所示 4 位置的点填充小屋前面的砖墙。

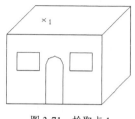

图 3-71　拾取点 1

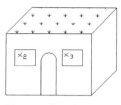

图 3-72　拾取点 2、点 3

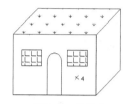

图 3-73　拾取点 4

（8）单击"默认"选项卡的"绘图"面板中的"渐变色"按钮▧，①弹出"图案填充创建"选项卡，按照图 3-74 所示进行设置，②设置填充的颜色，③启用渐变明暗，数值为 100%，④设置填充的图案，⑤单击居中和关联按钮，⑥单击拾取点按钮，选择如图 3-75 所示 5 位置的点填充小屋侧面的砖墙，⑦单击"关闭图案填充创建"按钮✔，关闭选项卡。最终结果如图 3-69 所示。

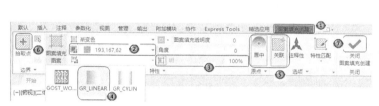

图 3-74　"渐变色"选项卡

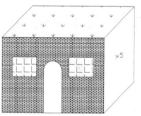

图 3-75　拾取点 5

（9）单击"快速访问"工具栏中的"保存"按钮🖫，命令行提示与操作如下。

命令：_saveas　　（将绘制完成的图形以"田间小屋.dwg"为文件名保存在指定的路径中）

3.7.4　编辑填充的图案

利用 hatchedit 命令，用户可以编辑已经填充的图案。

【执行方式】

- ☑　命令行：hatchedit（快捷命令为 he）。
- ☑　菜单栏：执行菜单栏中的"修改"→"对象"→"图案填充"命令。
- ☑　工具栏：单击"修改 II"工具栏中的"编辑图案填充"按钮▨。
- ☑　功能区：单击"默认"选项卡"修改"面板中的"编辑图案填充"按钮▨。

【操作步骤】

执行上述任一操作后，系统提示"选择图案填充对象"。选择填充对象后，系统打开如图3-76所示的"图案填充编辑器"选项卡。在图3-76中，只有亮显的选项才可以对其进行操作。

图3-76 "图案填充编辑器"选项卡

3.8 多线

多线是一种复合线，由连续的直线段复合组成。多线的一个突出优点是能够提高绘图效率，保证了图线之间的统一性。

【预习重点】

☑ 观察绘制的多线。
☑ 了解多线的不同样式。
☑ 观察如何编辑多线。

3.8.1 绘制多线

多线应用的一个最主要的场合是建筑墙线的绘制，在后面的学习中会通过相应的实例帮助读者进行体会。

【执行方式】

☑ 命令行：mline。
☑ 菜单栏：执行菜单栏中的"绘图"→"多线"命令。

【操作步骤】

执行上述任一操作后，命令行提示与操作如下。

```
命令：_mline
当前设置：对正 = 上，比例 = 20.00，样式 = STANDARD
指定起点或 [对正(J)/比例(S)/样式(ST)]：（指定起点）
指定下一点：（给定下一点）
指定下一点或 [放弃(U)]：（继续给定下一点绘制线段。输入"U"，则放弃前一段的绘制；单击鼠标右键或按Enter键，结束命令）
指定下一点或 [闭合(C)/放弃(U)]：（继续给定下一点绘制线段。输入"C"，则闭合线段，结束命令）
```

【选项说明】

（1）对正（J）：该项用于给定绘制多线的基准。共有 3 种对正类型"上""无"和"下"。其中，"上（T）"表示以多线上侧的线为基准，依次类推。

（2）比例（S）：选择该项，要求用户设置平行线的间距。输入值为 0 时平行线重合，值为负时多线的排列倒置。

（3）样式（ST）：该项用于设置当前使用的多线样式。

3.8.2　定义多线样式

【执行方式】

☑　命令行：mlstyle。

【操作步骤】

执行上述命令后，打开图 3-77 所示的"多线样式"对话框。在该对话框中，用户可以对多线样式进行定义、保存和加载等操作。

图 3-77　"多线样式"对话框

3.8.3　编辑多线

【执行方式】

☑　命令行：mledit。

☑　菜单栏：执行菜单栏中的"修改"→"对象"→"多线"命令。

扫码看视频

3.8.4　操作实例——绘制墙体

绘制图 3-78 所示的墙体，操作步骤如下。

（1）单击"默认"选项卡"绘图"面板中的"构造线"按钮，绘制出一条水平构造线，指定偏移的间距为 900mm、3900mm、4200mm 和 1500mm，如图 3-79 所示。命令行提示与操作如下。

```
命令：_xline
指定点或 [水平(H)/垂直(V)/角度(A)/二等分(B)/偏移(O)]: O（选择偏移方式绘制构造线）
指定偏移距离或 [通过(T)] <1500.0000>: 900
选择直线对象：（选择水平构造线）
指定向哪侧偏移：（在直线的下方选取一点）
命令：_xline
指定点或 [水平(H)/垂直(V)/角度(A)/二等分(B)/偏移(O)]: O
指定偏移距离或 [通过(T)] <1500.0000>: 3900
选择直线对象：（选择偏移后水平构造线）
```

指定向哪侧偏移：（在直线的下方选取一点）
命令：_xline
指定点或 [水平(H)/垂直(V)/角度(A)/二等分(B)/偏移(O)]: O
指定偏移距离或 [通过(T)] <1500.0000>: 4200
选择直线对象：（选择上次偏移后的水平构造线）
指定向哪侧偏移：（在直线的下方选取一点）
命令：_xline
指定点或 [水平(H)/垂直(V)/角度(A)/二等分(B)/偏移(O)]: O
指定偏移距离或 [通过(T)] <1500.0000>: 1500
选择直线对象：（选择上次偏移后的水平构造线）
指定向哪侧偏移：（在直线的下方选取一点）

（2）单击"默认"选项卡"绘图"面板中的"构造线"按钮，绘制出一条垂直构造线，将垂直构造线依次（将垂直构造线先偏移一次，将上次偏移后的直线再次偏移）向右偏移 3300mm、2400mm 和 2535mm，结果如图 3-80 所示。

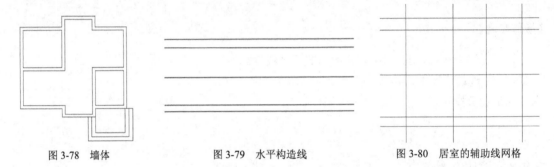

图 3-78　墙体　　　　　图 3-79　水平构造线　　　　　图 3-80　居室的辅助线网格

（3）执行菜单栏中的"格式"→"多线样式"命令，①系统打开"多线样式"对话框，如图 3-81 所示，在该对话框中②单击"新建"按钮，③系统打开"创建新的多线样式"对话框，如图 3-82 所示，④在该对话框的"新样式名"文本框中输入"240 墙"，⑤单击"继续"按钮。

（4）⑥系统打开"新建多线样式：240 墙"对话框，进行如图 3-83 所示的设置，⑦偏移量设置为 120 和-120，⑧单击"确定"按钮，返回"多线样式"对话框，如图 3-84 所示，⑨单击"置为当前"按钮后⑩再单击"确定"按钮即可。

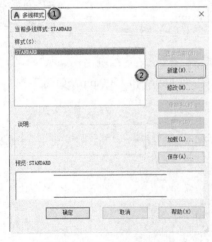

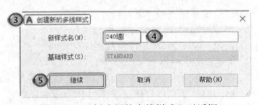

图 3-81　"多线样式"对话框　　　　　　　图 3-82　"创建新的多线样式"对话框

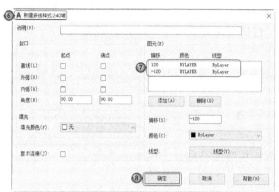

图 3-83　设置多线样式　　　　　　　　图 3-84　"多线样式"对话框

（5）执行菜单栏中的"绘图"→"多线"命令，绘制多线墙体。命令行提示与操作如下。

命令:_mline
当前设置: 对正 = 无，比例 = 240.00，样式 = 240墙
指定起点或 [对正(J)/比例(S)/样式(ST)]: J
输入对正类型 [上(T)/无(Z)/下(B)] <无>: Z
当前设置: 对正 = 无，比例 = 240.00，样式 = 240墙
指定起点或 [对正(J)/比例(S)/样式(ST)]: S
输入多线比例 <240.00>: 1
当前设置: 对正 = 无，比例 = 1.00，样式 = 240墙
指定起点或 [对正(J)/比例(S)/样式(ST)]:
指定下一点:↙

根据辅助线网格，用相同方法绘制多线，绘制结果如图 3-85 所示。

（6）编辑多线。执行菜单栏中的"修改"→"对象"→"多线"命令，①系统打开"多线编辑工具"对话框，如图 3-86 所示。②选择其中的"T 形合并"选项，单击"关闭"按钮后，命令行提示与操作如下。

命令:_mledit
选择第一条多线:（选择多线）
选择第二条多线:（选择多线）
选择第一条多线或 [放弃(U)]:

重复"编辑多线"命令继续进行多线编辑，编辑的最终结果如图 3-87 所示。

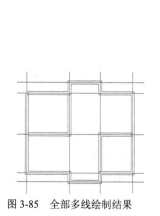

图 3-85　全部多线绘制结果　　　　图 3-86　"多线编辑工具"对话框　　　　图 3-87　"T 形合并"后的编辑结果

（7）执行菜单栏中的"格式"→"多线样式"命令，系统打开"多线样式"对话框，新建"台阶"的多线样式，在"新建多线样式：台阶"对话框中，将偏移量设置为 300、0 和-300，并将其置为当前样式，用来绘制台阶。

（8）执行菜单栏中的"绘图"→"多线"命令，其中对正方式设置为上，比例设置为 1，绘制台阶。

（9）单击"默认"选项卡"绘图"面板中的"直线"按钮 ∕，将右侧的台阶补全。结果如图 3-88 所示。

（10）按键盘上的 Delete 键，删除绘制的构造线。结果如图 3-89 所示。

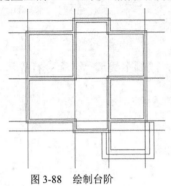

图 3-88　绘制台阶

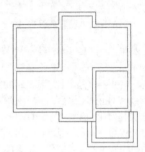

图 3-89　删除构造线后的墙体

3.9　名师点拨——二维绘图技巧

1．如何解决图形中圆不圆的情况

圆是由 N 边形形成的，数值 N 越大，棱边越短，圆越光滑。有时图形经过缩放或执行 zoom 命令后，绘制的圆边显示棱边，图形会变得粗糙。在命令行中输入"re"，可重新生成模型，并使圆变光滑。

2．如何等分几何图形

"等分点"命令只适用于直线，不能直接应用到几何图形中，如无法等分矩形。但可以分解矩形，再等分矩形两条边线，适当连接等分点，即可完成矩形等分。

3．在使用 bhatch 命令进行图案填充时找不到范围怎么解决

在使用 bhatch 命令进行图案填充时常常遇到找不到线段封闭范围的情况，尤其是 dwg 文件本身比较大时，此时可以采用 layiso（图层隔离）命令让欲填充的范围线所在的层孤立或"冻结"，再使用 bhatch 命令进行图案填充即可快速找到所需填充范围。

另外，填充图案的边界确定有一个边界集设置的问题（在高级栏下）。在默认情况下，bhatch 通过分析图形中所有闭合的对象来定义边界。对屏幕中的所有完全可见或局部可见的对象进行分析以定义边界，在复杂的图形中可能耗费大量时间。要填充复杂图形的小区域，用户可以在图形中定义一个对象集，称作边界集。bhatch 不会分析边界集中未包含的对象。

4. 图案填充的操作技巧

在使用"图案填充"命令时，所使用图案的比例因子值均为 1，即原本定义时的真实样式。然而，随着界限定义的改变，比例因子值也相应的改变，否则会使填充图案过密或者过疏，因此在选择比例因子值时可使用下列操作技巧。

（1）当处理较小区域的图案时，可以减小图案的比例因子值，相反地，当处理较大区域的图案填充时，则可以增加图案的比例因子值。

（2）比例因子值应恰当选择，要视具体的图形界限的大小而定。

（3）当处理较大的填充区域时，要特别小心，如果选用的图案比例因子值太小，则所产生的图案就像是使用 solid 命令所得到的填充结果一样，这是因为在单位距离中有太多的线，不仅看起来不恰当，而且也增加了文件的长度。

（4）比例因子的取值应遵循"宁大勿小"这一原则。

3.10　上机实验

【练习 1】绘制图 3-90 所示的圆桌。

【练习 2】绘制图 3-91 所示的椅子。

【练习 3】绘制图 3-92 所示的盥洗盆。

【练习 4】绘制图 3-93 所示的雨伞。

图 3-90　圆桌　　　　图 3-91　椅子　　　　图 3-92　盥洗盆　　　图 3-93　雨伞

3.11　模拟考试

（1）绘制圆环时，若将内径指定为 0，则会（　　　）。

A．绘制一个线宽为 0 的圆　　　　　B．绘制一个实心圆

C．提示重新输入数值　　　　　　　D．提示错误，退出该命令

（2）同时填充多个区域，如果修改一个区域的填充图案而不影响其他区域，则（　　　）。

A．将图案分解

B．在创建图案填充时选择"关联"

C．删除图案，重新对该区域进行填充

D．在创建图案填充时选择"创建独立的图案填充"

（3）可以有宽度的线有（　　　）。

A．构造线　　　　B．多段线　　　　C．直线　　　　　D．样条曲线

（4）绘制带有圆角的矩形，首先要（　　）。

A．先确定一个角点　　　　　　　　　　B．绘制矩形再倒圆角

C．先设置圆角再确定角点　　　　　　　D．先设置倒角再确定角点

（5）绘制直线，起点坐标为（57,79），直线长度为 173mm，与 X 轴正向的夹角为 71°。将线 5 等分，从起点开始的第一个等分点的坐标为（　　）。

A．$X = 113.3233$，$Y = 242.5747$　　　B．$X = 79.7336$，$Y = 145.0233$

C．$X = 90.7940$，$Y = 177.1448$　　　D．$X = 68.2647$，$Y = 111.7149$

（6）将用"矩形"命令绘制的四边形分解后，该矩形成为几个对象？（　　）

A．4　　　　　　　B．3　　　　　　　C．2　　　　　　　D．1

（7）根据图案填充创建边界时，边界类型可能是以下哪个选项？（　　）

A．三维多段线　　　B．样条曲线　　　C．多段线　　　D．螺旋线

（8）绘制图 3-94 所示的图形 1。

（9）绘制图 3-95 所示的图形 2，其中，三角形是边长为 81mm 的等边三角形，3 个圆分别与三角形相切。

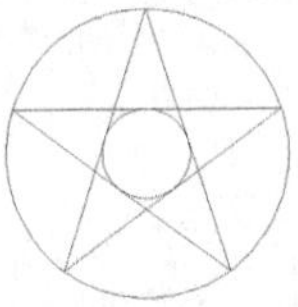

图 3-94　图形 1

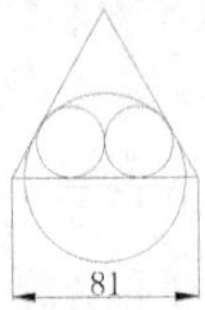

图 3-95　图形 2

第4章

基本绘图工具

为了快捷准确地绘制图形，AutoCAD 提供了多种必要的辅助绘图工具，如图层工具、对象约束工具、对象捕捉工具、栅格和正交模式等。利用这些工具，用户可以方便、迅速、准确地实现图形的绘制和编辑，不仅可提高工作效率，而且能更好地保证图形的质量。

本章将详细讲述这些工具的具体使用方法和技巧。

【内容要点】

- ☑ 显示控制
- ☑ 精确定位工具
- ☑ 对象捕捉工具
- ☑ 图层设置

【案例欣赏】

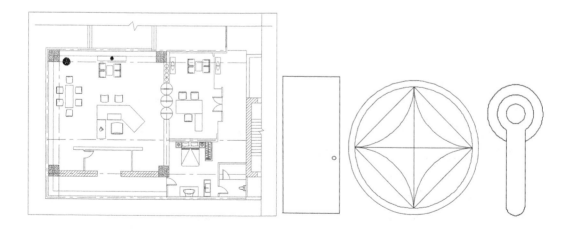

4.1 显示控制

【预习重点】

☑ 学习图形缩放。
☑ 学习图形平移。

4.1.1 图形的缩放

所谓视图，就是必须有特定的放大倍数、位置及方向。改变视图一般的方法就是利用"缩放"和"平移"命令，在绘图区域放大或缩小图像的显示，或者改变它的观察位置。

缩放并不改变图形的绝对大小，只是在绘图区域内改变视图的显示大小。AutoCAD 提供了多种缩放视图的方法，下面以动态缩放为例介绍缩放的操作方法。

【执行方式】

☑ 命令行：zoom。
☑ 菜单栏：执行菜单栏中的"视图"→"缩放"→"动态"命令。
☑ 工具栏：单击"标准"工具栏中"缩放"下拉菜单栏中的"动态缩放"按钮。
☑ 功能区：单击"视图"选项卡的"导航"面板中的"动态"按钮，如图 4-1 所示。

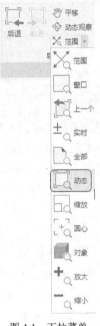

图 4-1 下拉菜单

【操作步骤】

执行上述任一操作后，命令行提示与操作如下。

> 命令：zoom
> 指定窗口的角点，输入比例因子 (nX 或 nXP)，或者 [全部(A)/中心(C)/动态(D)/范围(E)/上一个(P)/比例(S)/窗口(W)/对象(O)] <实时>: D

执行上述命令后，系统打开一个图框。选取动态缩放前的画面呈绿色点线。如果动态缩放的图形显示范围与选取动态缩放前的范围相同，则此框与边线重合而不可见。重生成区域的四周有一个蓝色虚线框，用来标记虚拟屏幕。

如果线框中有一个"×"，如图 4-2（a）所示，就可以拖动线框并将其平移到另外一个区域。如果要放大图形到不同的放大倍数，单击鼠标，"×"就会变成一个箭头，如图 4-2（b）所示。这时左右拖动边界线即可重新确定视口的大小。缩放后的图形如图 4-2（c）所示。

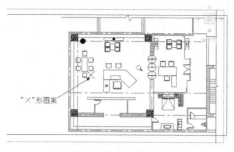

(a) 带"×"的线框

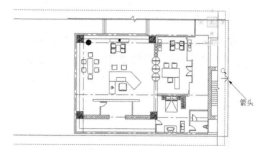

(b) 带箭头的线框

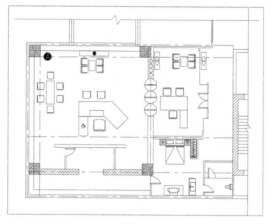

(c) 缩放后的图形

图 4-2 动态缩放

　　另外，还有实时缩放、窗口缩放、比例缩放、中心缩放、全部缩放、缩放对象、缩放上一个和范围缩放，操作方法与动态缩放类似，这里不再赘述。

4.1.2 平移

【执行方式】

- ☑　命令行：pan。
- ☑　菜单栏：执行菜单栏中的"视图"→"平移"→"实时"命令。
- ☑　工具栏：单击"标准"工具栏中的"实时平移"按钮🖐。
- ☑　功能区：单击"视图"选项卡的"导航"面板中的"平移"按钮🖐，如图 4-3 所示。

图 4-3 "导航"面板

【操作步骤】

　　执行上述任一操作后，单击鼠标，然后移动手形光标即可平移图形。当移动到图形的边沿时，光标呈三角形显示。

另外，在 AutoCAD 2022 中为显示控制命令设置了一个快捷菜单，单击鼠标右键，打开图 4-4 所示的快捷菜单。在该菜单中，用户可以在显示命令执行的过程中透明地进行切换。

图 4-4　右键快捷菜单

4.2　精确定位工具

精确定位工具是指能够帮助用户快速准确地定位某些特殊点（如端点、中点、圆心等）和特殊位置（如水平位置、垂直位置）的工具，如图 4-5 所示。

图 4-5　状态栏

【预习重点】

☑　了解定位工具的应用。

☑　逐个对应各按钮与命令的相互关系。

☑　练习正交、栅格、捕捉按钮的应用。

4.2.1　捕捉工具

为了准确地在屏幕上捕捉点，AutoCAD 提供了捕捉工具，可以在屏幕上生成一个隐含的栅格（捕捉栅格），这个栅格能够捕捉光标，约束它只能落在栅格的某一个节点上，使用户能够高精度地捕捉和选择该栅格上的点。本节介绍捕捉栅格的参数设置方法。

【执行方式】

☑　命令行: dsettings。

☑　菜单栏: 执行菜单栏中的"工具"→"绘图设置"命令。

☑　状态栏: 单击状态栏中的"栅格"按钮 ⊞（仅限于打开与关闭）。

☑　快捷键: F9（仅限于打开与关闭）。

【操作步骤】

执行上述任一操作后，❶系统打开"草图设置"对话框，❷选择"捕捉和栅格"选项卡，如图 4-6 所示。

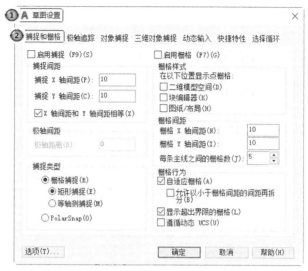

图 4-6 "捕捉和栅格"选项卡

【选项说明】

（1）"启用捕捉"复选框：控制捕捉功能的开关，与 F9 快捷键或状态栏上的"捕捉"按钮功能相同。

（2）"捕捉间距"选项组：设置捕捉各参数。其中"捕捉 X 轴间距"与"捕捉 Y 轴间距"确定捕捉栅格点在水平和垂直两个方向上的间距。

（3）"捕捉类型"选项组：确定捕捉类型，包括"栅格捕捉""矩形捕捉"和"等轴测捕捉" 3 种方式。"栅格捕捉"是指按正交位置捕捉位置点。在"矩形捕捉"方式下，捕捉栅格是标准的矩形；在"等轴测捕捉"方式下，捕捉栅格和光标十字线不再互相垂直，而是成绘制等轴测图时的特定角度，这种方式对于绘制等轴测图是十分方便的。

（4）"极轴间距"选项组：该选项组只有在"极轴捕捉"类型时才可用，用户可在"极轴距离"文本框中输入距离值，也可以通过命令行中 snap 命令设置捕捉的有关参数。

4.2.2 正交模式

在用 AutoCAD 绘图的过程中，经常需要绘制水平直线和垂直直线。但是用鼠标拾取线段的端点时，很难保证两个点严格沿水平或垂直方向。为此，AutoCAD 提供了正交功能。当启用"正交模式"时，画线或移动对象时只能沿水平方向或垂直方向移动光标，因此只能绘制平行于坐标轴的正交线段。

【执行方式】

☑ 命令行：ortho。
☑ 状态栏：单击状态栏中的"正交模式"按钮 （仅限于打开与关闭）。
☑ 快捷键：F8。

【操作步骤】

执行上述任一操作后，命令行提示与操作如下。

```
命令: _ortho
输入模式 [开(ON)/关(OFF)] <开>: （设置开或关）
```

4.2.3　操作实例——绘制单开门

绘制图 4-7 所示的单开门，操作步骤如下。

（1）单击"默认"选项卡"绘图"面板中的"直线"按钮，打开"正交"按钮，绘制门的轮廓。命令行提示与操作如下。

```
命令: _line
指定第一个点:（适当指定一点）
指定下一点或 [放弃(U)]:<正交 开> 900
指定下一点或 [放弃(U)]: 2100
指定下一点或 [闭合(C)/放弃(U)]: 900
指定下一点或 [闭合(C)/放弃(U)]:C
```

结果如图 4-8 所示。

（2）单击"默认"选项卡"绘图"面板中的"圆"按钮，在适当位置绘制半径为 30mm 的门把手，结果如图 4-7 所示。

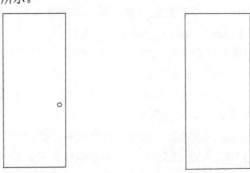

图 4-7　单开门　　　　　　　图 4-8　绘制门轮廓

4.3　对象捕捉工具

在利用 AutoCAD 绘图时，经常要用到一些特殊的点，如圆心、切点、线段或圆弧的端点、中点等。但是如果只利用鼠标拾取这些点，要准确地捕捉到这些点是十分困难的。为此，AutoCAD 提供了对象捕捉工具，通过使用这些工具用户可轻易地捕捉到这些点。

【预习重点】

☑　了解对象捕捉范围。

☑　练习如何打开捕捉功能。

☑　了解对象捕捉在绘图过程中的应用。

4.3.1 特殊位置点捕捉

在绘制 AutoCAD 图形时，有时需要指定一些特殊位置的点，如圆心、端点、中点、平行线上的点等，这些点如表 4-1 所示。用户可以通过对象捕捉功能来捕捉这些点。

表 4-1 特殊位置点捕捉

捕捉模式	快捷命令	功能
临时追踪点	tt	建立临时追踪点
两点之间的中点	m2p	捕捉两个独立点之间的中点
捕捉自	fro	与其他捕捉方式配合使用，建立一个临时参考点作为后继点的基点
中点	mid	用来捕捉对象（如线段或圆弧等）的中点
圆心	cen	用来捕捉圆或圆弧的圆心
节点	nod	捕捉用 point 或 divide 等命令生成的点
象限点	qua	用来捕捉距光标最近的圆或圆弧上可见部分的象限点，即圆周上 0°、90°、180°、270° 位置上的点
交点	int	用来捕捉对象（如线、圆弧或圆等）的交点
延长线	ext	用来捕捉对象延长路径上的点
插入点	ins	用于捕捉块、形、文字、属性或属性定义等对象的插入点
垂足	per	在线段、圆、圆弧或其延长线上捕捉一个点，与最后生成的点形成连线，与该线段、圆或圆弧正交
切点	tan	最后生成的一个点到选中的圆或圆弧上引切线，切线与圆或圆弧的交点
最近点	nea	用于捕捉离拾取点最近的线段、圆、圆弧等对象上的点
外观交点	app	用来捕捉两个对象在视图平面上的交点。若两个对象没有直接相交，则系统自动计算其延长后的交点；若两个对象在空间上为异面直线，则系统计算其投影方向上的交点
平行线	par	用于捕捉与指定对象平行方向上的点
无	non	关闭对象捕捉模式
对象捕捉设置	osnap	设置对象捕捉

AutoCAD 提供了命令行、工具栏和快捷菜单 3 种执行特殊点对象捕捉的方式。

1. 命令行方式

绘图过程中，当在命令行中提示输入一点时，可输入相应特殊位置点的快捷命令，如表 4-1 所示，然后根据提示操作即可。

2. 工具栏方式

使用图 4-9 所示的"对象捕捉"工具栏，用户可以更方便地实现捕捉点的目的。当命令行提示输入一点时，从"对象捕捉"工具栏上单击相应的按钮。当把光标放在某一图标上时，会显示出该图标功能的提示，然后根据提示操作即可。

3．快捷菜单方式

快捷菜单可通过同时按下 Shift 键和单击鼠标右键来激活，菜单中列出了 AutoCAD 提供的对象捕捉模式，如图 4-10 所示。操作方法与工具栏相似，只要在 AutoCAD 提示输入点时执行快捷菜单中相应的命令，然后按提示操作即可。

图 4-9 "对象捕捉"工具栏　　　　　　　　　　图 4-10 对象捕捉快捷菜单

4.3.2 设置对象捕捉

在用 AutoCAD 绘图之前，用户可以根据需要事先运行一些对象捕捉模式，绘图时 AutoCAD 能自动捕捉这些特殊点，从而加快绘图速度，提高绘图效率。

【执行方式】

- ☑ 命令行：ddosnap。
- ☑ 菜单栏：执行菜单栏中的"工具"→"绘图设置"命令。
- ☑ 工具栏：单击"对象捕捉"工具栏中的"对象捕捉设置"按钮 🔒。
- ☑ 状态栏：单击状态栏中的"对象捕捉"按钮 🔲（仅限于打开与关闭功能）。
- ☑ 快捷菜单：按 Shift 键并单击鼠标右键，在弹出的快捷菜单中选择"对象捕捉设置"命令。
- ☑ 快捷键：F3（仅限于打开与关闭功能）。

【操作步骤】

执行上述任一操作后，系统打开"草图设置"对话框，单击"对象捕捉"选项卡，如图 4-11 所示，利用此选项卡用户可对对象捕捉方式进行设置。

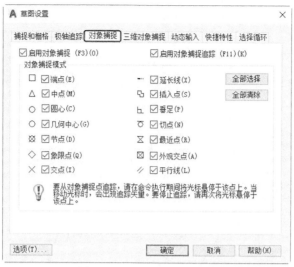

图 4-11　"对象捕捉"选项卡

【选项说明】

（1）"启用对象捕捉"复选框：用于打开或关闭对象捕捉方式。当勾选此复选框时，在"对象捕捉模式"选项组中选中的捕捉模式处于激活状态。

（2）"启用对象捕捉追踪"复选框：用于打开或关闭自动追踪功能。

（3）"对象捕捉模式"选项组：列出了各种捕捉模式，勾选"启用对象捕捉"复选框时该模式被激活。单击"全部清除"按钮，则所有模式均被清除。单击"全部选择"按钮，则所有模式均被选中。

另外，在对话框的左下角有一个"选项"按钮，单击该按钮可打开"选项"对话框的"草图"选项卡。利用该选项卡用户可决定捕捉模式的各项设置。

4.3.3　操作实例——绘制装饰

绘制图 4-12 所示的装饰，操作步骤如下。

（1）执行菜单栏中的"工具"→"绘图设置"命令，在"草图设置"对话框中①选择"对象捕捉"选项卡，如图 4-13 所示。②单击"全部选择"按钮，选择所有的对象捕捉模式，③单击"确定"按钮，退出对话框。

（2）单击"默认"选项卡"绘图"面板中的"圆"按钮⊙，绘制同心圆，指定圆的半径分别为 300mm 和 270mm，如图 4-14 所示。

（3）单击"默认"选项卡"绘图"面板中的"直线"按钮╱，捕捉象限点，绘制十字交叉线。绘制结果如图 4-15 所示。

（4）单击"默认"选项卡"绘图"面板中的"直线"按钮╱，捕捉象限点，绘制斜向直线，绘制结果如图 4-16 所示。

扫码看视频

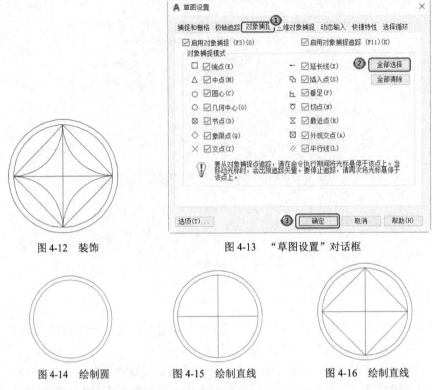

图 4-12　装饰　　　　　　　　图 4-13　"草图设置"对话框

图 4-14　绘制圆　　　　　　图 4-15　绘制直线　　　　　　图 4-16　绘制直线

（5）单击"默认"选项卡"绘图"面板中的"圆弧"按钮，绘制所有圆弧，圆弧半径均为 270mm，捕捉相应点为圆弧端点，结果如图 4-12 所示。

4.4　图层设置

　　AutoCAD 中的图层如同在手工绘图中使用的重叠透明图纸，如图 4-17 所示，用户可以使用图层来组织不同类型的信息。在 AutoCAD 中，图形的每个对象都位于一个图层上，所有图形对象具有图层、颜色、线型和线宽这 4 个基本属性。在绘图时，图形对象将创建在当前的图层上。每个 CAD 文档中图层的数量是不受限制的，每个图层都有自己的名称。

图 4-17　图层效果

【预习重点】

　　☑　建立图层概念。
　　☑　练习设置图层的方法。

4.4.1　建立新图层

　　新建的 CAD 文档中只能自动创建一个名为"0"的特殊图层。默认情况下，图层"0"将被指定使用 7 号颜色、Continuous 线型、默认线宽及 NORMAL 打印样式，并且不能被删除或重命名。通过创建新的图层，用户可以将类型相似的对象指定给同一个图层使其相关联。例如，可以将构造线、文字、标注和标题栏置于不同的图层上，并为这些图层指定通用特性。通过将对象分类放到各自的图层中，用户可以快速有效地控制对象的显示及对其进行更改。

【执行方式】

☑　命令行：layer。

☑　菜单栏：执行菜单栏中的"格式"→"图层"命令。

☑　工具栏：单击"图层"工具栏中的"图层特性管理器"按钮。

☑　功能区：单击"默认"选项卡"图层"面板中的"图层特性"按钮或单击"视图"选项卡"选项板"面板中的"图层特性"按钮。

【操作步骤】

执行上述任一操作后，系统打开"图层特性管理器"选项板，如图 4-18 所示。单击"图层特性管理器"选项板中的"新建图层"按钮，建立新图层，默认的图层名为"图层 1"。用户可以根据绘图需要更改图层名。在一个图形中可以创建的图层数和在每个图层中可以创建的对象数实际上是无限的，图层最长可使用 255 个字符的字母数字命名。图层特性管理器按名称的字母顺序排列图层。

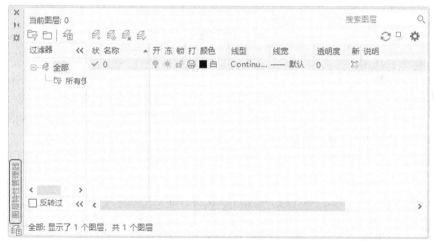

图 4-18　"图层特性管理器"选项板

〔注意

如果要建立多个图层，无须重复单击"新建"按钮。更有效的方法是：在建立一个新的图层"图层 1"后，改变图层名，在其后输入逗号"，"，这样系统会自动建立一个新图层"图层 1"，改变图层名，再输入一个逗号，又一个新的图层建立了，这样可以依次建立各个图层。也可以按两次 Enter 键，建立另一个新的图层。

在每个图层属性设置中，包括图层名称、关闭/打开图层、冻结/解冻图层、锁定/解锁图层、图层线条颜色、图层线条线型、图层线条宽度、图层打印样式和图层是否打印等参数。下面将分别讲述如何设置这些图层参数。

1．设置图层线条颜色

在工程图中，整个图形包含多种不同功能的图形对象，如实体、剖面线与尺寸标注等，为了便于直观地加以区分，用户有必要针对不同的图形对象使用不同的颜色，例如，实体层使用白色、剖面线层使用青色等。

要改变图层的颜色时，单击图层所对应的颜色图标，打开"选择颜色"对话框，如图 4-19 所示。这是一个标准的颜色设置对话框，可以使用"索引颜色""真彩色"和"配色系统"3 个选项卡中的参数来设置颜色。

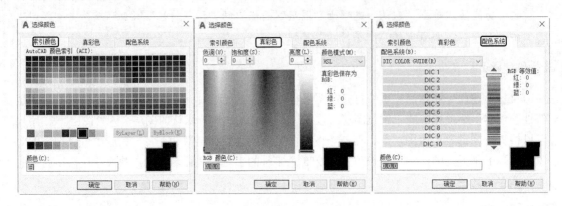

图 4-19　"选择颜色"对话框

2．设置图层线型

线型是指作为图形基本元素的线条的组成和显示方式，如实线、点划线等。在许多绘图工作中，经常以线型划分图层，为某一个图层设置合适的线型。在绘图时，只需将该图层设为当前工作层，即可绘制出符合线型要求的图形对象，这样极大地提高了绘图效率。

单击图层所对应的线型图标，打开"选择线型"对话框，如图 4-20 所示。默认情况下，在"已加载的线型"列表框中，系统中只添加了 Continuous 线型。单击"加载"按钮，打开"加载或重载线型"对话框，如图 4-21 所示，可以看到 AutoCAD 提供了许多线型，选择所需的线型，单击"确定"按钮，即可把该线型加载到"已加载的线型"列表框中，也可以按住 Ctrl 键选择几种线型同时加载。

3．设置图层线宽

线宽设置顾名思义就是改变线条的宽度。用不同宽度的线条表现图形对象的类型，可以提高图形的表达能力和可读性，例如，绘制外螺纹时大径使用粗实线，小径使用细实线。

单击"图层特性管理器"选项板中图层所对应的线宽图标，打开"线宽"对话框，如图 4-22 所示。选择一个线宽，单击"确定"按钮，即可完成对图层线宽的设置。

　图 4-20　"选择线型"对话框　　　图 4-21　"加载或重载线型"对话框　　图 4-22　"线宽"对话框

　　图层线宽的默认值为 0.25mm。在状态栏为"模型"状态时,显示的线宽同计算机的像素有关。线宽为 0 时,显示为一个像素的线宽。单击状态栏中的"显示/隐藏线宽"按钮 ,显示的图形线宽与实际线宽成比例,如图 4-23 所示,但线宽不随着图形的放大和缩小而变化。线宽功能关闭时,不显示图形的线宽。图形的线宽均为默认宽度值显示。用户可以在"线宽"对话框中选择所需的线宽。

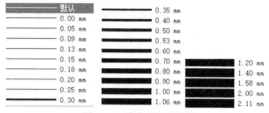

图 4-23　线宽显示效果图

4.4.2　设置图层

　　除前面讲述的通过"图层特性管理器"选项板设置图层的方法外,还有其他几种简便方法可以设置图层的颜色、线宽、线型等参数。

1. 直接设置图层

　　用户可以直接通过命令行或菜单栏设置图层的颜色、线宽、线型等参数。
　　(1) 设置颜色

【执行方式】

　　☑　命令行:color。
　　☑　菜单栏:执行菜单栏中的"格式"→"颜色"命令。

【操作步骤】

　　执行上述任一操作后,系统打开"选择颜色"对话框,如图 4-19 所示。
　　(2) 设置线型

【执行方式】

　　☑　命令行:linetype。
　　☑　菜单栏:执行菜单栏中的"格式"→"线型"命令。

【操作步骤】

　　执行上述任一操作后,系统打开"线型管理器"对话框,如图 4-24 所示。该对话框的使用方法与图 4-20 所示的"选择线型"对话框类似。

（3）设置线宽

【执行方式】

☑ 命令行：lineweight 或 lweight。

☑ 菜单栏：执行菜单栏中的"格式"→"线宽"命令。

【操作步骤】

执行上述任一操作后，系统打开"线宽设置"对话框，如图 4-25 所示。该对话框的使用方法与图 4-22 所示的"线宽"对话框类似。

图 4-24　"线型管理器"对话框

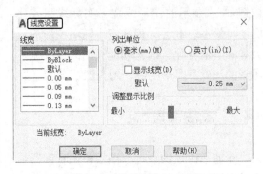

图 4-25　"线宽设置"对话框

2. 利用"特性"面板设置图层

AutoCAD 提供了一个"特性"面板，如图 4-26 所示。用户可以利用面板中的图标快速地查看和改变所选对象的颜色、线型、线宽等特性。"特性"面板增强了查看和编辑对象属性的功能，在绘图区选择任意对象都将在该面板中自动显示其所在的图层、颜色、线型等属性。

图 4-26　"特性"面板

（1）"颜色控制"下拉列表框：单击右侧的向下箭头，用户可从打开的选项列表中选择一种颜色，使之成为当前颜色，如果选择"选择颜色"选项，系统打开"选择颜色"对话框以选择其他颜色。修改当前颜色后，不论在哪个图层上绘图都采用这种颜色，但对各个图层的颜色没有影响。

（2）"线型控制"下拉列表框：单击右侧的向下箭头，用户可从打开的选项列表中选择一种线型，使之成为当前线型。修改当前线型后，不论在哪个图层上绘图都采用这种线型，但对各个图层的线型设置没有影响。

（3）"线宽控制"下拉列表框：单击右侧的向下箭头，用户可从打开的选项列表中选择一种线宽，使之成为当前线宽。修改当前线宽后，不论在哪个图层上绘图都采用这种线宽，但对各个图层线宽设置没有影响。

（4）"打印类型控制"下拉列表框：单击右侧的向下箭头，用户可从打开的选项列表中选择一种打印样式，使之成为当前打印样式。

3．用"特性"选项板设置图层

【执行方式】

- ☑ 命令行：ddmodify 或 properties。
- ☑ 菜单栏：执行菜单栏中的"修改"→"特性"命令。
- ☑ 工具栏：单击"标准"工具栏中的"特性"按钮 。
- ☑ 功能区：单击"视图"选项卡"选项板"面板中的"特性"按钮 。

【操作步骤】

执行上述任一操作后，系统打开"特性"选项板，如图 4-27 所示。在其中用户可以方便地设置或修改图层的颜色、线型、线宽等属性。

4.4.3　控制图层

1．切换当前图层

不同的图形对象需要绘制在不同的图层中，在绘制前，需要将工作图层切换到所需的图层中。单击"图层"面板中的"图层特性"按钮 ，打开"图层特性管理器"选项板，选择图层，单击"置为当前"按钮 即可完成设置。

2．删除图层

图 4-27　"特性"选项板

在"图层特性管理器"选项板的图层列表框中选择要删除的图层，单击"删除图层"按钮 即可删除该图层。从图形文件定义中删除选定的图层时，只能删除未参照的图层。参照图层包括图层 0、包含对象（包括块定义中的对象）的图层、当前图层和依赖外部参照的图层。不包含对象（包括块定义中的对象）的图层、非当前图层和不依赖外部参照的图层都可以删除。

3．关闭/打开图层

在"图层特性管理器"选项板中，单击 图标，可以控制图层的可见性。图层打开时，图标小灯泡呈鲜艳的颜色时，该图层上的图形可以显示在屏幕上或绘制在绘图仪上。单击该属性图标后，图标小灯泡呈灰暗色时，该图层上的图形不显示在屏幕上，而且不能被打印输出，但仍然作为图形的一部分保留在文件中。

4．冻结/解冻图层

在"图层特性管理器"选项板中，单击 ☼ 图标，可以冻结图层或将图层解冻。图标呈雪花灰暗色时，该图层处于冻结状态；图标呈太阳鲜艳色时，该图层处于解冻状态。冻结图层上的对象不能显示，也不能打印，同时也不能编辑修改该图层。在冻结图层后，该图层上的对象不影响其他图层上对象的显示和打印。例如，在使用 hide 命令消隐对象时，被冻结图层上的对象不隐藏。

5．锁定/解锁图层

在"图层特性管理器"选项板中，单击 🔓 或 🔒 图标，可以锁定图层或将图层解锁。锁定图层后，该图层上的图形依然显示在屏幕上并可打印输出，也可以在该图层上绘制新的图形对象，但不能对该图层上的图形进行编辑修改操作。用户可以对当前图层进行锁定，也可对锁定图层上的图形对象进行查询或捕捉。锁定图层可以防止对图形的意外修改。

4.4.4　操作实例——绘制水龙头

扫码看视频

绘制图 4-28 所示的水龙头，操作步骤如下。

（1）设置图层。单击"默认"选项卡"图层"面板中的"图层特性"按钮 🔳，打开"图层特性管理器"选项板，如图 4-29 所示。

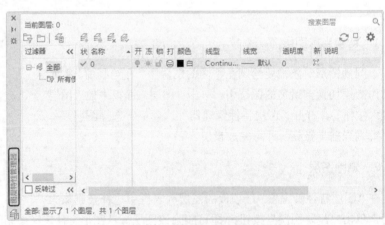

图 4-28　水龙头　　　　　　　　　图 4-29　"图层特性管理器"选项板

（2）❶单击"新建图层" 🔳 按钮，新建一个图层，❷在图层列表框中出现一个默认名为"图层 1"的新图层，如图 4-30 所示，❸用鼠标单击该图层名，将图层名改为"中心线"，如图 4-31 所示。

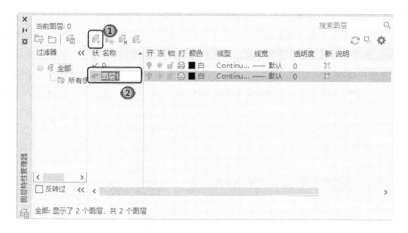

图 4-30　新建图层 1

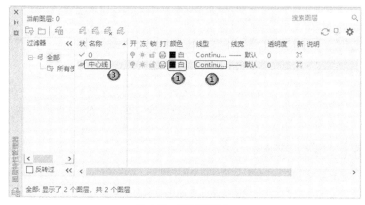

图 4-31　新建图层 2

（3）①单击"中心线"图层的颜色图标，打开"选择颜色"对话框，如图 4-32 所示，②将颜色设置为红色，③单击"确定"按钮，在"图层特性管理器"选项板中可以发现"中心线"图层的颜色变成了红色。

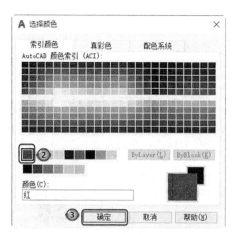

图 4-32　"选择颜色"对话框

（4）①单击"中心线"图层所对应的线型图标，打开"选择线型"对话框，如图 4-33 所示。②单击"加载"按钮，打开"加载或重载线型"对话框，如图 4-34 所示，可以看到 AutoCAD 提供了许多线型，③选择"CENTER"线型，如图 4-34 所示，④单击"确定"按钮，即可把该线型加载到"已加载的线型"列表框中，如图 4-35 所示，⑤选择 CENTER 线型，⑥继续单击"确定"按钮，在"图层特性管理器"选项板中可以发现"中心线"图层的线型变成了 CENTER，如图 4-36 所示。

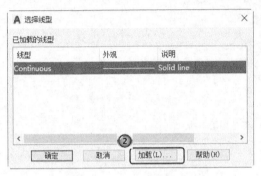

图 4-33　"选择线型"对话框

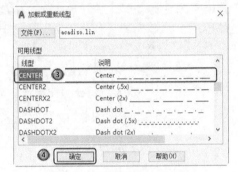

图 4-34　"加载或重载线型"对话框

图 4-35　加载线型

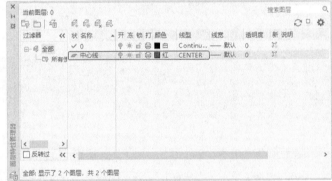

图 4-36　设置图层

（5）继续单击"新建图层"按钮，新建一个新的图层，将图层的名称设置为"轮廓线"。

（6）单击"轮廓线"图层的颜色图标，打开"选择颜色"对话框，将颜色设置为白色，如图 4-37 所示。

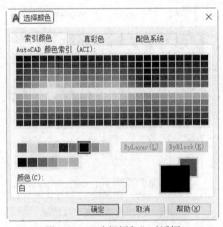

图 4-37　"选择颜色"对话框

（7）单击"轮廓线"图层所对应的线型图标，打开"选择线型"对话框，如图 4-38 所示，选择"Continuous"线型，单击"确定"按钮，返回"图层特性管理器"选项板，单击图层所对应的线宽图标，将线宽设置为 0.3mm，如图 4-39 所示。

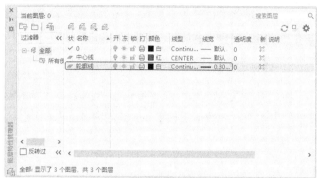

图 4-38　"选择线型"对话框　　　　　　　　　　　　图 4-39　设置图层

（8）将"中心线"图层设置为当前图层，单击"默认"选项卡"绘图"面板中的"直线"按钮，绘制水平直线和竖直直线，水平直线的坐标为（–40,0）和（40,0），竖直直线的坐标为（0,80）和（0，–80），如图 4-40 所示。

（9）将"轮廓线"图层设置为当前图层。单击"默认"选项卡"绘图"面板中的"圆"按钮，以水平中心线和竖直中心线的交点为圆心，绘制半径 13mm、25mm 和 38mm 的同心圆，如图 4-41 所示。

（10）单击"默认"选项卡"绘图"面板中的"直线"按钮，过半径为 13mm 的圆和水平直线的交点为直线的起点，分别绘制长度 120mm 的 2 条竖直直线，如图 4-42 所示。

（11）单击"默认"选项卡"绘图"面板中的"圆弧"按钮，捕捉刚绘制的两直线端点为圆弧端点，绘制半径为 13mm 的半圆，如图 4-43 所示。

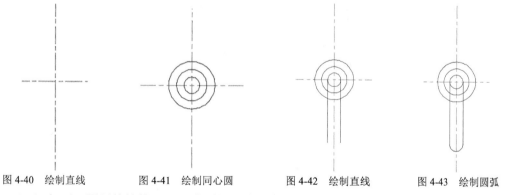

图 4-40　绘制直线　　　　图 4-41　绘制同心圆　　　　图 4-42　绘制直线　　　　图 4-43　绘制圆弧

（12）打开"图层特性管理器"选项板，将"中心线"图层关闭，结果如图 4-28 所示。

4.5　名师点拨——基本绘图技巧

1. 设置图层时应注意什么

在绘图时，所有图元的各种属性都尽量与图层保持一致，也就是说，图元属性尽可能都是

Bylayer。这样做有助于图面清晰、准确和提高绘图效率。

2．如何改变自动捕捉标记的大小

执行选择菜单栏中的"工具"→"选项"命令，在打开的"选项"对话框中选择"绘图"选项卡，在"自动捕捉标记大小"选项下滑动指针即可改变自动捕捉标记的大小。

3．栅格工具的操作技巧

在"栅格 X 轴间距"和"栅格 Y 轴间距"文本框中输入数值时，若在"栅格 X 轴间距"文本框中输入一个数值后按 Enter 键，则 AutoCAD 自动传送该值给"栅格 Y 轴间距"，这样可减少工作量。

4.6 上机实验

【练习】查看室内设计图细节，结果如图 4-44 所示。

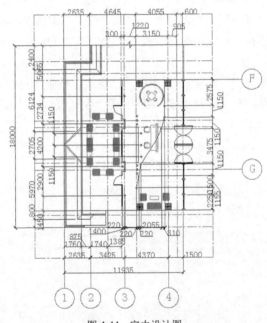

图 4-44　室内设计图

4.7 模拟考试

（1）当捕捉设定的间距与栅格所设定的间距不同时，（　　）。

A．捕捉仍然只按栅格进行　　　　　　　　B．捕捉时按照捕捉间距进行

C．捕捉既按栅格，又按捕捉间距进行　　　D．无法设置

（2）对"极轴追踪"进行设置，把增量角设为 30°，把附加角设为 10°，采用极轴追踪时，

不会显示极轴对齐的是（　　）。

　　A．10　　　　　　　　　B．30　　　　　　　　C．40　　　　　　　D．60

（3）打开和关闭动态输入的快捷键是（　　）。

　　A．F10　　　　　　　　　B．F11　　　　　　　　C．F12　　　　　　　D．F9

（4）关于自动约束，下面说法正确的是（　　）。

　　A．相切对象必须共用同一交点　　　　　　　　B．垂直对象必须共用同一交点

　　C．平滑对象必须共用同一交点　　　　　　　　D．以上说法均不对

（5）将圆心在（30,30）处的圆移动，移动中指定圆心的第二个点时，在动态输入框中输入（10,20），其结果是（　　）。

　　A．圆心坐标为（10,20）　　　　　　　　　　　B．圆心坐标为（30,30）

　　C．圆心坐标为（40,50）　　　　　　　　　　　D．圆心坐标为（20,10）

（6）对某图层进行锁定后，则（　　）。

　　A．图层中的对象不可编辑，但可添加对象

　　B．图层中的对象不可编辑，也不可添加对象

　　C．图层中的对象可编辑，也可添加对象

　　D．图层中的对象可编辑，但不可添加对象

（7）不可以通过"图层过滤器特性"对话框中过滤的特性是（　　）。

　　A．图层名、颜色、线型、线宽和打印样式　　　B．打开还是关闭图层

　　C．锁定还是解锁图层　　　　　　　　　　　　D．图层是 Bylayer 还是 ByBlock

（8）在图 4-45 所示的图形 1 中，正五边形的内切圆半径 $R=$（　　）。

　　A．64.348mm　　　　B．61.937mm　　　　C．72.812mm　　　D．45mm

（9）下列关于被固定约束的圆心的圆说法错误的是（　　）。

　　A．可以移动圆　　　　　　　　　　　　　　　B．可以放大圆

　　C．可以偏移圆　　　　　　　　　　　　　　　D．可以复制圆

（10）绘制图 4-46 所示的图形 2，请问极轴追踪的极轴角该如何设置？（　　）

　　A．增量角 15°，附加角 80°　　　　　　　　　B．增量角 15°，附加角 35°

　　C．增量角 30°，附加角 35°　　　　　　　　　D．增量角 15°，附加角 30°

图 4-45　图形 1

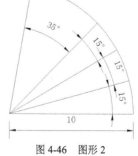

图 4-46　图形 2

（11）下面哪个选项将图形进行动态放大？（　　）

　　A．zoom /（D）　　　　B．zoom /（W）　　　　C．zoom /（E）　　　D．zoom /（A）

第5章

编辑命令

　　二维图形的编辑操作配合绘图命令的使用可以进一步完成复杂图形对象的绘制，并可使用户合理安排和组织图形，从而保证绘图的准确性，减少重复，因此，对编辑命令的熟练掌握和使用有助于提高设计和绘图的效率。本章主要内容包括选择对象、复制类命令、改变位置类命令、删除及恢复类命令、改变几何特性命令和对象编辑等。

【内容要点】

- ☑ 选择对象
- ☑ 复制类命令
- ☑ 改变位置类命令
- ☑ 删除及恢复类命令
- ☑ 改变几何特性类命令
- ☑ 编辑多段线和样条曲线
- ☑ 对象编辑

【案例欣赏】

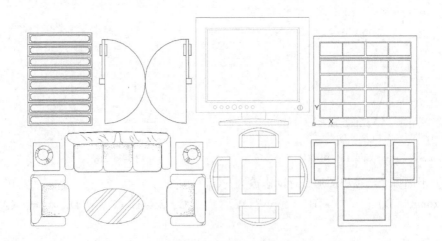

5.1　选择对象

AutoCAD 提供了两种编辑图形的途径。

（1）先执行编辑命令，然后选择要编辑的对象。

（2）先选择要编辑的对象，然后执行编辑命令。

这两种途径的执行效果是相同的，但选择对象是进行编辑的前提。AutoCAD 提供了多种对象选择方法，如通过点取方法选择对象、用选择窗口选择对象、用选择线选择对象、用对话框选择对象等。AutoCAD 可以把选择的多个对象组成整体，如选择集和对象组，进行整体编辑与修改。

【预习重点】

☑　了解选择对象的途径。

5.1.1　构造选择集

选择集可以仅由一个图形对象构成，也可以是一个复杂的对象组，如位于某一特定层上的具有某种特定颜色的一组对象。选择集的构造可以在调用编辑命令之前或之后进行。

AutoCAD 提供了以下 4 种方法来构造选择集。

（1）先选择一个编辑命令，然后选择对象，按 Enter 键，结束操作。

（2）使用 select 命令。在命令行中输入 "select"，然后根据选择的选项，出现选择对象提示，按 Enter 键结束操作。

（3）用点取设备选择对象，然后调用编辑命令。

（4）定义对象组。

无论使用哪种方法，AutoCAD 都将提示用户选择对象，并且光标的形状由十字光标变为拾取框。

下面结合 select 命令说明选择对象的方法。

select 命令可以单独使用，也可以在执行其他编辑命令时被自动调用。此时屏幕提示如下。

选择对象:

等待用户以某种方式选择对象作为回答。AutoCAD 提供多种选择方式，可以输入 "?" 查看这些选择方式。选择选项后，出现如下提示。

需要点或窗口(W)/上一个(L)/窗交(C)/框(BOX)/全部(ALL)/栏选(F)/圈围(WP)/圈交(CP)/编组(G)/添加(A)/删除(R)/多个(M)/前一个(P)/放弃(U)/自动(AU)/单个(SI)/子对象/对象:

各选项的含义如下。

（1）需要点：该选项表示直接通过点取的方式选择对象。用鼠标或键盘移动拾取框，使其框住要选取的对象，然后单击，就会选中该对象并以高亮显示。

（2）窗口（W）：用由两个对角顶点确定的矩形窗口选取位于其范围内部的所有图形，与边界相交的对象不会被选中。在指定对角顶点时，应该按照从左向右的顺序，如图 5-1 所示。

（3）上一个（L）：在"选择对象:"提示下输入 L 后，按 Enter 键，系统会自动选取最后绘制的一个对象。

（4）窗交（C）：该方式与上述"窗口"方式类似，区别在于，它不但选中矩形窗口内部的对象，也选中与矩形窗口边界相交的对象。选择的对象如图 5-2 所示。

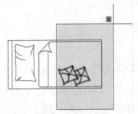
图中深色覆盖部分为选择窗口

选择后的图形

图 5-1　"窗口"对象选择方式

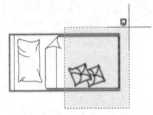
图中深色覆盖部分为选择窗口

选择后的图形

图 5-2　"窗交"对象选择方式

（5）框（BOX）：使用时，系统根据用户在屏幕上给出的两个对角点的位置自动引用"窗口"或"窗交"方式。若从左向右指定对角点，则为"窗口"方式；反之，则为"窗交"方式。

（6）全部（ALL）：选取图面上的所有对象。

（7）栏选（F）：用户临时绘制一些直线，这些直线不必构成封闭图形，凡是与这些直线相交的对象均被选中。执行结果如图 5-3 所示。

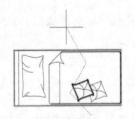
图中虚线为选择栏

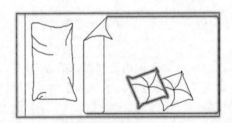
选择后的图形

图 5-3　"栏选"对象选择方式

（8）圈围（WP）：使用一个不规则的多边形来选择对象。根据提示，用户顺次输入构成多边形的所有顶点的坐标，最后按 Enter 键，用空回答结束操作，系统将自动连接第一个顶点到最后一个顶点的各个顶点，形成封闭的多边形。凡是被多边形围住的对象均被选中（不包括边界）。执行结果如图 5-4 所示。

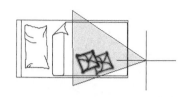

图中十字线所拉出深色多边形为选择窗口   选择后的图形

图 5-4 "圈围"对象选择方式

（9）圈交（CP）：类似于"圈围"方式，在"选择对象："提示后输入"CP"，后续操作与"圈围"方式相同。区别在于，与多边形边界相交的对象也被选中。

（10）编组（G）：使用预先定义的对象组作为选择集。事先将若干个对象组成对象组，用组名引用。

（11）添加（A）：添加下一个对象到选择集。也可用于从移走模式（Remove）到选择模式的切换。

（12）删除（R）：按住 Shift 键选择对象，可以从当前选择集中移走该对象。对象由高亮显示状态变为正常显示状态。

（13）多个（M）：指定多个点，不高亮显示对象。这种方法可以加快在复杂图形上的选择对象过程。若两个对象交叉，两次指定交叉点，则可以选中这两个对象。

（14）前一个（P）：用字符 P 回应"选择对象："的提示，则把上次编辑命令中的最后一次构造的选择集或最后一次使用 select（ddselect）命令预置的选择集作为当前选择集。这种方法适用于对同一选择集进行多种编辑操作的情况。

（15）放弃（U）：用于取消加入选择集的对象。

（16）自动（AU）：选择结果视用户在屏幕上的选择操作而定。如果选中单个对象，则该对象为自动选择的结果；如果选择点落在对象内部或外部的空白处，系统会提示如下。

> 指定对角点：

此时，系统会采取一种窗口的选择方式。对象被选中后，变为虚线形式，并以高亮显示。

◁»注意

> 若矩形框从左向右定义，即第一个选择的对角点为左侧的对角点，矩形框内部的对象被选中，框外部的及与矩形框边界相交的对象不会被选中。若矩形框从右向左定义，矩形框内部及与矩形框边界相交的对象都会被选中。

（17）单个（SI）：选择指定的第一个对象或对象集，而不继续提示进行下一步的选择。

5.1.2　构造对象组

对象组与选择集并没有本质的区别，当把若干个对象定义为选择集并想让其在以后的操作中始终作为一个整体时，为了简便，可以将这个选择集命名并保存起来，这个命名了的对象选择集就是对象组，其名字称为组名。

如果对象组可以被选择（位于锁定层上的对象组不能被选择），那么可以通过其组名引用该对象组，并且一旦组中任何一个对象被选中，那么组中的全部对象都被选中。

【执行方式】

☑ 命令行：group。

【操作步骤】

执行上述命令后，系统打开"对象编组"对话框。利用该对话框用户可以查看或修改存在的对象组的属性，也可以创建新的对象组。

5.2 复制类命令

本节详细介绍 AutoCAD 2022 的复制类命令。利用这些复制类命令，用户可以方便地编辑绘制的图形。

【预习重点】

☑ 了解复制类命令有几种。

☑ 简单练习几种复制操作方法。

☑ 观察在不同情况下使用哪种方法更简便。

5.2.1 "复制"命令

【执行方式】

☑ 命令行：copy。

☑ 菜单栏：执行菜单栏中的"修改"→"复制"命令。

☑ 工具栏：单击"修改"工具栏中的"复制"按钮🖧。

☑ 快捷菜单：选择要复制的对象，在绘图区单击鼠标右键，从打开的快捷菜单中执行"复制选择"命令。

☑ 功能区：单击"默认"选项卡"修改"面板中的"复制"按钮🖧，如图 5-5 所示。

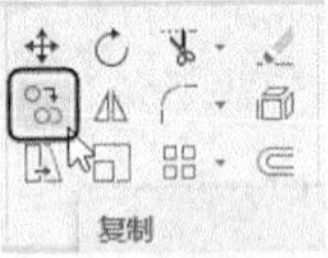

图 5-5 "复制"命令

【操作步骤】

执行上述任一操作后，命令行提示与操作如下。

```
命令: _copy
选择对象: (选择要复制的对象)
```

用前面介绍的对象选择方法选择一个或多个对象，按 Enter 键结束选择，命令行提示如下。

```
当前设置: 复制模式 = 多个
指定基点或 [位移(D)/模式(O)] <位移>: (指定基点或位移)
指定第二个点或 [阵列(A)] <使用第一个点作为位移>:
```

【选项说明】

（1）指定基点：指定一个坐标点后，AutoCAD 2022 把该点作为复制对象的基点。

指定第二个点后，系统将根据这两点确定的位移矢量把选择的对象复制到第二点处。如果此时直接按 Enter 键，即选择默认的"用第一点作位移"，则第一个点被当作相对于 X、Y 的位移。例如，如果指定基点为（2,3）并在下一个提示下按 Enter 键，则该对象从其当前的位置开始，在 X 方向上移动 2 个单位，在 Y 方向上移动 3 个单位。一次复制完成后，可以不断指定新的第二点，从而实现多重复制。

（2）位移：直接输入位移值，表示以选择对象时的拾取点为基准，以拾取点坐标为移动方向，按纵横比移动指定位移后所确定的点为基点。例如，选择对象时的拾取点坐标为（2,3），输入位移为 5，则表示以（2,3）点为基准，沿纵横比为 3：2 的方向移动 5 个单位所确定的点为基点。

（3）模式：控制是否自动重复该命令。确定复制模式是单个还是多个。

（4）阵列：指定在线性阵列中排列的副本数量。

5.2.2　操作实例——绘制车库门

扫码看视频

图 5-6　车库门

绘制图 5-6 所示的车库门，操作步骤如下。

（1）单击"默认"选项卡"绘图"面板中的"矩形"按钮 □，在合适的位置绘制长度为 3000mm、宽度为 500mm 的矩形，如图 5-7 所示。

（2）单击"默认"选项卡"绘图"面板中的"直线"按钮 ∕，绘制直线，水平直线的长度为 2850mm，竖直直线的长度为 350mm，结果如图 5-8 所示。命令行提示与操作如下。

```
命令: _line
指定第一个点: from
基点： （选择矩形的左上角点）
<偏移>: @75, -75
指定下一点或 [放弃(U)]:  <正交 开> 2850（将鼠标水平向右拖动）
指定下一点或 [放弃(U)]: 350（将鼠标竖直向下拖动）
指定下一点或 [闭合(C)/放弃(U)]: 2850（将鼠标水平向左拖动）
指定下一点或 [闭合(C)/放弃(U)]: C
```

（3）单击"默认"选项卡"绘图"面板中的"圆弧"按钮 ⌒，绘制半径为 65mm 的圆弧，命令行提示与操作如下（以左上侧的圆弧为例）。

```
命令: _arc
指定圆弧的起点或 [圆心(C)]: C
指定圆弧的圆心:（以水平和竖直直线的交点为圆心）
指定圆弧的起点:<正交 开> 65（将追踪线放置到水平直线上，输入数值）
指定圆弧的端点(按住 Ctrl 键以切换方向)或 [角度(A)/弦长(L)]: （将追踪线放置到竖直直线上）
```

使用相同的方法绘制其余 3 段圆弧，半径均为 65mm，结果如图 5-9 所示。

（4）利用夹点编辑功能调整内部直线的长度，将水平和竖直直线的起点和端点与绘制的圆弧重合，结果如图 5-10 所示。

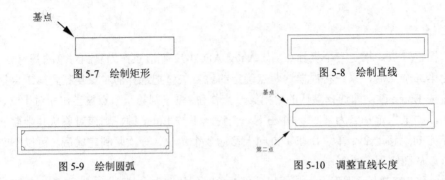

图 5-7　绘制矩形　　　　　　　　　　　　　　　图 5-8　绘制直线

图 5-9　绘制圆弧　　　　　　　　　　　　　　　图 5-10　调整直线长度

（5）单击"默认"选项卡"修改"面板中的"复制"按钮 ，将绘制的全部图形进行选择，多次连续复制，最终完成车库门的绘制。命令行提示与操作如下。

```
命令: _copy
当前设置: 复制模式 = 多个
指定基点或 [位移(D)/模式(O)] <位移>:（以矩形左上角点为基点，如图5-10所示）
指定第二个点或 [阵列(A)] <使用第一个点作为位移>:（以矩形左下角点为第二点，如图5-10所示）
指定第二个点或 [阵列(A)/退出(E)/放弃(U)] <退出>:（以复制的矩形左下角点为第二点）
......
指定第二个点或 [阵列(A)/退出(E)/放弃(U)] <退出>:✓
```

结果如图 5-6 所示。

5.2.3　"镜像"命令

镜像对象是指把选择的对象以一条镜像线为对称轴进行镜像后的对象。镜像操作完成后，可以保留原对象也可以将其删除。

【执行方式】

☑　命令行: mirror。
☑　菜单栏: 执行菜单栏中的"修改"→"镜像"命令。
☑　工具栏: 单击"修改"工具栏中的"镜像"按钮 。
☑　功能区: 单击"默认"选项卡"修改"面板中的"镜像"按钮 。

【操作步骤】

执行上述任一操作后，命令行提示与操作如下。

```
命令: _mirror
选择对象:（选择要镜像的对象）
选择对象: ✓
指定镜像线的第一点:（指定镜像线的第一个点）
指定镜像线的第二点:（指定镜像线的第二个点）
要删除源对象吗? [是(Y)/否(N)] <否>: （确定是否删除源对象）
```

选择的两点确定一条镜像线，被选择的对象以该直线为对称轴进行镜像。包含该线的镜像平面与用户坐标系统的 XY 平面垂直，即镜像操作在与用户坐标系统的 XY 平面平行的平面上。

5.2.4 操作实例——绘制弹簧门

绘制图 5-11 所示的弹簧门，操作步骤如下。

（1）单击"默认"选项卡"绘图"面板中的"矩形"按钮 □，绘制边长为 60mm 的正方形（矩形 1），如图 5-12 所示。

（2）单击"默认"选项卡"绘图"面板中的"矩形"按钮 □，绘制长度为 30mm、宽度为 420mm 的矩形 2，如图 5-13 所示。

（3）单击"默认"选项卡"绘图"面板中的"矩形"按钮 □，绘制长度为 25mm、宽度为 120mm 的矩形 3，如图 5-14 所示。命令行提示与操作如下。

```
命令: _rectang
指定第一个角点或 [倒角(C)/标高(E)/圆角(F)/厚度(T)/宽度(W)]: from
基点:（指定如图5-14所示的基点）
 <偏移>: @0, –55
指定另一个角点或 [面积(A)/尺寸(D)/旋转(R)]: D
指定矩形的长度 <10.0000>: 25
指定矩形的宽度 <10.0000>: 120
```

（4）单击"默认"选项卡"修改"面板中的"镜像"按钮 ⚠，选择上步绘制的矩形 3，进行镜像操作，如图 5-15 所示。命令行提示与操作如下。

```
命令: _mirror
选择对象: (选择上步绘制的矩形)
指定镜像线的第一点：（选择矩形2上侧短边的中点）
指定镜像线的第二点：（选择矩形2下侧短边的中点）
要删除源对象吗? [是(Y)/否(N)] <否>:↙
```

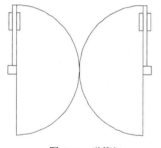

基点

图 5-11　弹簧门　　　图 5-12　绘制矩形 1　图 5-13　绘制矩形 2　　图 5-14　绘制矩形 3

（5）单击"默认"选项卡"绘图"面板中的"圆弧"按钮 ⌒，圆心为矩形 1 右侧竖直线的中点为圆心，绘制直径为 900mm 的 180°半圆弧。

（6）单击"默认"选项卡"绘图"面板中的"直线"按钮 ╱，补全图形，结果如图 5-16 所示。

（7）单击"默认"选项卡"修改"面板中的"镜像"按钮 ⚠，选择绘制的所有图形，镜像线为圆弧的象限点和其延长线上的一点为镜像线，如图 5-17 所示，将绘制的图形进行左右镜像，如图 5-11 所示。

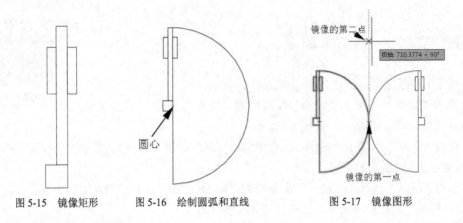

图 5-15　镜像矩形　　　图 5-16　绘制圆弧和直线　　　图 5-17　镜像图形

5.2.5　"偏移"命令

偏移对象是指保持选择的对象的形状、在不同的位置以相同的尺寸大小新建的一个对象。

【执行方式】

☑　命令行：offset。
☑　菜单栏：执行菜单栏中的"修改"→"偏移"命令。
☑　工具栏：单击"修改"工具栏中的"偏移"按钮 ⊜。
☑　功能区：单击"默认"选项卡"修改"面板中的"偏移"按钮 ⊜。

【操作步骤】

执行上述任一操作后，命令行提示与操作如下。

命令：_offset
当前设置：删除源=否　图层=源　OFFSETGAPTYPE=0
指定偏移距离或 [通过(T)/删除(E)/图层(L)] <通过>：（指定偏移距离值）
选择要偏移的对象，或 [退出(E)/放弃(U)] <退出>：（选择要偏移的对象，按Enter键结束操作）
指定要偏移的那一侧上的点，或 [退出(E)/多个(M)/放弃(U)] <退出>：（指定偏移方向）
选择要偏移的对象，或 [退出(E)/放弃(U)] <退出>：

【选项说明】

（1）指定偏移距离：输入一个距离值，或按 Enter 键，使用当前的距离值，系统把该距离值作为偏移距离，如图 5-18 所示。

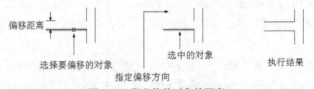

图 5-18　指定偏移对象的距离

（2）通过（T）：指定偏移对象的通过点。选择该选项后出现如下提示。

选择要偏移的对象，或 [退出(E)/放弃(U)] <退出>：（选择要偏移的对象，按Enter键结束操作）
指定通过点或 [退出(E)/多个(M)/放弃(U)]：（指定偏移对象的一个通过点）

操作完毕后，系统根据指定的通过点绘制出偏移对象，如图 5-19 所示。

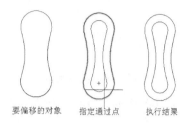

要偏移的对象　　指定通过点　　执行结果

图 5-19　指定偏移对象的通过点

（3）删除（E）：偏移后，将源对象删除。选择该选项，系统提示如下。

要在偏移后删除源对象吗? [是(Y)/否(N)] <否>:（输入选项）

（4）图层（L）：确定将偏移对象创建在当前图层上还是源对象所在的图层上。这样就可以在不同图层上偏移对象。选择该选项，系统提示如下。

输入偏移对象的图层选项 [当前(C)/源(S)] <源>:（输入选项）

5.2.6　操作实例——绘制液晶显示器

绘制图 5-20 所示的液晶显示器，操作步骤如下。

（1）单击"默认"选项卡"绘图"面板中的"矩形"按钮 ▢，先绘制显示器屏幕外轮廓，如图 5-21 所示。

扫码看视频

（2）单击"默认"选项卡"修改"面板中的"偏移"按钮 ⊆，创建屏幕内侧显示屏区域的轮廓线，如图 5-22 所示。

图 5-20　液晶显示器

图 5-21　绘制外轮廓

图 5-22　绘制内侧矩形

命令行提示与操作如下。

命令: _offset
当前设置: 删除源=否　图层=源　OFFSETGAPTYPE=0
指定偏移距离或 [通过(T)/删除(E)/图层(L)] <通过>:（这里输入T，指定偏移对象的通过点）
选择要偏移的对象，或 [退出(E)/放弃(U)] <退出>:（选择第1步绘制的矩形，拖动鼠标，在矩形内侧的适当一点单击鼠标左键，绘制出与实例大致类似的图形）
指定通过点或 [退出(E)/多个(M)/放弃(U)] <退出>:
选择要偏移的对象，或 [退出(E)/放弃(U)] <退出>:

使用相同的方法，绘制出另外一个矩形。

（3）单击"默认"选项卡"绘图"面板中的"直线"按钮 ╱，将内侧显示屏区域的轮廓线的交角处连接起来，如图 5-23 所示。

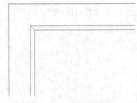

图 5-23　连接交角处

（4）单击"默认"选项卡"绘图"面板中的"多段线"按钮，绘制显示器矩形底座，如图 5-24 所示。

（5）单击"默认"选项卡"绘图"面板中的"圆弧"按钮，绘制底座的弧线造型，如图 5-25 所示。

（6）单击"默认"选项卡"绘图"面板中的"直线"按钮，绘制底座与显示屏之间的连接线造型。单击"默认"选项卡"修改"面板中的"镜像"按钮，命令行提示与操作如下。

> 命令: _mirror（镜像生成对称图形）
> 选择对象:（选择绘制的直线，按Enter键）
> 指定镜像线的第一点:（捕捉下侧矩形上部长边中点为镜像线的第一个点）
> 指定镜像线的第二点:（捕捉下侧矩形下部长边中点为镜像线的第二个点）
> 要删除源对象吗? [是(Y)/否(N)] <否>: N（输入"N"并按Enter键保留原有图形）

结果如图 5-26 所示。

图 5-24　绘制矩形底座　　　　图 5-25　绘制连接弧线　　　　图 5-26　绘制连接线

（7）单击"默认"选项卡"绘图"面板中的"圆"按钮，创建显示屏的由多个大小不同的圆形构成调节按钮，如图 5-27 所示。

⊲ 注意

显示器的调节按钮仅为示意造型。

（8）单击"默认"选项卡"修改"面板中的"复制"按钮，复制图形圆。

（9）在显示屏的右下角绘制电源开关按钮。单击"默认"选项卡"绘图"面板中的"圆"按钮，先绘制两个同心圆，如图 5-28 所示。

（10）单击"默认"选项卡"绘图"面板中的"矩形"按钮，绘制开关按钮的矩形造型如图 5-29 所示。

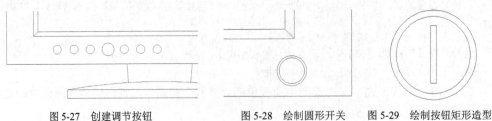

图 5-27　创建调节按钮　　　　图 5-28　绘制圆形开关　　图 5-29　绘制按钮矩形造型

图形绘制完成，结果如图 5-20 所示。

5.2.7 "阵列"命令

阵列是指多重复制选择对象并把这些副本按矩形或环形排列。把副本按矩形排列称为建立矩形阵列，把副本按环形排列称为建立极阵列。建立极阵列时，应该控制复制对象的次数和对象是否被旋转；建立矩形阵列时，应该控制行和列的数量及对象副本之间的距离。

利用该命令用户可以建立矩形阵列、极阵列（环形）和旋转的矩形阵列。

【执行方式】

☑ 命令行：array。

☑ 菜单栏：执行菜单栏中的"修改"→"阵列"命令。

☑ 工具栏：单击"修改"工具栏中的"矩形阵列"按钮品/"路径阵列"按钮⚙/"环形阵列"按钮⚙。

☑ 功能区：单击"默认"选项卡"修改"面板中的"矩形阵列"按钮品/"路径阵列"按钮⚙/"环形阵列"按钮⚙。

【操作步骤】

执行上述任一操作后，命令行提示与操作如下。

命令：_array
选择对象：（使用对象选择方法）
选择对象：
输入阵列类型[矩形(R)/路径(PA)/极轴(PO)]<矩形>:

【选项说明】

（1）矩形（R）：将选定对象的副本分布到行数、列数和层数的任意组合。选择该选项后出现如下提示。

选择夹点以编辑阵列或 [关联(AS)/基点(B)/计数(COU)/间距(S)/列数(COL)/行数(R)/层数(L)/退出(X)] <退出>:（通过夹点，可调整阵列间距、列数、行数和层数；也可以分别选择各选项输入数值）

（2）路径（PA）：沿路径或部分路径均匀分布选定对象的副本。选择该选项后出现如下提示。

选择路径曲线：（选择一条曲线作为阵列路径）
选择夹点以编辑阵列或 [关联(AS)/方法(M)/基点(B)/切向(T)/项目(I)/行(R)/层(L)/对齐项目(A)/Z方向(Z)/退出(X)] <退出>:（通过夹点，可调整阵列行数和层数；也可以分别选择各选项输入数值）

（3）极轴（PO）：在绕中心点或旋转轴的环形阵列中均匀分布对象副本。选择该选项后出现如下提示。

指定阵列的中心点或 [基点(B)/旋转轴(A)]:（选择中心点、基点或旋转轴）
选择夹点以编辑阵列或 [关联(AS)/基点(B)/项目(I)/项目间角度(A)/填充角度(F)/行(ROW)/层(L)/旋转项目(ROT)/退出(X)] <退出>:（通过夹点，可调整角度、填充角度；也可以分别选择各选项输入数值）

5.2.8 操作实例——绘制木格窗

绘制图 5-30 所示的木格窗，操作步骤如下。

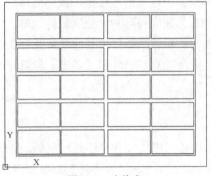

图 5-30　木格窗

（1）单击"默认"选项卡"绘图"面板中的"矩形"按钮 ▢ ，绘制角点坐标[（0,0）、（1800,1500）]的矩形，绘制结果如图 5-31 所示。

（2）单击"默认"选项卡"修改"面板中的"偏移"按钮 ⊜ ，将矩形向内侧偏移 100mm，结果如图 5-32 所示。

（3）单击"默认"选项卡"绘图"面板中的"矩形"按钮 ▢ ，绘制角点坐标[（115,115）、（495,335）]和[（505,115）、（885,335）]的两个矩形，绘制结果如图 5-33 所示。

（4）单击"默认"选项卡"修改"面板中的"镜像"按钮 △ ，进行镜像操作，如图 5-34 所示。

（5）单击"默认"选项卡"修改"面板中的"矩形阵列"按钮 ▦ ，选择上述步骤中绘制的 4 个矩形为阵列对象，输入行数为 5，列数为 1，行间距为 250，命令行提示与操作如下。

```
命令: _arrayrect
选择对象:（选择4个矩形）
类型 = 矩形　关联 = 是
选择夹点以编辑阵列或 [关联(AS)/基点(B)/计数(COU)/间距(S)/列数(COL)/行数(R)/层数(L)/退出(X)] <退出>: AS
创建关联阵列 [是(Y)/否(N)] <是>: N
选择夹点以编辑阵列或 [关联(AS)/基点(B)/计数(COU)/间距(S)/列数(COL)/行数(R)/层数(L)/退出(X)] <退出>: R
输入行数或 [表达式(E)] <3>: 5
指定行数之间的距离或 [总计(T)/表达式(E)] <330>: 250
指定行数之间的标高增量或 [表达式(E)] <0>: ✓
选择夹点以编辑阵列或 [关联(AS)/基点(B)/计数(COU)/间距(S)/列数(COL)/行数(R)/层数(L)/退出(X)] <退出>: COL
输入列数或 [表达式(E)] <4>: 1
指定列数之间的距离或 [总计(T)/表达式(E)] <2355>: ✓
选择夹点以编辑阵列或 [关联(AS)/基点(B)/计数(COU)/间距(S)/列数(COL)/行数(R)/层数(L)/退出(X)] <退出>: ✓
```

绘制结果如图 5-35 所示。

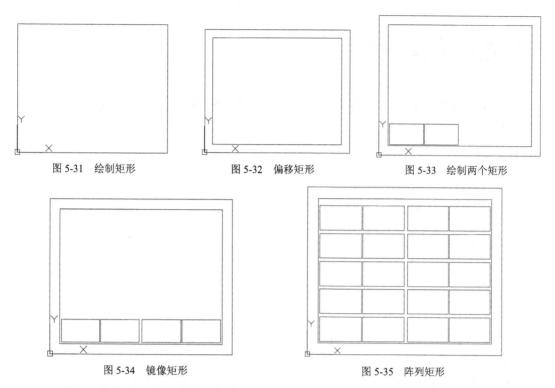

图 5-31 绘制矩形　　　　图 5-32 偏移矩形　　　　图 5-33 绘制两个矩形

图 5-34 镜像矩形　　　　　图 5-35 阵列矩形

（6）利用夹点编辑功能，调整最上端一行的矩形的位置，将矩形向上移动 35mm，如图 5-36 所示。

（7）使用相同的方法将右侧矩形的位置进行调整，如图 5-37 所示。

（8）单击"默认"选项卡"绘图"面板中的"直线"按钮✐，绘制两条水平直线，命令行提示与操作如下。

```
命令:_line
指定第一个点: from
基点: （选择尺寸为1800mm×1500mm的矩形的左上角点）
<偏移>: @100, –375
指定下一点或 [放弃(U)]:（打开"正交"功能，绘制水平直线）
```

单击"默认"选项卡"修改"面板中的"偏移"按钮⊆，将上步绘制的水平直线向下侧偏移 20mm，结果如图 5-30 所示。

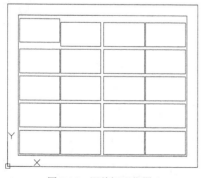

图 5-36 调整矩形位置 1

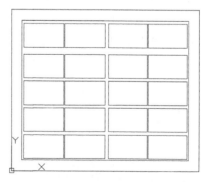

图 5-37 调整矩形位置 2

5.3 改变位置类命令

这一类编辑命令的功能是按照指定要求改变当前图形或图形某部分的位置，主要包括"移动""旋转"和"缩放"等命令。

【预习重点】

☑　了解改变位置类命令的种类。

☑　练习使用"移动""旋转""缩放"命令的操作方法。

5.3.1 "移动"命令

【执行方式】

☑　命令行：move。

☑　菜单栏：执行菜单栏中的"修改"→"移动"命令。

☑　工具栏：单击"修改"工具栏中的"移动"按钮✛。

☑　功能区：单击"默认"选项卡"修改"面板中的"移动"按钮✛。

☑　快捷菜单：选择要复制的对象，在绘图区单击鼠标右键，从打开的快捷菜单中执行"移动"命令。

【操作步骤】

执行上述任一操作后，命令行提示与操作如下。

命令：_move
选择对象：（用前面介绍的对象选择方法选择要移动的对象，按Enter键结束选择）
指定基点或<位移>：（指定基点或位移）
指定第二个点或 <使用第一个点作为位移>：

移动命令选项功能与"复制"命令类似。

5.3.2 操作实例——客厅的布置

绘制图 5-38 所示的客厅布置图，操作步骤如下。

扫码看视频

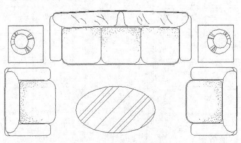

图 5-38　客厅布置图

（1）单击"默认"选项卡"绘图"面板中的"直线"按钮 ∕，绘制其中的单个沙发面的 4 边，如图 5-39 所示。

（2）单击"默认"选项卡"绘图"面板中的"圆弧"按钮 ⌒，将沙发面的 4 边连接起来，得到完整的沙发面，如图 5-40 所示。

◁ 注意

使用"直线"命令绘制沙发面的 4 边，尺寸适当选取，注意其相对位置和长度的关系。

（3）单击"默认"选项卡"绘图"面板中的"直线"按钮 ∕，绘制侧面扶手轮廓，如图 5-41 所示。

（4）单击"默认"选项卡"绘图"面板中的"圆弧"按钮 ⌒，绘制侧面扶手的弧边线，如图 5-42 所示。

◁ 注意

以中间的轴线作为镜像线，镜像另一侧的扶手轮廓。

图 5-39　创建沙发面 4 边　　　图 5-40　连接边角　　　图 5-41　绘制扶手轮廓　　　图 5-42　绘制扶手的弧边线

（5）单击"默认"选项卡"修改"面板中的"镜像"按钮 ⚠，镜像绘制另一个侧面的扶手轮廓，如图 5-43 所示。

（6）单击"默认"选项卡"绘图"面板中的"圆弧"按钮 ⌒，再单击"修改"面板中的"镜像"按钮 ⚠，绘制沙发背部扶手轮廓，如图 5-44 所示。

（7）单击"默认"选项卡"绘图"面板中的"圆弧"按钮 ⌒、"直线"按钮 ∕，再单击"修改"面板中的"镜像"按钮 ⚠，完善沙发背部扶手，如图 5-45 所示。

（8）单击"默认"选项卡"修改"面板中的"偏移"按钮 ⊂，对沙发面进行修改，使其更为形象，如图 5-46 所示。

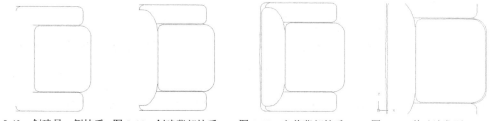

图 5-43　创建另一侧扶手　　图 5-44　创建背部扶手　　图 5-45　完善背部扶手　　图 5-46　修改沙发面

（9）单击"默认"选项卡"绘图"面板中的"多点"按钮 ⋰，在沙发座面上绘制点，细化沙发面，如图 5-47 所示。

（10）单击"默认"选项卡"修改"面板中的"镜像"按钮 ⚠，进一步完善沙发面造型，使其更为形象，如图 5-48 所示。

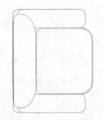

图 5-47 　细化沙发面　　　　　　　图 5-48 　完善沙发面造型

（11）采用相同的方法，绘制 3 人座的沙发面造型，如图 5-49 所示。

图 5-49 　绘制 3 人座的沙发面造型

（12）单击"默认"选项卡"绘图"面板中的"直线"按钮╱、"圆弧"按钮⌒，再单击"修改"面板中的"镜像"按钮⚠，绘制 3 人座沙发扶手造型，如图 5-50 所示。

（13）单击"默认"选项卡"绘图"面板中的"圆弧"按钮⌒和"直线"按钮╱，绘制 3 人座沙发背部造型，如图 5-51 所示。

（14）单击"默认"选项卡"绘图"面板中的"多点"按钮∴，对 3 人座沙发面造型进行细化，如图 5-52 所示。

　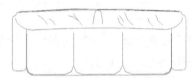　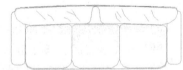

图 5-50 　绘制 3 人座沙发扶手造型　　图 5-51 　绘制 3 人座沙发背部造型　　图 5-52 　细化 3 人座沙发面造型

（15）单击"默认"选项卡"修改"面板中的"移动"按钮✛，调整两个沙发造型的位置。命令行提示与操作如下。

```
命令: _move
选择对象:（选择左侧的小沙发）
指定基点或 [位移(D)] <位移>:（指定移动基点位置）
指定第二个点或 <使用第一个点作为位移>:（指定移动位置，将两个沙发的位置调整得近些）
```

（16）单击"默认"选项卡"修改"面板中的"镜像"按钮⚠，对单个沙发进行镜像，得到沙发组造型，如图 5-53 所示。

（17）单击"默认"选项卡"绘图"面板中的"椭圆"按钮⬮，绘制一个椭圆形茶几造型，如图 5-54 所示。

（18）单击"默认"选项卡"绘图"面板中的"图案填充"按钮▥，打开"图案填充创建"

选项卡，单击"选项"面板中的"图案填充设置"按钮 ，打开"图案填充和渐变色"对话框，选择适当的图案，对茶几进行填充，如图 5-55 所示。

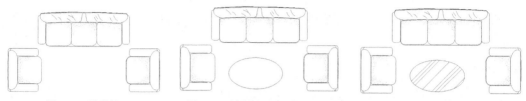

图 5-53　沙发组　　　　图 5-54　绘制椭圆形茶几造型　　　　图 5-55　填充茶几图案

（19）单击"默认"选项卡"绘图"面板中的"多边形"按钮 ，绘制沙发之间的一个正方形桌面灯造型，如图 5-56 所示。

◀》注意

先绘制一个正方形作为桌面。

（20）单击"默认"选项卡"绘图"面板中的"圆"按钮 ，绘制两个大小和圆心位置都不同的圆形，如图 5-57 所示。

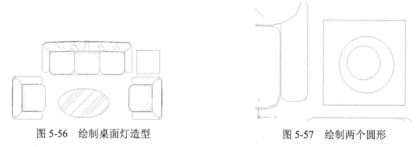

图 5-56　绘制桌面灯造型　　　　　　　图 5-57　绘制两个圆形

（21）单击"默认"选项卡"绘图"面板中的"直线"按钮 ，绘制随机斜线，形成灯罩效果，如图 5-58 所示。

（22）单击"默认"选项卡"修改"面板中的"镜像"按钮 ，进行镜像得到两个沙发桌面灯，完成客厅沙发茶几图的绘制，如图 5-38 所示。

图 5-58　创建灯罩

5.3.3　"旋转"命令

【执行方式】

☑　命令行：rotate。

☑ 菜单栏：执行菜单栏中的"修改"→"旋转"命令。

☑ 工具栏：单击"修改"工具栏中的"旋转"按钮 C。

☑ 功能区：单击"默认"选项卡"修改"面板中的"旋转"按钮 C。

☑ 快捷菜单：选择要旋转的对象，在绘图区单击鼠标右键，从打开的快捷菜单中执行
"旋转"命令。

【操作步骤】

执行上述任一操作后，命令行提示与操作如下。

命令：_rotate
UCS 当前的正角方向：ANGDIR=逆时针　ANGBASE=0
选择对象：（选择要旋转的对象）
选择对象：↙
指定基点：（指定旋转基点，在对象内部指定一个坐标点）
指定旋转角度，或 [复制(C)/参照(R)] <0>:（指定旋转角度或其他选项）

【选项说明】

（1）复制（C）：选择该选项，旋转对象的同时保留原对象，如图 5-59 所示。

图 5-59　复制旋转

（2）参照（R）：采用"参照"方式旋转对象时，系统提示如下。

指定参照角 <0>:（指定要参照的角度，默认值为0）
指定新角度或[点(P)]:（输入旋转后的角度值）

操作完毕后，对象被旋转至指定的角度位置。

🎓 **高手支招**

可以用拖动鼠标的方法旋转对象。选择对象并指定基点
后，从基点到当前光标位置会出现一条连线，鼠标选择的对
象会动态地随着该连线与水平方向的夹角的变化而旋转，按
Enter 键确认旋转操作，如图 5-60 所示。

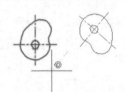

图 5-60　拖动鼠标旋转对象

5.3.4　操作实例——绘制休闲桌椅

绘制图 5-61 所示的休闲桌椅，操作步骤如下。

（1）单击"默认"选项卡"绘图"面板中的"矩形"按钮 ⬜，绘制一
个长度 1800mm、宽度 1800mm 的矩形作为桌子，如图 5-62 所示。

（2）单击"默认"选项卡"绘图"面板中的"直线"按钮 ╱，在距离矩
形左上角点 500mm 的距离，绘制长度 1800mm 的水平直线。

扫码看视频

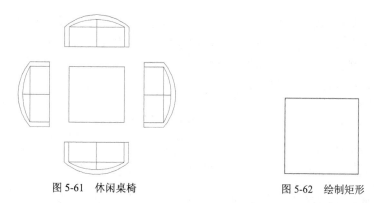

图 5-61 休闲桌椅 图 5-62 绘制矩形

（3）单击"默认"选项卡"修改"面板中的"偏移"按钮 ⊆，将水平直线向上侧偏移 640mm。

（4）单击"默认"选项卡"绘图"面板中的"直线"按钮 ∕，连接水平直线的端点，绘制竖直直线，结果如图 5-63 所示。

（5）单击"默认"选项卡"修改"面板中的"偏移"按钮 ⊆，将左侧竖直直线向左侧偏移 150mm，右侧竖直直线向右侧偏移 150mm，如图 5-64 所示。

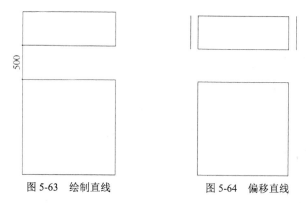

图 5-63 绘制直线 图 5-64 偏移直线

（6）利用夹点编辑功能调整第（2）步绘制的直线的长度，如图 5-65 所示。

（7）单击"默认"选项卡"绘图"面板中的"圆弧"按钮 ⌒，绘制圆弧，其中圆弧的第二点距离第（3）步水平直线中点的距离为 250mm，如图 5-66 所示。

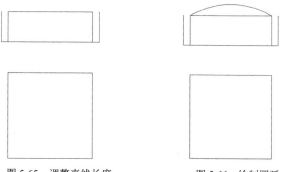

图 5-65 调整直线长度 图 5-66 绘制圆弧

（8）单击"默认"选项卡"修改"面板中的"偏移"按钮 ⊆，将圆弧向上侧偏移 150mm，然后利用夹点编辑功能绘制调整圆弧的长度，如图 5-67 所示。

（9）单击"默认"选项卡"绘图"面板中的"直线"按钮/，连接第（7）步绘制的圆弧的中点和第（2）步绘制的水平直线的中点，绘制竖直直线，如图 5-68 所示。

（10）单击"默认"选项卡"修改"面板中的"旋转"按钮↺，将绘制的椅子进行复制旋转，如图 5-69 所示。命令行提示与操作如下。

```
命令: _rotate
UCS 当前的正角方向:  ANGDIR=逆时针  ANGBASE=0
选择对象:（选择椅子）
指定基点:（选择矩形的中心）
指定旋转角度，或 [复制(C)/参照(R)] <270>: C
旋转一组选定对象。
指定旋转角度，或 [复制(C)/参照(R)] <270>:90
```

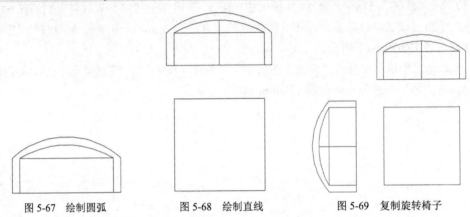

图 5-67　绘制圆弧　　　　　图 5-68　绘制直线　　　　　图 5-69　复制旋转椅子

（11）单击"默认"选项卡"修改"面板中的"旋转"按钮↺，将绘制的椅子进行继续复制旋转，最终结果如图 5-61 所示。

5.3.5　"缩放"命令

【执行方式】

☑　命令行: scale。

☑　菜单栏: 执行菜单栏中的"修改"→"缩放"命令。

☑　工具栏: 单击"修改"工具栏中的"缩放"按钮▢。

☑　功能区: 单击"默认"选项卡"修改"面板中的"缩放"按钮▢。

☑　快捷菜单: 选择要缩放的对象，在绘图区单击鼠标右键，从打开的快捷菜单中执行"缩放"命令。

【操作步骤】

执行上述任一操作后，命令行提示与操作如下。

```
命令: _scale
选择对象:（选择要缩放的对象）
选择对象: ✓
指定基点:（指定缩放基点）
```

　　指定比例因子或 [复制(C)/参照(R)]:

【选项说明】

　　（1）指定比例因子：选择对象并指定基点后，从基点到当前光标位置会出现一条线段，线段的长度即为比例大小。鼠标选择的对象会动态地随着该连线长度的变化而缩放，按 Enter 键，确认缩放操作。

　　（2）复制（C）：选择"复制（C）"选项时，可以复制缩放对象，即缩放对象时保留原对象。

　　（3）参照（R）：采用"参照"方式缩放对象时，系统提示如下。

　　　指定参照长度 <1>:（指定参考长度值）
　　　指定新的长度或 [点(P)] <1.0000>:（指定新长度值）

　　若新长度值大于参考长度值，则放大对象，否则，缩小对象。操作完毕后，系统以指定的基点按指定的比例因子缩放对象。如果选择"点（P）"选项，则指定两点来定义新的长度。

5.3.6　操作实例——绘制门联窗

扫码看视频

　　绘制图 5-70 所示的门联窗，操作步骤如下。

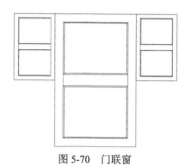

图 5-70　门联窗

　　（1）单击"默认"选项卡"绘图"面板中的"矩形"按钮 ⬜，绘制尺寸 1500mm×2400mm 的矩形，如图 5-71 所示。

　　（2）单击"默认"选项卡"修改"面板中的"偏移"按钮 ⬰，将矩形向内偏移 150mm，如图 5-72 所示。

　　（3）单击"默认"选项卡"绘图"面板中的"直线"按钮 ╱，在内部矩形的上边线处绘制一条水平直线，将其作为偏移的原对象。

　　（4）单击"默认"选项卡"修改"面板中的"偏移"按钮 ⬰，将直线依次向下侧偏移 20mm、910mm、20mm、200mm、20mm 和 910mm，如图 5-73 所示。

　　（5）单击"默认"选项卡"绘图"面板中的"直线"按钮 ╱，在矩形内部的左边线处绘制 2 条竖直直线，将其作为偏移的原对象。

　　（6）单击"默认"选项卡"修改"面板中的"偏移"按钮 ⬰，将竖直直线向右侧偏移 20mm、1160mm 和 20mm，如图 5-74 所示。

　　（7）利用夹点编辑功能调整直线的长度，然后单击"默认"选项卡"绘图"面板中的"直线"按钮 ╱，连接直线的角点，绘制多条斜向直线，如图 5-75 所示。

（8）单击"默认"选项卡"修改"面板中的"复制"按钮 ，将门进行复制，如图 5-76 所示。命令行提示与操作如下。

```
命令: _copy
选择对象:（选择门）
选择对象: ✓
当前设置： 复制模式 = 多个
指定基点或 [位移(D)/模式(O)] <位移>:（选择矩形左下角点为基点）
指定第二个点或 [阵列(A)] <使用第一个点作为位移>:（选择矩形右下角点）
指定第二个点或 [阵列(A)/退出(E)/放弃(U)] <退出>:✓
```

（9）单击"默认"选项卡"修改"面板中的"缩放"按钮 ，将门进行缩放操作，得到右侧的窗户，如图 5-77 所示。命令行提示与操作如下。

```
命令: _scale
选择对象:（框选门）
指定基点:（指定门的左上角）
指定比例因子或 [复制(C)/参照(R)]: 0.5
```

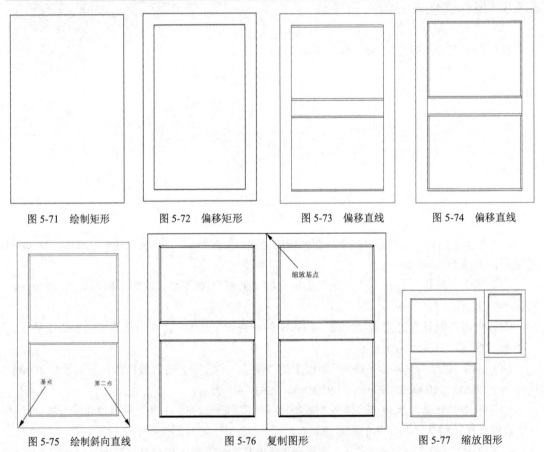

图 5-71　绘制矩形　　　图 5-72　偏移矩形　　　图 5-73　偏移直线　　　图 5-74　偏移直线

图 5-75　绘制斜向直线　　　图 5-76　复制图形　　　图 5-77　缩放图形

（10）单击"默认"选项卡"修改"面板中的"镜像"按钮 ，将右侧的窗户进行镜像操作，得到左侧的窗户，最终结果如图 5-70 所示。

5.4　删除及恢复类命令

这一类命令主要用于删除图形的某部分或对已被删除的部分进行恢复。包括删除、回退、重做、清除等命令。

【预习重点】

☑　了解删除图形有几种方法。

☑　练习使用 3 种删除方法。

5.4.1　"删除"命令

如果所绘制的图形不符合要求或绘错，则可以使用"删除"命令将其删除。

【执行方式】

☑　命令行：erase。

☑　菜单栏：执行菜单栏中的"修改"→"删除"命令。

☑　工具栏：单击"修改"工具栏中的"删除"按钮 。

☑　功能区：单击"默认"选项卡"修改"面板中的"删除"按钮 。

☑　快捷菜单：选择要删除的对象，在绘图区单击鼠标右键，从打开的快捷菜单中执行"删除"命令。

【操作步骤】

可以先选择对象，然后调用"删除"命令；也可以先调用"删除"命令，然后再选择对象。选择对象时，可以使用前面介绍的各种对象选择的方法。

当选择多个对象时，多个对象都被删除；若选择的对象属于某个对象组，则该对象组的所有对象都被删除。

5.4.2　"恢复"命令

若不小心误删了图形，可以使用恢复命令"oops"恢复误删除的对象。

【执行方式】

☑　命令行：oops 或 u。

☑　工具栏：单击"快速访问"工具栏中的"放弃"按钮 或单击"标准"工具栏中的"放弃"按钮 。

☑　快捷组合键：Ctrl+Z。

【操作步骤】

在命令窗口的提示行上输入 oops，按 Enter 键。

5.5 改变几何特性类命令

这一类编辑命令在对指定对象进行编辑后，使编辑对象的几何特性发生改变。包括"倒角""圆角""打断""剪切""延伸""拉长""拉伸"等命令。

【预习重点】

☑ 了解改变几何特性类命令有几种。
☑ 比较使用"剪切""延伸"命令。
☑ 比较使用"圆角""倒角"命令。
☑ 比较使用"拉伸""拉长"命令。
☑ 比较使用"打断""打断于点"命令。
☑ 比较分解、合并前后对象属性。

5.5.1 "修剪"命令

【执行方式】

☑ 命令行：trim。
☑ 菜单栏：执行菜单栏中的"修改"→"修剪"命令。
☑ 工具栏：单击"修改"工具栏中的"修剪"按钮。
☑ 功能区：单击"默认"选项卡"修改"面板中的"修剪"按钮。

【操作步骤】

执行上述任一操作后，命令行提示与操作如下。

```
命令: _trim
当前设置:投影=UCS，边=无
选择剪切边
选择对象或 <全部选择>:（选择用作修剪边界的对象，按Enter键结束对象选择）
选择要修剪的对象，或按住Shift键选择要延伸的对象，或[栏选(F)/窗交(C)/投影(P)/边(E)/删除(R)/
放弃(U)]:
```

【选项说明】

（1）按住 Shift 键：在选择对象时，如果按住 Shift 键，系统就自动将"修剪"命令转换成"延伸"命令，"延伸"命令将在 5.5.3 节介绍。

（2）栏选（F）：选择此选项时，系统以栏选的方式选择被修剪对象，如图 5-78 所示。

选定剪切边　　　使用栏选选定的要修剪的对象　　　结果

图 5-78　"栏选"方式修剪对象

（3）窗交（C）：选择此选项时，系统以窗交的方式选择被修剪对象，如图 5-79 所示。

被选择的对象可以互为边界和被修剪对象，此时系统会在选择的对象中自动判断边界，如图 5-79 所示。

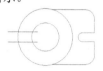
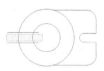

使用窗交选择选定的边　　　选定要修剪的对象　　　结果

图 5-79　"窗交"方式修剪对象

（4）边（E）：选择此选项时，可以选择对象的修剪方式，即延伸和不延伸。

① 延伸（E）：延伸边界进行修剪。在此方式下，如果剪切边没有与要修剪的对象相交，系统会延伸剪切边直至与要修剪的对象相交，然后再修剪，如图 5-80 所示。

选择剪切边　　　选择要修剪的对象　　　修剪后的结果

图 5-80　"延伸"方式修剪对象

② 不延伸（N）：不延伸边界修剪对象。只修剪与剪切边相交的对象。

5.5.2　操作实例——绘制装饰屏风

扫码看视频

绘制图 5-81 所示的装饰屏风，操作步骤如下。

（1）单击"默认"选项卡"绘图"面板中的"矩形"按钮 □，在适当的位置绘制长 1200mm、宽 2800mm 的矩形和长 500mm、宽 2400mm 的矩形，如图 5-82 所示。

（2）单击"默认"选项卡"绘图"面板中的"直线"按钮 ╱，捕捉矩形短边的中点，绘制一条竖直直线作为绘图的辅助线，如图 5-83 所示。

（3）单击"默认"选项卡"修改"面板中的"偏移"按钮 ⊆，将直线向左偏移，偏移距离分别为 25mm、75mm、100mm、150mm、175mm、225mm，如图 5-84 所示。

（4）单击"默认"选项卡"修改"面板中的"镜像"按钮 ⚖，将上步中绘制的竖直直线镜像到另外一侧，如图 5-85 所示。

（5）单击"默认"选项卡"绘图"面板中的"直线"按钮 ╱，捕捉矩形短边的长边中点，绘制一条水平直线作为绘图的辅助线，如图 5-86 所示。

（6）单击"默认"选项卡"修改"面板中的"偏移"按钮 ⊆，将直线向上侧偏移，偏移距离分别为 25mm、400mm、425mm、800mm、825mm，如图 5-87 所示。

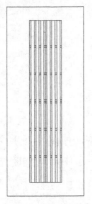

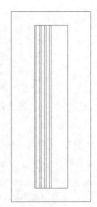

图 5-81　装饰屏风　　图 5-82　绘制矩形　　图 5-83　绘制竖直直线　　图 5-84　偏移竖直直线

（7）单击"默认"选项卡"修改"面板中的"镜像"按钮△，将上步中绘制的水平直线镜像到另外一侧，如图 5-88 所示。

（8）单击"默认"选项卡"修改"面板中的"修剪"按钮，修剪多余的水平直线，结果如图 5-74 所示。命令行提示与操作如下。

命令:_trim
当前设置:投影=UCS，边=无
选择剪切边
选择要修剪的对象，或按住 Shift 键选择要延伸的对象，或[栏选(F)/窗交(C)/投影(P)/边(E)/删除(R)/放弃(U)]:（选择要修剪的对象）

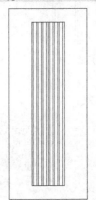
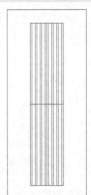
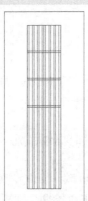
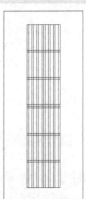

图 5-85　镜像竖直直线　　图 5-86　绘制水平直线　　图 5-87　偏移水平直线　　图 5-88　镜像水平直线

5.5.3　"延伸"命令

延伸对象是指延伸一个对象至另一个对象的边界线，如图 5-89 所示。

图 5-89　延伸对象

【执行方式】

- ☑ 命令行：extend。
- ☑ 菜单栏：执行菜单栏中的"修改"→"延伸"命令。
- ☑ 工具栏：单击"修改"工具栏中的"延伸"按钮→｜。
- ☑ 功能区：单击"默认"选项卡"修改"面板中的"延伸"按钮→｜。

【操作步骤】

执行上述任一操作后，命令行提示与操作如下。

```
命令: _extend
当前设置:投影=UCS，边=无
选择边界的边...
选择对象或 <全部选择>:（选择边界对象）
```

此时可以选择对象来定义边界，若直接按 Enter 键，则选择所有对象作为可能的边界对象。

系统规定可以用作边界对象的对象有：直线段、射线、双向无限长线、圆弧、圆、椭圆、二维/三维多义线、样条曲线、文本、浮动的视口、区域。如果选择二维多义线作为边界对象，系统会忽略其宽度而把对象延伸至多义线的中心线。

选择边界对象后，命令行提示如下。

```
选择要延伸的对象，或按住Shift键选择要修剪的对象，或[栏选(F)/窗交(C)/投影(P)/边(E)/放弃(U)]:
```

【选项说明】

（1）如果要延伸的对象是适配样条多段线，则延伸后会在多段线的控制框上增加新节点。如果要延伸的对象是锥形的多段线，系统会修正延伸端的宽度，使多段线从起始端平滑地延伸至新的终止端。如果延伸操作导致新终止端的宽度为负值，则取宽度值为 0，如图 5-90 所示。

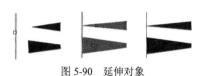

图 5-90　延伸对象

（2）选择对象时，如果按住 Shift 键，系统自动将"延伸"命令转换成"修剪"命令。

5.5.4　操作实例——绘制灯罩

扫码看视频

绘制图 5-91 所示的灯罩，操作步骤如下。

（1）单击"默认"选项卡"绘图"面板中的"圆"按钮⊙，绘制半径为 75mm 和 150mm 的圆，如图 5-92 所示。

（2）单击"默认"选项卡"绘图"面板中的"直线"按钮／，连接象限点，绘制一条竖直直线，如图 5-93 所示。

（3）单击"默认"选项卡"修改"面板中的"环形阵列"按钮，将绘制的直线以圆心为阵列的中心点，进行环形阵列，将阵列数目设为 24，阵列的角度设为 360°，如图 5-94 所示。命令行提示与操作如下。

图 5-91　灯罩　　　　　　　图 5-92　绘制圆　　　　　　　图 5-93　绘制直线

```
命令: _arrayrect
选择对象:（选择竖直直线）
类型 = 极轴　关联 = 否
指定阵列的中心点或 [基点(B)/旋转轴(A)]:（选择大圆的圆心）
选择夹点以编辑阵列或 [关联(AS)/基点(B)/项目(I)/项目间角度(A)/填充角度(F)/行(ROW)/层(L)/旋转项目(ROT)/退出(X)] <退出>: I
输入阵列中的项目数或 [表达式(E)] <6>: 24
选择夹点以编辑阵列或 [关联(AS)/基点(B)/项目(I)/项目间角度(A)/填充角度(F)/行(ROW)/层(L)/旋转项目(ROT)/退出(X)] <退出>:↙
```

（4）单击"默认"选项卡"修改"面板中的"修剪"按钮，修剪小圆内部的多余直线，如图 5-95 所示。

（5）单击"默认"选项卡"绘图"面板中的"圆环"按钮，将内径设置为 0，外径设置为 4，以小圆的圆心为圆环的圆心，如图 5-96 所示。命令行提示与操作如下。

```
命令: _donut
指定圆环的内径 <0.0000>: 0
指定圆环的外径 <2.0000>: 4
指定圆环的中心点或 <退出>:（选择小圆的圆心）
```

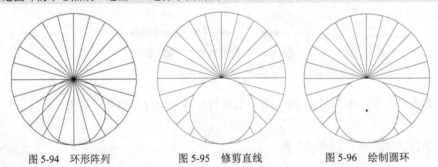

图 5-94　环形阵列　　　　　　图 5-95　修剪直线　　　　　　图 5-96　绘制圆环

（6）单击"默认"选项卡"修改"面板中的"偏移"按钮，将小圆依次向内偏移，偏移间距分别为 5mm、20mm、40mm，如图 5-97 所示。

（7）单击"默认"选项卡"绘图"面板中的"直线"按钮，绘制一条竖直短线，如图 5-98 所示。

（8）单击"默认"选项卡"修改"面板中的"环形阵列"按钮，以小圆圆心为阵列的中心点，进行环形阵列，将阵列数目设为 120，阵列的角度设为 360°，如图 5-99 所示。

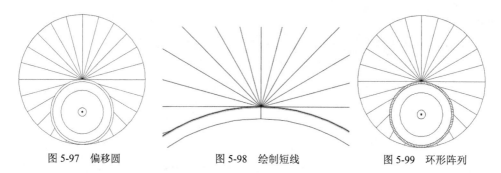

| 图 5-97　偏移圆 | 图 5-98　绘制短线 | 图 5-99　环形阵列 |

（9）单击"默认"选项卡"修改"面板中的"延伸"按钮━┥，命令行提示与操作如下。

> 命令: _extend
> 当前设置: 投影=UCS，边=无
> 选择边界的边...
> 选择要延伸的对象,或按住Shift键选择要修剪的对象,或 [栏选(F)/窗交(C)/投影(P)/边(E)/放弃(U)]:
> （选择小圆）

使用相同方法，延伸相关图线，结果如图 5-91 所示。

5.5.5　"圆角"命令

圆角是指用指定的半径决定的一段平滑的圆弧连接两个对象。系统规定可以圆角连接一对直线段、非圆弧的多段线段、样条曲线、双向无限长线、射线、圆、圆弧和椭圆。可以在任何时刻使用圆角连接非圆弧多段线的每个节点。

【执行方式】

- ☑　命令行：fillet。
- ☑　菜单栏：执行菜单栏中的"修改"→"圆角"命令。
- ☑　工具栏：单击"修改"工具栏中的"圆角"按钮⌒。
- ☑　功能区：单击"默认"选项卡"修改"面板中的"圆角"按钮⌒。

【操作步骤】

执行上述任一操作后，命令行提示与操作如下。

> 命令: _fillet
> 当前设置: 模式 = 修剪，半径 = 0.0000
> 选择第一个对象或[放弃(U)/多段线(P)/半径(R)/修剪(T)/多个(M)]:（选择第一个对象或别的选项）
> 选择第二个对象，或按住 Shift 键选择对象以应用角点或 [半径(R)]:（选择第二个对象）

【选项说明】

（1）多段线（P）：在一条二维多段线的两段直线段的节点处插入圆滑的弧。选择多段线后，系统会根据指定的圆弧的半径把多段线各顶点用圆滑的弧连接起来。

（2）修剪（T）：决定在圆角连接两条边时，是否修剪这两条边，如图 5-100 所示。

（3）多个（M）：可以同时对多个对象进行圆角编辑，而不必重新输入命令。

◀》**注意**

按住 Shift 键并选择两条直线，可以快速创建零距离倒角或零半径圆角。

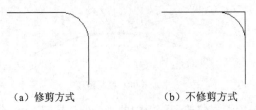

(a) 修剪方式   (b) 不修剪方式

图 5-100 圆角连接

5.5.6 操作实例——绘制微波炉

绘制图 5-101 所示的微波炉，操作步骤如下。

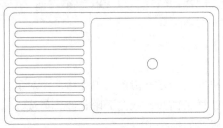

图 5-101 微波炉

（1）绘制矩形。单击"默认"选项卡"绘图"面板中的"矩形"按钮 ▭ ，绘制矩形，命令行提示与操作如下。

命令: _rectang
指定第一个角点或 [倒角(C)/标高(E)/圆角(F)/厚度(T)/宽度(W)]: 0,0
指定另一个角点或 [面积(A)/尺寸(D)/旋转(R)]: 800,420

重复"矩形"命令，绘制另外 3 个矩形，它们的角点坐标分别为[（20,20）、（780,400）]、[（327,40）、（760,380）]和[（50,46.6）、（290.3,70）]。绘制结果如图 5-102 所示。

（2）绘制圆。单击"默认"选项卡"绘图"面板中的"圆"按钮 ⊙ ，绘制圆，命令行提示与操作如下。

命令: _circle
指定圆的圆心或 [三点(3P)/两点(2P)/切点、切点、半径(T)]: 554.4,215
指定圆的半径或 [直径(D)]: 20

（3）圆角处理。单击"默认"选项卡"修改"面板中的"圆角"按钮 ⌐ ，将 4 个矩形进行圆角处理，3 个大矩形的圆角半径为 20mm，一个小矩形的圆角半径为 10mm。命令行提示与操作如下。

命令: _fillet
当前设置: 模式 = 修剪，半径 = 0.0000
选择第一个对象或 [放弃(U)/多段线(P)/半径(R)/修剪(T)/多个(M)]: R
指定圆角半径 <0.0000>: 20
选择第一个对象或 [放弃(U)/多段线(P)/半径(R)/修剪(T)/多个(M)]: P
选择二维多段线或 [半径(R)]: （选择最外边大矩形）

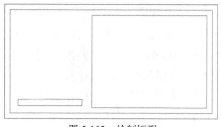

图 5-102 绘制矩形

4 条直线已被圆角。

重复"圆角"命令，绘制其他圆角，绘制结果如图 5-103 所示。

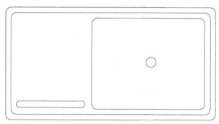

图 5-103 圆角处理

（4）阵列处理。单击"默认"选项卡"修改"面板中的"矩形阵列"按钮 ，设置阵列 10 行、1 列、行间距 33。最终结果如图 5-101 所示。

5.5.7 "倒角"命令

倒角是指用斜线连接两个不平行的线型对象。可以用斜线连接直线段、双向无限长线、射线和多段线。

【执行方式】

☑ 命令行：chamfer。

☑ 菜单栏：执行菜单栏中的"修改"→"倒角"命令。

☑ 工具栏：单击"修改"工具栏中的"倒角"按钮 。

☑ 功能区：单击"默认"选项卡"修改"面板中的"倒角"按钮 。

【操作步骤】

执行上述任一操作后，命令行提示与操作如下。

命令：_chamfer
（"不修剪"模式）当前倒角距离 1 = 0.0000，距离 2 = 0.0000
选择第一条直线或 [放弃(U)/多段线(P)/距离(D)/角度(A)/修剪(T)/方式(E)/多个(M)]：（选择第一条直线或别的选项）
选择第二条直线，或按住Shift键选择直线以应用角点或 [距离(D)/角度(A)/方法(M)]：（选择第二条直线）

【选项说明】

（1）距离（D）：选择倒角的两个斜线距离。斜线距离是指从被连接的对象与斜线的交点到被连接两对象的可能的交点之间的距离，如图 5-104 所示。这两个斜线距离可以相同也可以不相同，若二者均为 0，则系统不绘制连接的斜线，而是把两个对象延伸至相交，并修剪超出的部分。

（2）角度（A）：选择第一条直线的斜线距离和角度。采用这种方法连接对象时，需要输入两个参数，斜线与一个对象的斜线距离和斜线与该对象的夹角，如图 5-105 所示。

（3）多段线（P）：对多段线的各个交叉点进行倒角编辑。为了得到最好的连接效果，一般设置斜线是相等的值。系统根据指定的斜线距离把多段线的每个交叉点都作斜线连接，连接的斜线成为多段线新添加的构成部分，如图 5-106 所示。

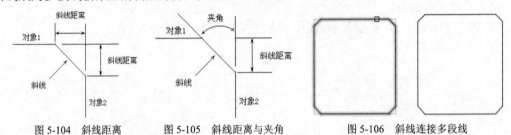

图 5-104　斜线距离　　　　图 5-105　斜线距离与夹角　　　　图 5-106　斜线连接多段线

（4）修剪（T）：与圆角连接命令 fillet 相同，该选项决定连接对象后是否剪切原对象。

（5）方式（E）：决定采用"距离"方式还是"角度"方式来倒角。

（6）多个（M）：同时对多个对象进行倒角编辑。

🎓 **高手支招**

有时用户在执行"圆角"和"倒角"命令时，发现命令不执行或执行后没什么变化，那是因为系统默认圆角半径和斜线距离均为 0，如果不事先设定圆角半径或斜线距离，系统就以默认值执行命令，所以看起来好像没有执行命令。

5.5.8　操作实例——绘制燃气灶

扫码看视频

绘制图 5-107 所示的燃气灶，操作步骤如下。

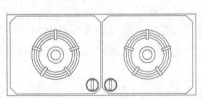

图 5-107　燃气灶

（1）单击"默认"选项卡"绘图"面板中的"矩形"按钮 ▭，绘制长度 1200mm、宽度 500mm 和长度 575mm、宽度 480mm 的两个矩形，如图 5-108 所示。命令行提示与操作如下。

```
命令: _rectang
指定第一个角点或 [倒角(C)/标高(E)/圆角(F)/厚度(T)/宽度(W)]: （适当指定一点）
指定另一个角点或 [面积(A)/尺寸(D)/旋转(R)]: D
指定矩形的长度 <25.0000>: 1200
指定矩形的宽度 <125.0000>: 500
指定另一个角点或 [面积(A)/尺寸(D)/旋转(R)]: （指定一个方向）
命令: _rectang
```

指定第一个角点或 [倒角(C)/标高(E)/圆角(F)/厚度(T)/宽度(W)]: from
基点:（捕捉矩形右上角点为基点）
<偏移>: @20, -10
指定另一个角点或 [面积(A)/尺寸(D)/旋转(R)]: D
指定矩形的长度 <1200.0000>: 575
指定矩形的宽度 <500.0000>: 480
指定另一个角点或 [面积(A)/尺寸(D)/旋转(R)]:（指定一个方向）

（2）单击"默认"选项卡"绘图"面板中的"圆"按钮 ⊙，以小矩形中心为圆心，绘制半径为 150mm 的圆，如图 5-109 所示。

图 5-108 初步轮廓图　　　　　图 5-109 绘制圆

（3）单击"默认"选项卡"修改"面板中的"偏移"按钮 ⊂，选择刚绘制的圆，将圆依次向内侧偏移 15mm、15mm、15mm、55mm 和 20mm，如图 5-110 所示。

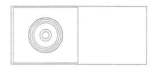

图 5-110 偏移圆

（4）单击"默认"选项卡"绘图"面板中的"矩形"按钮 □，绘制长度 15mm、宽度 60mm 的矩形，如图 5-111 所示。

（5）单击"默认"选项卡"修改"面板中的"环形阵列"按钮 ⬡，将上步绘制的矩形进行环形阵列，将阵列的项目数设为 5，填充角度设为 360°，结果如图 5-112 所示。

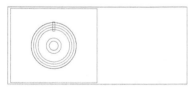
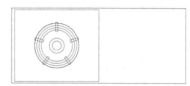

图 5-111 绘制矩形　　　　　图 5-112 环形阵列

（6）单击"默认"选项卡"修改"面板中的"修剪"按钮 ⊬，将绘制的圆进行修剪，如图 5-113 所示。

（7）单击"默认"选项卡"绘图"面板中的"圆"按钮 ⊙，绘制半径为 40mm 和 35mm 的同心圆，然后单击"默认"选项卡"绘图"面板中的"矩形"按钮 □，绘制长度 15mm、宽度 60mm 的矩形作为开关，如图 5-114 所示。

（8）单击"默认"选项卡"修改"面板中的"倒角"按钮 ⌒，指定倒角的距离为 45mm，进行倒角处理，命令行提示与操作如下。

命令: _chamfer
（"修剪"模式）当前倒角距离1=0.0000，距离2=0.0000
选择第一条直线或 [放弃(U)/多段线(P)/距离(D)/角度(A)/修剪(T)/方式(E)/多个(M)]: D
指定第一个倒角距离<0.0000>: 45
指定第二个倒角距离<0.0000>: 45
选择第一条直线或 [放弃(U)/多段线(P)/距离(D)/角度(A)/修剪(T)/多个(M)]:（选择里边最右边竖直线段）

选择第二条直线，或按住Shift键选择直线以应用角点或 [距离(D)/角度(A)/方法(M)]:（选择里边矩形最下端的水平直线）

相同方法处理另外 3 个角，如图 5-114 所示。

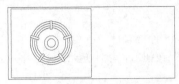

图 5-113　修剪圆

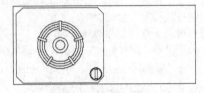

图 5-114　倒角处理

（9）单击"默认"选项卡"修改"面板中的"镜像"按钮 ⚠，将左侧的燃气灶进行镜像，绘制出右侧相同的图形，结果如图 5-107 所示。

5.5.9　"拉伸"命令

拉伸对象是指拖拉选择的对象，使其形状发生改变。拉伸对象时，应指定拉伸的基点和移至点。利用一些辅助工具，如捕捉、钳夹功能及相对坐标等可以提高拉伸的精度。

【执行方式】

☑　命令行：stretch。
☑　菜单栏：执行菜单栏中的"修改"→"拉伸"命令。
☑　工具栏：单击"修改"工具栏中的"拉伸"按钮 ⚠。
☑　功能区：单击"默认"选项卡"修改"面板中的"拉伸"按钮 ⚠。

【操作步骤】

执行上述任一操作后，命令行提示与操作如下。

```
命令: _stretch
以交叉窗口或交叉多边形选择要拉伸的对象...
选择对象: C
指定第一个角点:指定对角点: 找到 2 个:（采用交叉窗口的方式选择要拉伸的对象）
选择对象: ✓
指定基点或 [位移(D)] <位移>:（指定拉伸的基点）
指定第二个点或 <使用第一个点作为位移>:（指定拉伸的移至点）
```

此时，若指定第二个点，系统将根据这两点决定矢量拉伸的对象；若直接按 Enter 键，系统会把第一个点的坐标值作为 X 和 Y 轴的分量值。

拉伸命令可使完全包含在交叉窗口内的对象不被拉伸，部分包含在交叉选择窗口内的对象被拉伸。

5.5.10　"拉长"命令

【执行方式】

☑　命令行：lengthen。

☑　菜单栏：执行菜单栏中的"修改"→"拉长"命令。

☑　功能区：单击"默认"选项卡"修改"面板中的"拉长"按钮 ╱ 。

【操作步骤】

执行上述任一操作后，命令行提示与操作如下。

> 命令：_lengthen
> 选择要测量的对象或 [增量(DE)/百分比(P)/总计(T)/动态(DY)] <增量(DE)>: DE（选择拉长或缩短的方式为增量方式）
> 输入长度增量或 [角度(A)] <0.0000>: 10（在此输入长度增量数值。如果选择圆弧段，则可输入选项"A"，给定角度增量）
> 选择要修改的对象或 [放弃(U)]:（选定要修改的对象，对其进行拉长操作）
> 选择要修改的对象或 [放弃(U)]:（继续选择，或按Enter键结束命令）

【选项说明】

（1）增量（DE）：用指定增加量的方法来改变对象的长度或角度。

（2）百分数（P）：用指定要修改对象的长度占总长度的百分比的方法来改变圆弧或直线段的长度。

（3）全部（T）：用指定新的总长度或总角度值的方法来改变对象的长度或角度。

（4）动态（DY）：在这种模式下，用户可以使用拖拉鼠标的方法来动态地改变对象的长度或角度。

5.5.11　操作实例——绘制手表

绘制图 5-115 所示的手表，操作步骤如下。

（1）单击"默认"选项卡"绘图"面板中的"直线"按钮 ╱ ，绘制手表的包装盒，坐标点分别为[（0,0）、（73,0）、（108,42）、（108,70）、（35,70）、（0,28）、（0,0）]、[（108,70）、（119,77）、（119,125）、（108,119）、（108,70）]，如图 5-116 所示。

（2）单击"默认"选项卡"修改"面板中的"复制"按钮 ⁜ ，选择需要复制的直线，进行复制，结果如图 5-117 所示。

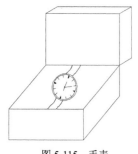

图 5-115　手表

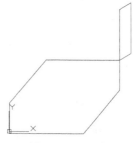

图 5-116　绘制直线

图 5-117　复制图形

（3）单击"默认"选项卡"绘图"面板中的"椭圆"命令 ⬡ ，以平行四边形的中心为椭圆的圆心，绘制表盘（长度可以自行指定，不必跟实例完全一样），如图 5-118 所示。

（4）单击"默认"选项卡"绘图"面板中的"直线"按钮 ╱ ，绘制直线，然后单击"默认"选项卡"修改"面板中的"环形阵列"按钮 ⁜ ，设置阵列的项目数为 12，角度为 360°，阵列后的直线作为时间刻度，如图 5-119 所示。

（5）单击"默认"选项卡"修改"面板中的"修剪"按钮，修剪多余的直线，如图 5-120 所示。

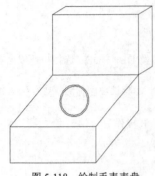
图 5-118　绘制手表表盘

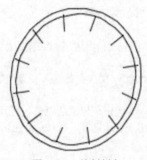
图 5-119　绘制刻度

图 5-120　修剪直线

（6）单击"默认"选项卡"绘图"面板中的"圆环"按钮，将内径设置为 0，外径设置为 0.5，适当指定圆心，绘制圆环，复制圆环，结果如图 5-121 所示。

（7）单击"默认"选项卡"绘图"面板中的"椭圆"命令，绘制椭圆，作为辅助椭圆（长度可以自行指定，不必跟实例完全一样），如图 5-122 所示。

（8）单击"默认"选项卡"绘图"面板中的"直线"按钮，绘制时针，如图 5-123 所示。

图 5-121　绘制圆环

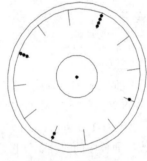
图 5-122　绘制椭圆

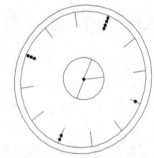
图 5-123　绘制时针

（9）单击"默认"选项卡"修改"面板中的"偏移"按钮，将椭圆向外侧进行偏移操作两次，偏移的间距均为 2mm，如图 5-124 所示。

（10）单击"默认"选项卡"修改"面板中的"拉长"按钮，将分针和秒针分别拉长至偏移后的椭圆的边，如图 5-125 所示。命令行提示与操作如下。

命令:_lengthen
选择要测量的对象或 [增量(DE)/百分比(P)/总计(T)/动态(DY)] <总计(T)>: T（选择秒针）
当前长度: 3.4836
指定总长度或 [角度(A)] <5.0697>:（选择秒针的起点）
指定第二点:（选择圆上合适的一点）

（11）单击"默认"选项卡"修改"面板中的"删除"按钮，删除绘制的辅助椭圆，如图 5-126 所示。命令行提示与操作如下。

命令:_erase
选择对象:（选择绘制的椭圆）

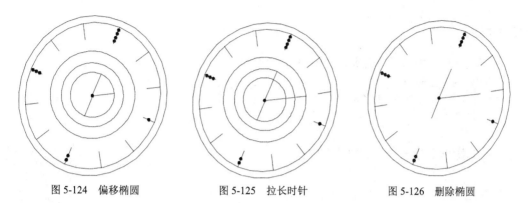

图 5-124　偏移椭圆　　　　　图 5-125　拉长时针　　　　　图 5-126　删除椭圆

（12）单击"默认"选项卡"绘图"面板中的"样条曲线拟合"按钮 ⁓，绘制表带，如图 5-115 所示。

5.5.12　"打断"命令

【执行方式】

☑　命令行：break。
☑　菜单栏：执行菜单栏中的"修改"→"打断"命令。
☑　工具栏：单击"修改"工具栏中的"打断"按钮 凹。
☑　功能区：单击"默认"选项卡"修改"面板中的"打断"按钮 凹。

【操作步骤】

执行上述任一操作后，命令行提示与操作如下。

命令：_break
选择对象：（选择要打断的对象）
指定第二个打断点或 [第一点(F)]：（指定第二个打断点或输入"F"）

【选项说明】

如果选择"第一点（F）"选项，系统将丢弃前面的第一个选择点，重新提示用户指定两个打断点。

5.5.13　"打断于点"命令

打断于点是指在对象上指定一点，从而把对象在此点拆分成两部分。此命令与"打断"命令类似。

【执行方式】

☑　命令行：breakatpoint
☑　工具栏：单击"修改"工具栏中的"打断于点"按钮 □。
☑　功能区：单击"默认"选项卡"修改"面板中的"打断于点"按钮 □。

【操作步骤】

执行上述任一操作后，命令行提示与操作如下。

```
命令: _breakatpoint
选择对象: （选择要打断的对象）
指定打断点:
```

5.5.14 操作实例——绘制吸顶灯

绘制图 5-127 所示的吸顶灯，操作步骤如下。

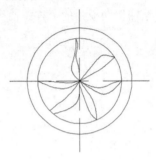

图 5-127 吸顶灯

（1）单击"默认"选项卡"图层"面板中的"图层特性"按钮，打开"图层特性管理器"选项板，新建两个图层。

①图层 1，将其颜色设置为蓝色，其余属性保持默认设置。

②图层 2，将其颜色设置为黑色，其余属性保持默认设置。

（2）将图层 1 设置为当前图层，单击"默认"选项卡"绘图"面板中的"直线"按钮，绘制长度 400mm 的两条相交的直线，如图 5-128 所示。

（3）将图层 2 设置为当前图层，单击"默认"选项卡"绘图"面板中的"圆"按钮，交点为圆心，绘制半径 150mm 和 120mm 的两个同心圆，如图 5-129 所示。

（4）单击"默认"选项卡"绘图"面板中的"样条曲线拟合"按钮，绘制内部造型，如图 5-130 所示。

图 5-128 绘制相交直线   图 5-129 绘制同心圆   图 5-130 绘制内部造型

（5）单击"默认"选项卡"修改"面板中的"打断"按钮，将辅助的直线进行打断操作，形成中心线。命令行提示与操作如下。

命令: _break
选择对象:（在竖直直线适当位置单击鼠标左键）
指定第二个打断点或[第一点(F)]:（在竖直直线适当位置指定第二个打断点）

重复"打断"命令,将其他直线进行修剪,结果如图 5-127 所示。

5.5.15　"分解"命令

【执行方式】

☑　命令行: explode。
☑　菜单栏: 执行菜单栏中的"修改"→"分解"命令。
☑　工具栏: 单击"修改"工具栏中的"分解"按钮 。
☑　功能区: 单击"默认"选项卡"修改"面板中的"分解"按钮 。

【操作步骤】

执行上述任一操作后,命令行提示与操作如下。

命令: _explode
选择对象:（选择要分解的对象）

选择一个对象后,该对象会被分解,系统继续提示该行信息,允许分解多个对象。

5.5.16　操作实例——绘制台灯

扫码看视频

绘制图 5-131 所示的台灯,操作步骤如下。

1. 绘制台灯的灯罩

（1）单击"默认"选项卡"绘图"面板中的"矩形"按钮 □,绘制矩形,如图 5-132 所示。
（2）单击"默认"选项卡"修改"面板中的"分解"按钮 ,分解矩形。命令行提示与操作如下。

命令: _explode
选择对象:（选择绘制的矩形）

（3）单击"默认"选项卡"修改"面板中的"复制"按钮 ,将矩形下侧边进行复制操作并利用夹点编辑功能调整直线的长度,如图 5-133 所示。

图 5-131　台灯　　　　　图 5-132　绘制矩形　　　　　图 5-133　复制直线

（4）单击"默认"选项卡"绘图"面板中的"直线"按钮 /，连接水平直线的端点，绘制直线，如图 5-134 所示。

（5）单击"默认"选项卡"绘图"面板中的"直线"按钮 /、"圆弧"按钮 / 和"样条曲线拟合"按钮 N，绘制灯罩剩余部分，如图 5-135 所示。

2. 绘制台灯的灯柱

（1）单击"默认"选项卡"绘图"面板中的"直线"按钮 /，绘制多条水平直线，如图 5-136 所示。

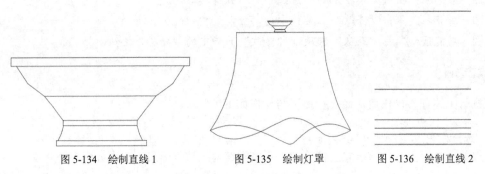

图 5-134　绘制直线 1　　　　图 5-135　绘制灯罩　　　　图 5-136　绘制直线 2

（2）单击"默认"选项卡"绘图"面板中的"直线"按钮 / 和单击"默认"选项卡"绘图"面板中的"圆弧"按钮 /，绘制直线和圆弧，如图 5-137 所示。

（3）单击"默认"选项卡"修改"面板中的"镜像"按钮 ⚏，将绘制的左侧图形，以水平中心线的中点为镜像的中心线，进行左右镜像操作，结果如图 5-138 所示。

（4）单击"默认"选项卡"修改"面板中的"镜像"按钮 ⚏，将绘制的图形，继续进行上下镜像操作，结果如图 5-139 所示。

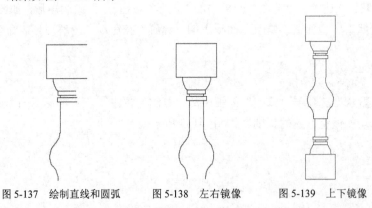

图 5-137　绘制直线和圆弧　　　图 5-138　左右镜像　　　图 5-139　上下镜像

（5）单击"默认"选项卡"修改"面板中的"移动"按钮 ✛，将绘制台灯灯柱进行移动，将灯柱和灯罩进行组合，如图 5-140 所示。

（6）单击"默认"选项卡"修改"面板中的"修剪"按钮 ✂，将多余的直线进行修剪，如图 5-141 所示。

图 5-140　组合图形

图 5-141　修剪图形

5.5.17　"合并"命令

利用该命令可以将直线、圆弧、椭圆弧和样条曲线等独立的对象合并为一个对象。

【执行方式】

   ☑　命令行：join。
   ☑　菜单栏：执行菜单栏中的"修改"→"合并"命令。
   ☑　工具栏：单击"修改"工具栏中的"合并"按钮 ✛ 。
   ☑　功能区：单击"默认"选项卡"修改"面板中的"合并"按钮 ✛ 。

【操作步骤】

命令：_join
选择源对象或要一次合并的多个对象：（选择一个对象）
选择要合并的对象：（选择另一个对象）
选择要合并的对象：✓

5.6　编辑多段线和样条曲线

5.6.1　编辑多段线

【执行方式】

   ☑　命令行：pedit（快捷命令为 pe）。
   ☑　菜单栏：执行菜单栏中的"修改"→"对象"→"多段线"命令。
   ☑　工具栏：单击"修改Ⅱ"工具栏中的"编辑多段线"按钮 ⟳ 。
   ☑　功能区：单击"默认"选项卡"修改"面板中的"编辑多段线"按钮 ⟳ 。
   ☑　快捷菜单：选择要编辑的多线段，在绘图区单击鼠标右键，从打开的快捷菜单中执行"多段线"→"编辑多段线"命令。

【操作步骤】

执行上述任一操作后，命令行提示与操作如下。

命令：_pedit
选择多段线或 [多条(M)]:（选择一条要编辑的多段线）
输入选项 [闭合(C)/合并(J)/宽度(W)/编辑顶点(E)/拟合(F)/样条曲线(S)/非曲线化(D)/线型生成(L)/反转(R)/放弃(U)]:

【选项说明】

（1）合并（J）：以选中的多段线为主体，合并其他直线段、圆弧或多段线，使其成为一条多段线。能合并的条件是各段线的端点首尾相连，如图 5-142 所示。

（2）宽度（W）：修改整条多段线的线宽，使其具有同一线宽，如图 5-143 所示。

图 5-142　合并多段线　　　　　　　图 5-143　修改整条多段线的线宽

（3）编辑顶点（E）：选择该项后，在多段线起点处出现一个斜的十字叉"×"，为当前顶点的标记，命令行提示与操作如下。

[下一个(N)/上一个(P)/打断(B)/插入(I)/移动(M)/重生成(R)/拉直(S)/切向(T)/宽度(W)/退出(X)]<N>:

这些选项允许用户进行移动、插入顶点和修改任意两点间的线的线宽等操作。

（4）拟合（F）：从指定的多段线生成由光滑圆弧连接而成的圆弧拟合曲线，该曲线经过多段线的各顶点，如图 5-144 所示。

（5）样条曲线（S）：以指定的多段线的各顶点作为控制点生成 B 样条曲线，如图 5-145 所示。

（6）非曲线化（D）：用直线代替指定的多段线中的圆弧。对于选择"拟合（F）"选项或"样条曲线（S）"选项后生成的圆弧拟合曲线或样条曲线，删去其生成曲线时新插入的顶点，则恢复成由直线段组成的多段线。

修改前　　　　　　修改后　　　　　　　　　修改前　　　　　　修改后
图 5-144　生成圆弧拟合曲线　　　　　　图 5-145　生成 B 样条曲线

（7）线型生成（L）：当多段线的线型为点划线时，可以控制多段线线型生成的开关方式。选择此项，系统提示如下。

输入多段线线型生成选项 [开(ON)/关(OFF)] <关>:

选择 ON 时，将在每个顶点处允许以短划线开始或结束生成线型，选择 OFF 时，将在每个顶点处允许以长划线开始或结束生成线型。"线型生成"不能用于包含带变宽的线段的多段线，如图 5-146 所示。

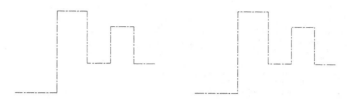

图 5-146　控制多段线的线型（线型为点划线时）

🎓 高手支招

（1）利用"多段线"命令可以画不同宽度的直线、圆和圆弧。但在实际绘制工程图时，不是利用 pline 命令在屏幕上画出具有宽度信息的图形，而是利用 line、arc、circle 等命令画出不具有（或具有）宽度信息的图形。

（2）多段线是否填充受 fill 命令的控制。执行该命令，输入"OFF"，即可使填充处于关闭状态。

5.6.2　操作实例——绘制衣柜

绘制图 5-147 所示的衣柜，操作步骤如下。

（1）单击"默认"选项卡"绘图"面板中的"矩形"按钮 □，绘制长度 800mm、宽度 1500mm 的矩形，如图 5-148 所示。命令行提示与操作如下。

```
命令: _ rectang
指定第一个角点或 [倒角(C)/标高(E)/圆角(F)/厚度(T)/宽度(W)]:（适当指定一点）
指定另一个角点或 [面积(A)/尺寸(D)/旋转(R)]: D
指定矩形的长度 <1500.0000>: 800
指定矩形的宽度 <800.0000>: 1500
指定另一个角点或 [面积(A)/尺寸(D)/旋转(R)]:（适当指定一点）
```

图 5-147　衣柜

图 5-148　绘制矩形

（2）单击"默认"选项卡"绘图"面板中的"直线"按钮 ∕，绘制水平和竖直直线，作为衣柜的分割线，竖直线位于中心位置，如图 5-149 所示。

（3）单击"默认"选项卡"绘图"面板中的"矩形"按钮 □，绘制长度 250mm、宽度 700mm 的矩形和长度 180mm、宽度 630mm 的矩形。命令行提示与操作如下。

命令：_rectang
指定第一个角点或 [倒角(C)/标高(E)/圆角(F)/厚度(T)/宽度(W)]: from
基点：（选择矩形的左上角点即基点1，如图5-150所示）
<偏移>: @75, −75
指定另一个角点或 [面积(A)/尺寸(D)/旋转(R)]: D
指定矩形的长度 <10.0000>: 250
指定矩形的宽度 <10.0000>: 700
命令：_rectang
指定第一个角点或 [倒角(C)/标高(E)/圆角(F)/厚度(T)/宽度(W)]: from
基点：（选择尺寸为250mm×700mm的矩形的左上角点即基点2，如图5-150所示）
<偏移>: @75, −75
指定另一个角点或 [面积(A)/尺寸(D)/旋转(R)]: D
指定矩形的长度 <10.0000>: 180
指定矩形的宽度 <10.0000>: 630

（4）单击"默认"选项卡"绘图"面板中的"直线"按钮 ，连接矩形的角点，绘制直线，如图 5-151 所示。

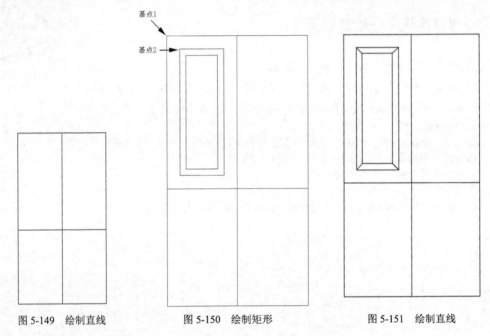

图 5-149　绘制直线　　　　　图 5-150　绘制矩形　　　　　图 5-151　绘制直线

（5）使用相同方法继续绘制剩余图形，如图 5-152 所示。

（6）单击"默认"选项卡"绘图"面板中的"直线"按钮 ，绘制衣柜门把手上的直线。命令行提示与操作如下。

命令：_line
指定第一个点: from
基点：（选择矩形的中心）
　<偏移>: @−10,130
指定下一点或 [放弃(U)]: 130

（7）单击"默认"选项卡"绘图"面板中的"圆弧"按钮 ，绘制圆弧作为门把手，如图 5-153 所示。命令行提示与操作如下。

命令: _arc
指定圆弧的起点或 [圆心(C)]:（选择直线的起点）
指定圆弧的第二个点或 [圆心(C)/端点(E)]:（在直线中点追踪线的提示下，输入距离直线中点的距离30）
指定圆弧的端点:（选择直线的终点）

（8）单击"默认"选项卡"绘图"面板中的"直线"按钮 ／，绘制衣柜门把手上的内部直线。命令行提示与操作如下。

命令: _line
指定第一个点: from
基点:（选择矩形的中心）
<偏移>: @-20,115
指定下一点或 [放弃(U)]: 110

（9）单击"默认"选项卡"绘图"面板中的"圆弧"按钮 ⌒，绘制衣柜门把手上的内部圆弧，如图 5-154 所示。命令行提示与操作如下。

命令: _arc
指定圆弧的起点或 [圆心(C)]:（选择直线的起点）
指定圆弧的第二个点或 [圆心(C)/端点(E)]:（在直线中点追踪线的提示下，输入距离直线中点的距离15）
指定圆弧的端点:（选择直线的终点）

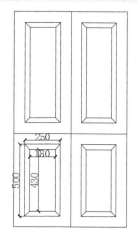

图 5-152　绘制剩余图形

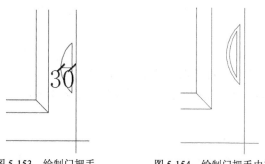

图 5-153　绘制门把手　　　　图 5-154　绘制门把手内部图形

（10）单击"默认"选项卡"修改"面板中的"编辑多段线"按钮 ，将绘制的图形创建为多段线。命令行提示与操作如下。

命令: _pedit
选择多段线或 [多条(M)]: M
选择对象: (选择门把手位置图线)
选择对象: ✓
是否将直线、圆弧和样条曲线转换为多段线? [是(Y)/否(N)]? <Y>: Y
输入选项 [闭合(C)/打开(O)/合并(J)/宽度(W)/拟合(F)/样条曲线(S)/非曲线化(D)/线型生成(L)/反转(R)/放弃(U)]: J
　合并类型 = 延伸
　输入模糊距离或 [合并类型(J)] <0.0000>: *取消*
　多段线已增加 1 条线段

（11）单击"默认"选项卡"修改"面板中的"镜像"按钮⚠，将绘制的左侧门把手图形，以竖直中心线为镜像的中心线，进行镜像，绘制右侧的门把手，如图 5-147 所示。

5.6.3　编辑样条曲线

【执行方式】

☑　命令行: splinedit。

☑　菜单栏: 执行菜单栏中的"修改"→"对象"→"样条曲线"命令。

☑　工具栏: 单击"修改 II"工具栏中的"编辑样条曲线"按钮。

☑　功能区: 单击"默认"选项卡"修改"面板中的"编辑样条曲线"按钮。

☑　快捷菜单: 选择要编辑的样条曲线，在绘图区单击鼠标右键，从打开的快捷菜单中选择"样条曲线"下拉菜单中的选项进行编辑。

【操作步骤】

命令: _splinedit
选择样条曲线: (选择要编辑的样条曲线。若选择的样条曲线是用spline命令创建的，其近似点以夹点的颜色显示出来；若选择的样条曲线是用pline命令创建的，其控制点以夹点的颜色显示出来)
输入选项 [闭合(C)/合并(J)/拟合数据(F)/编辑顶点(E)/转换为多段线(P)/反转(R)/放弃(U)/退出(X)]<退出>:

【选项说明】

（1）拟合数据（F）：编辑近似数据。选择该项后，创建该样条曲线时指定的各点将以小方格的形式显示出来。

（2）编辑顶点（E）：编辑控制框数据。

（3）转换为多段线（P）：将样条曲线转换为多段线。

（4）反转（R）：翻转样条曲线的方向。该项操作主要用于应用程序。

5.7　对象编辑

在对图形进行编辑时，用户还可以对图形对象本身的某些特性进行编辑，从而方便地进行图形绘制。

【预习重点】

- ☑ 了解编辑对象的方法有几种。
- ☑ 观察几种编辑方法结果的差异。
- ☑ 对比几种方法的适用对象。

5.7.1　修改对象属性

【执行方式】

- ☑ 命令行：ddmodify 或 properties。
- ☑ 菜单栏：执行菜单栏中的"修改"→"特性"命令或执行菜单栏中的"工具"→"选项板"→"特性"命令。
- ☑ 工具栏：单击标准工具栏中的"特性"按钮⊞。
- ☑ 快捷组合键：Ctrl+1。
- ☑ 功能区：单击"视图"选项卡的"选项板"面板中的"特性"按钮⊞。

5.7.2　操作实例——绘制蜡烛

绘制图 5-155 所示的蜡烛，操作步骤如下。

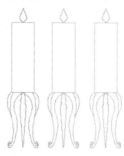

图 5-155　蜡烛

（1）单击"默认"选项卡"绘图"面板中的"矩形"按钮 ▭，绘制蜡烛，如图 5-156 所示。

（2）单击"默认"选项卡"绘图"面板中的"样条曲线拟合"按钮 ∿，绘制烛火，如图 5-157 所示。

图 5-156　绘制蜡烛

图 5-157　绘制烛火

（3）选择绘制的图形，在一个夹点上单击鼠标右键，打开快捷菜单，执行其中的"特性"命令，如图 5-158 所示。系统打开"特性"选项板，在"颜色"下拉列表框中选择"绿"，结果如图 5-159 所示。

图 5-158　快捷菜单　　　　　　　　　　　　　　　图 5-159　修改颜色

（4）单击"默认"选项卡"修改"面板中的"复制"按钮，将绘制的蜡烛向右侧复制，绘制剩下的两根蜡烛，如图 5-160 所示。

（5）单击"默认"选项卡"绘图"面板中的"样条曲线拟合"按钮和"修改"面板中的"复制"按钮，绘制蜡烛下的蜡烛台，最终结果如图 5-161 所示。

（6）选择绘制的第一个图形，在一个夹点上单击鼠标右键，打开快捷菜单，执行其中的"特性"命令，系统打开"特性"选项板，在"颜色"下拉列表框中选择"绿"，结果如图 5-162 所示。

（7）使用相同方法，将另外两个蜡烛台的颜色也进行调整，结果如图 5-155 所示。

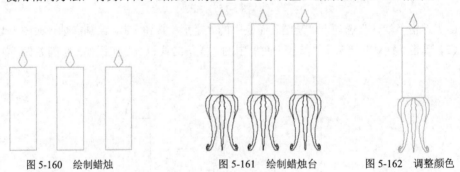

图 5-160　绘制蜡烛　　　　　　　图 5-161　绘制蜡烛台　　　　　　图 5-162　调整颜色

5.7.3　特性匹配

利用特性匹配功能可以将目标对象的属性与源对象的属性进行匹配，使目标对象的属性与源对象属性相同。利用特性匹配功能用户可以方便快捷地修改对象属性，并保持不同对象的属性相同。

【执行方式】

☑ 命令行：matchprop。

☑ 菜单栏：执行菜单栏中的"修改"→"特性匹配"命令。

☑ 工具栏：单击标准工具栏中的"特性匹配"按钮￼。

☑ 功能区：单击"默认"选项卡的"特性"面板中的"特性匹配"按钮￼。

【操作步骤】

命令: _matchprop
选择源对象:（选择源对象）
当前活动设置: 颜色 图层 线型 线型比例 线宽 透明度 厚度 打印样式 标注 文字 图案填充
多段线 视口 表格 材质 多重引线中心对象
选择目标对象或 [设置(S)]:
选择目标对象或 [设置(S)]:

如图 5-163（a）所示为两个属性不同的对象，以左边的圆为源对象，对右边的矩形进行特性匹配，结果如图 5-163（b）所示。

（a）原图 （b）结果

图 5-163 特性匹配

5.8 名师点拨——编辑技巧

1. 如何用 break 命令在第一点打断对象

执行 break 命令，在提示输入第二点时，可以输入"@"再按 Enter 键，这样即可在第一点打断选定对象。

2. 怎样用"修剪"命令同时修剪多条线段

竖直线与 4 条平行线相交，现在要剪切掉竖直线右侧的部分，执行 trim 命令，在命令行中显示"选择对象"时，选择直线并按 Enter 键，然后输入"F"并按 Enter 键，最后在竖直线右侧绘制一条直线并按 Enter 键，即可完成修剪。

3. 对圆进行打断操作时的方向问题

AutoCAD 会沿逆时针方向将圆上从第一断点到第二断点之间的圆弧删除。

4."偏移"命令的作用是什么

在 AutoCAD 中，可以使用"偏移"命令对指定的直线、圆弧、圆等对象作定距离偏移复制。在实际应用中，常利用"偏移"命令的特性创建平行线或等距离分布图。

5.9 上机实验

【练习 1】绘制图 5-164 所示的门。

【练习 2】绘制图 5-165 所示的小房子。

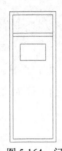

图 5-164 门

图 5-165 小房子

5.10 模拟考试

（1）关于"分解"（explode）命令的描述正确的是（　　）。

A．对象分解后颜色、线型和线宽不会改变　B．图案分解后图案与边界的关联性仍然存在

C．多行文字分解后将变为单行文字　　　　D．构造线分解后可得到两条射线

（2）使用"复制"命令时，正确的情况是（　　）。

A．复制一个就退出命令　　　　　　　　　B．最多可复制 3 个

C．复制时选择放弃，则退出命令　　　　　D．可复制多个，直到选择退出，才结束复制

（3）"拉伸"命令对下列哪个对象没有作用？（　　）

A．多段线　　　　　B．样条曲线　　　　　C．圆　　　　　　　　D．矩形

（4）关于偏移，下面说明错误的是（　　）。

A．偏移值为 30

B．偏移值为-30

C．偏移圆弧时，即可以创建更大的圆弧，也可以创建更小的圆弧

D．可以偏移的对象类型有样条曲线

（5）下面图形不能偏移的是（　　）。

A．构造线　　　　　B．多线　　　　　　　C．多段线　　　　　D．样条曲线

（6）下面图形中偏移后图形属性没有发生变化的是（　　）。

A．多段线　　　　　B．椭圆弧　　　　　C．椭圆　　　　　D．样条曲线

（7）使用 scale 命令缩放图形时，在提示输入比例时输入"r"，然后指定缩放的参照长度分别为 1、2，则缩放后的比例值为（　　）。

A．2　　　　　　　B．1　　　　　　　　C．0.5　　　　　　D．4

（8）能够将物体某部分改变角度的复制命令有（　　）。

A．mirror　　　　　B．rotate　　　　　C．copy　　　　　D．array

（9）要剪切与剪切边延长线相交的圆，则需执行的操作为（　　）。

A．剪切时按住 Shift 键　　　　　　　B．剪切时按住 Alt 键

C．修改"边"参数为"延伸"　　　　　D．剪切时按住 Ctrl 键

（10）对于一个多段线对象中的所有角点进行圆角，可以使用"圆角"命令中的什么命令选项？（　　）

A．多段线（P）　　B．修剪（T）　　　C．多个（U）　　　D．半径（R）

（11）绘制图 5-166 所示的图形。

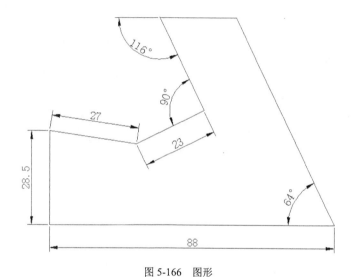

图 5-166　图形

第6章

文字和表格及尺寸

为了方便读者学习后续章节中 AutoCAD 2022 室内设计制图的内容，本章将介绍文字、表格与尺寸的具体绘制方法。

【内容要点】

- ☑ 文字
- ☑ 表格
- ☑ 尺寸标注

【案例欣赏】

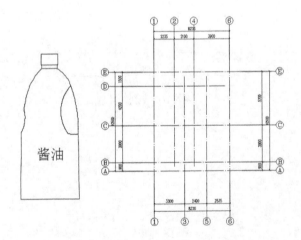

序号	图号	图纸名称	页数	
		图纸表格		
序号	图号	图纸名称	页数	
01	建施01	设计说明	1	
02	02	某平面图	1	
03	03	某立面图	1	
04	04	某剖面图	1	
05	05	某洋图	1	

6.1　文字

在工程制图中，文字标注往往是必不可少的环节。AutoCAD 2022 提供了文字相关命令来进行文字的输入与标注。

【预习重点】

☑　对比单行与多行文字区别。
☑　练习多行文字应用。

6.1.1　文字样式

AutoCAD 2022 提供了"文字样式"对话框，通过该对话框用户可方便直观地设置需要的文字样式，或对已有的样式进行修改。

【执行方式】

☑　命令行：style。
☑　菜单栏：执行菜单栏中的"格式"→"文字样式"命令。
☑　工具栏：单击"文字"工具栏中的"文字样式"按钮 A 。
☑　功能区：单击"默认"选项卡"注释"面板中的"文字样式"按钮 A ，或者单击"注释"选项卡"文字"面板上的"文字样式"下拉菜单中的"管理文字样式"按钮，或者单击"注释"选项卡"文字"面板中的"对话框启动器"按钮 ￪ 。

【操作步骤】

执行上述任一操作后，系统打开"文字样式"对话框，如图 6-1 所示。

【选项说明】

（1）"字体"选项组：确定字体样式。在 AutoCAD 中，除固有的 shx 字体，还可以使用 TrueType 字体（如宋体、楷体、Italic 等）。一种字体可以设置不同的效果从而被多种文字样式使用。

（2）"大小"选项组：用来确定文字样式使用的字体文件、字体风格及字高等。

①　"注释性"复选框：指定文字为注释性文字。

②　"使文字方向与布局匹配"复选框：指定图纸空间视口中的文字方向与布局方向匹配。如果取消选中"注释性"复选框，则该选项不可用。

③　"高度"文本框：如果在"高度"文本框中输入一个数值，则将其作为添加文字时的固定字高，在用 text 命令输入文字时，AutoCAD 将不再提示输入字高参数。如果在该文本框中将字高设置为 0，文字默认值设置为 0.2，AutoCAD 则会在每一次创建文字时提示输入字高。

（3）"效果"选项组：用于设置字体的特殊效果。

① "颠倒"复选框：选中该复选框，表示将文本文字倒置标注，如图 6-2（a）所示。

② "反向"复选框：确定是否将文本文字反向标注。如图 6-2（b）所示给出了这种标注效果。

③ "垂直"复选框：确定文本是水平标注还是垂直标注。选中该复选框为垂直标注，否则为水平标注，如图 6-3 所示。

（4）"宽度因子"文本框：用于设置宽度系数，确定文本字符的宽高比。当"宽度因子"为 1 时，表示将按字体文件中定义的宽高比标注文字；小于 1 时文字会变窄，反之会变宽。

图 6-1 "文字样式"对话框

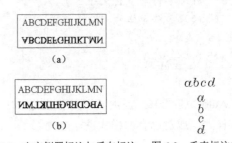

图 6-2 文字倒置标注与反向标注   图 6-3 垂直标注文字

（5）"倾斜角度"文本框：用于确定文字的倾斜角度。角度为 0°时不倾斜，为正时向右倾斜，为负时向左倾斜。

6.1.2 单行文本标注

【执行方式】

☑ 命令行: text 或 dtext。

☑ 菜单栏: 执行菜单栏中的"绘图"→"文字"→"单行文字"命令。

☑ 工具栏: 单击"文字"工具栏中的"单行文字"按钮A。

☑ 功能区: 单击"默认"选项卡"注释"面板中的"单行文字"按钮A，或者单击"注释"选项卡"文字"面板中的"单行文字"按钮A。

【操作步骤】

命令: _text
当前文字样式: Standard   文字高度: 2.5000   注释性: 否   对正: 左
指定文字的起点或 [对正(J)/样式(S)]:

【选项说明】

（1）指定文字的起点：在此提示下直接在绘图区拾取一点作为文本的起始点。利用 text 命令也可创建多行文本，只是这种多行文本每一行都是一个对象，因此不能对多行文本同时进行操作，但可以单独修改每一单行的文字样式、字高、旋转角度和对齐方式等。

（2）对正（J）：在命令行中输入"J"，用来确定文本的对齐方式。对齐方式决定文本的哪一部分与所选的插入点对齐。

（3）样式（S）：指定文字样式，文字样式决定文字字符的外观。创建的文字使用当前文字样式。

实际绘图时，有时需要标注一些特殊字符，例如，直径符号、上划线或下划线、温度符号等，由于这些符号不能直接从键盘上输入，AutoCAD 提供了一些控制码用来实现这些要求。控制码用两个百分号（%%）加一个字符构成，常用的控制码如表 6-1 所示。

表 6-1　AutoCAD 常用控制码

符号	功能	符号	功能
%%O	上划线	\u+0278	电相位
%%U	下划线	\u+E101	流线
%%D	"度"符号	\u+2261	标识
%%P	正负符号	\u+E102	界碑线
%%C	直径符号	\u+2260	不相等
%%%	百分号（%）	\u+2126	欧姆
\u+2248	几乎相等	\u+03A9	欧米加
\u+2220	角度	\u+214A	低界线
\u+E100	边界线	\u+2082	下标 2
\u+2104	中心线	\u+00B2	上标 2
\u+0394	差值		

其中，%%O 和 %%U 分别是上划线和下划线的开关，第一次出现此符号时开始绘制上划线和下划线，第二次出现此符号时上划线和下划线终止。例如，在"输入文字:"提示后输入"I want to %%U go to Beijing%%U"，则得到图 6-4（a）所示的文本行，输入"50%%D+%%C75%%P12"，则得到图 6-4（b）所示的文本行。

I want to go to Beijing.　　　　　　50°+Ø75±12

　　　　　　（a）　　　　　　　　　　　　　　（b）

图 6-4　文本行

用 text 命令可以创建一个或若干个单行文本，也就是说此命令可以用于标注多行文本。在"输入文字:"提示下输入一行文本后按 Enter 键，用户可输入第二行文本，依次类推，直到文本全部输入完，再在此提示下按 Enter 键，结束文本输入命令。每按一次 Enter 键就结束一个单行文本的输入。

用 text 命令创建文本时，在命令行中输入的文字同时显示在屏幕上，而且在创建过程中可以随时改变文本的位置，只要将光标移到新的位置单击，则当前行结束，随后输入的文本出现在新的位置上。用这种方法可以把多行文本标注到屏幕的任何地方。

6.1.3 多行文本标注

【执行方式】

- ☑ 命令行: mtext。
- ☑ 菜单栏: 执行菜单栏中的"绘图"→"文字"→"多行文字"命令。
- ☑ 工具栏: 单击"绘图"工具栏中的"多行文字"按钮A或单击"文字"工具栏中的"多行文字"按钮A。
- ☑ 功能区: 单击"默认"选项卡"注释"面板中的"多行文字"按钮A, 或者单击"注释"选项卡"文字"面板中的"多行文字"按钮A。

【操作步骤】

执行上述任一操作后, 命令行提示与操作如下。

```
命令: _mtext
当前文字样式:"Standard"  文字高度: 1571.5998  注释性: 否
指定第一角点:（指定矩形框的第一个角点）
指定对角点或 [高度(H)/对正(J)/行距(L)/旋转(R)/样式(S)/宽度(W)/栏(C)]:
```

【选项说明】

（1）指定对角点: 指定对角点后, 系统显示图 6-5 所示的"文字编辑器"选项卡和多行文字编辑器, 用户可利用此选项卡与编辑器输入多行文本并对其格式进行设置。

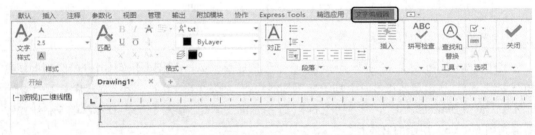

图 6-5 "文字编辑器"选项卡和多行文字编辑器

（2）对正（J）: 确定所标注文本的对齐方式。

（3）行距（L）: 确定多行文本的行间距, 这里所说的行间距是指相邻两文本行的基线之间的垂直距离。

（4）旋转（R）: 确定文本行的倾斜角度。

（5）样式（S）: 确定当前的文本样式。

（6）宽度（W）: 指定多行文本的宽度。

在创建多行文本时, 只要指定文本行的起始点和宽度后, 系统就会打开图 6-5 所示的多行文字编辑器, 该编辑器包含一个"文字格式"对话框和一个快捷菜单。用户可以在编辑器中输入和编辑多行文本, 包括设置字高、文本样式及倾斜角度等。该编辑器与 Microsoft Word 编辑器界面相似，事实上该编辑器与 Word 编辑器在某些功能上是相同的。这样既增强了多行文字的编辑功能，又能使用户更熟悉和方便地使用它的功能。

（7）栏（C）：指定多行文字对象的栏选项。

① 静态：指定总栏宽、栏数、栏间距宽度（栏之间的间距）和栏高。

② 动态：指定栏宽、栏间距宽度和栏高。动态栏由文字驱动。调整栏会影响文字流，而文字流会导致添加或删除栏。

③ 不分栏：将不分栏模式设置给当前多行文字对象。

默认列设置存储在系统变量 MTEXTCOLUMN 中。

（8）"文字编辑器"选项卡：用来控制文本文字的显示特性。用户可以在输入文本文字前设置文本的特性，也可以改变已输入的文本文字特性。要改变已有文本文字显示特性，首先应选择要修改的文本，选择文本的方式有以下 3 种。

① 将光标定位到文本文字开始处，按住鼠标左键，拖到文本末尾。

② 双击某个文字，则该文字被选中。

③ 3 次单击鼠标，则选中全部内容。

对话框中部分选项的功能介绍如下。

① "高度"下拉列表框：用于确定文本的字符高度，用户可在该列表框中直接输入新的字符高度，也可从下拉列表框中选择已设定过的高度值。

② "粗体"按钮 **B** 和"斜体"按钮 *I*：用于设置加粗或斜体效果，但这两个按钮只对 TrueType 字体有效。

③ "下划线"按钮 U 和 "上划线"按钮 Ō：用于设置或取消文字的下划线和上划线。

④ "堆叠"按钮 $\frac{b}{a}$：为层叠或非层叠文本按钮，用于层叠所选的文本文字，也就是创建分数形式。当文本中某处出现"/""^"或"#"3 种层叠符号之一时，可层叠文本，其方法是选中需层叠的文字，然后单击此按钮，则符号左边的文字作为分子，右边的文字作为分母进行层叠。AutoCAD 提供了 3 种分数形式，如果选中 abcd/efgh 后单击此按钮，得到如图 6-6（a）所示的分数形式；如果选中 abcd^efgh 后单击此按钮，则得到图 6-6（b）所示的形式，此形式多用于标注极限偏差；如果选中 abcd # efgh 后单击此按钮，则创建斜排的分数形式，如图 6-6（c）所示。如果选中已经层叠的文本对象后单击此按钮，则恢复到非层叠形式。

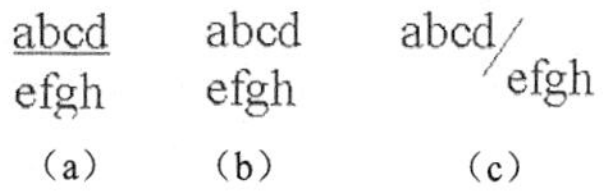

⑤ "倾斜角度"数值框 *0/*：用于设置文字的倾斜角度。

$$\frac{abcd}{efgh} \qquad \frac{abcd}{efgh} \qquad abcd/_{efgh}$$

（a） （b） （c）

图 6-6　文本层叠

提示

倾斜角度与斜体效果是两个不同的概念，前者可以设置任意倾斜角度，后者是在任意倾斜角度的基础上设置斜体效果，如图 6-7 所示。第一行倾斜角度为 0°，非斜体效果；第二行倾斜角度为 12°，非斜体效果；第三行倾斜角度为 12°，斜体效果。

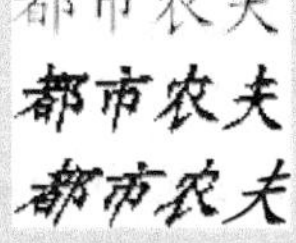

都市农夫
都市农夫
都市农夫

图 6-7　倾斜角度与斜体效果

⑥ "符号"按钮@：用于输入各种符号。单击此按钮，系统打开符号列表，如图6-8所示，用户可以从中选择符号输入文本中。

⑦ "插入字段"按钮：用于插入一些常用或预设字段。单击此按钮，系统打开"字段"对话框，如图6-9所示，用户可从中选择字段插入标注文本中。

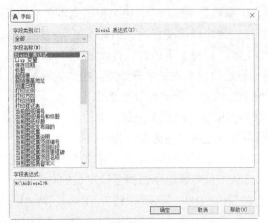

图6-8　符号列表　　　　　　　　图6-9　"字段"对话框

⑧ "追踪"数值框：用于增大或减小选定字符之间的空间。1.0表示设置常规间距，设置大于1.0表示增大间距，设置小于1.0表示减小间距。

⑨ "宽度因子"数值框：用于扩展或收缩选定字符。1.0表示设置代表此字体中字母的常规宽度，可以增大该宽度或减小该宽度。

⑩ "上标"按钮：将选定文字转换为上标，即在输入线的上方设置稍小的文字。

⑪ "下标"按钮：将选定文字转换为下标，即在输入线的下方设置稍小的文字。

⑫ "清除格式"下拉列表框：删除选定字符的字符格式，或删除选定段落的段落格式，或删除选定段落中的所有格式。

a. 关闭：如果选择此选项，将从应用了列表格式的选定文字中删除字母、数字和项目符号。不更改缩进状态。

b. 以数字标记：应用将带有句点的数字用于列表中的项的列表格式。

c. 以字母标记：应用将带有句点的字母用于列表中的项的列表格式。如果列表含有的项多于字母中含有的字母，可以使用双字母继续标注。

d. 以项目符号标记：应用将项目符号用于列表中的项的列表格式。

e. 启动：在列表格式中启动新的字母或数字序列。如果选定的项位于列表中间，则选定项下面的未选中的项也将成为新列表的一部分。

f. 继续：将选定的段落添加到上面最后一个列表然后继续序列。如果选择了列表项而非段落，选定项下面的未选中的项将继续序列。

g. 允许自动项目符号和编号：在输入时应用列表格式。以下字符可以用作字母和数字后的标点而不能用作项目符号：句点（.）、逗号（,）、右括号（)）、右尖括号（>）、右方括号（]）和右花括号（}）。

h. 允许项目符号和列表：如果选择此选项，列表格式将应用到外观类似列表的多行文字对象中的所有纯文本。

⑬ 拼写检查：确定输入时拼写检查处于打开还是关闭状态。

⑭ 编辑词典：显示"词典"对话框，用户从中可添加或删除在拼写检查过程中使用的自定义词典。

⑮ 标尺：在编辑器顶部显示标尺。拖动标尺末尾的箭头可更改文字对象的宽度。列模式处于活动状态时，还显示高度和列夹点。

⑯ 段落：为段落和段落的第一行设置缩进。指定制表位和缩进，控制段落对齐方式、段落间距和段落行距，如图 6-10 所示。

⑰ 输入文字：选择此项，系统打开"选择文件"对话框，如图 6-11 所示。选择任意 ASCII 码或 RTF 格式的文件。输入的文字保留原始字符格式和样式特性，但可以在多行文字编辑器中编辑和格式化输入的文字。选择要输入的文本文件后，可以替换选定的文字或全部文字，或在文字边界内将插入的文字附加到选定的文字中。输入文字的文件必须小于 32kB。

⑱ 编辑器设置：显示"文字格式"工具栏的选项列表。

> **◀》提示**
>
> 多行文字是由任意数目的文字行或段落组成的，布满指定的宽度，还可以沿垂直方向无限延伸。多行文字中，无论行数是多少，单个编辑任务中创建的每个段落集将构成单个对象；用户可对其进行移动、旋转、删除、复制、镜像或缩放操作。

图 6-10　"段落"对话框

图 6-11　"选择文件"对话框

6.1.4　操作实例——绘制酱油瓶

绘制图 6-12 所示的酱油瓶，操作步骤如下。

扫码看视频

（1）单击"默认"选项卡"绘图"面板中的"矩形"按钮 ▭ ，绘制矩形的瓶盖，尺寸为170mm×110mm，如图 6-13 所示。

（2）单击"默认"选项卡"修改"面板中的"分解"按钮 ，将矩形进行分解，然后单击"默认"选项卡"绘图"面板中的"直线"按钮 ，绘制直线，效果如图 6-14 所示。其中"直线"命令的提示与操作如下。

```
命令: _line
指定第一个点: from
 基点:（选择水平直线的左下角点）
<偏移>: @7,0
指定下一点或 [放弃(U)]: 32（向下拖动鼠标指定方向）
指定下一点或 [放弃(U)]: 156（向右拖动鼠标指定方向）
指定下一点或 [闭合(C)/放弃(U)]: 32（向下拖动鼠标指定方向）
```

图 6-12　酱油瓶　　　　　图 6-13　绘制矩形　　　　　图 6-14　绘制直线

（3）单击"默认"选项卡"绘图"面板中的"圆弧"按钮 和"直线"按钮 ，绘制瓶身（长度可以自行指定，不必跟实例完全一样），如图 6-15 所示。

（4）单击"默认"选项卡"注释"面板中的"文字样式"按钮 A，①打开"文字样式"对话框，如图 6-16 所示。②将字体名设置为"宋体"，③"高度"设置为 100（高度可以根据前面所绘制的图形大小而变化），其他设置保持不变，④单击"应用"按钮，⑤再单击"置为当前"按钮，然后⑥单击"关闭"按钮，关闭"文字样式"对话框。

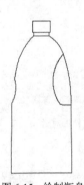

图 6-15　绘制瓶身

图 6-16　"文字样式"对话框

（5）单击"默认"选项卡"注释"面板中的"多行文字"按钮 A，打开"文字编辑器"选项卡和多行文字编辑器，如图 6-17 所示。输入文字酱油，完成文字的绘制，如图 6-12 所示。

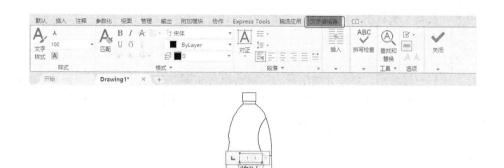

图 6-17 "文字编辑器"选项卡和多行文字编辑器

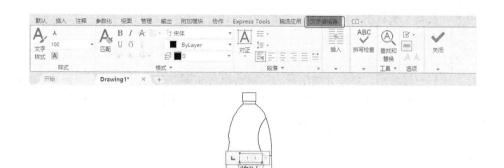注意

标注文字的位置可能需要多次调整才能使文字处于相对合适的位置。

6.2 表格

使用 AutoCAD 提供的表格功能，创建表格就变得非常容易，用户可以直接插入设置好样式的表格，而不用再单独重新绘制。

【预习重点】

☑ 练习如何定义表格样式。

☑ 观察"插入表格"对话框中选项卡的设置。

☑ 练习插入表格文字。

6.2.1 定义表格样式

表格样式是用来控制表格基本形状和间距的一组设置。与文字样式一样，所有 AutoCAD 图形中的表格都有和其相对应的表格样式。当插入表格对象时，AutoCAD 使用当前设置的表格样式。模板文件 acad.dwt 和 acadiso.dwt 中定义了 Standard 的默认表格样式。

【执行方式】

☑ 命令行：tablestyle。

☑ 菜单栏：执行选择菜单栏中的"格式"→"表格样式"命令。

☑ 工具栏：单击"样式"工具栏中的"表格样式"按钮▦。

☑ 功能区：单击"默认"选项卡"注释"面板中的"表格样式"按钮▦，或者单击"注释"选项卡"表格"面板上"表格样式"下拉菜单中的"管理表格样式"按钮，再或者单击"注释"选项卡"表格"面板中的"对话框启动器"按钮 ⌐。

【操作步骤】

执行上述任一操作后，打开"表格样式"对话框，如图 6-18 所示。单击"新建"按钮，打开"创建新的表格样式"对话框，如图 6-19 所示。输入新的表格样式名后，单击"继续"按钮，打开"新建表格样式"对话框，如图 6-20 所示，用户从中可以定义新的表格样式。

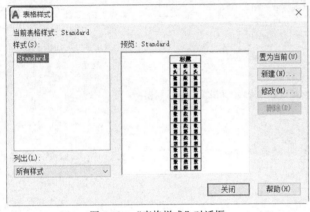

图 6-18　"表格样式"对话框

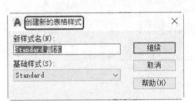

图 6-19　"创建新的表格样式"对话框

"新建表格样式"对话框中有 3 个选项卡："常规""文字"和"边框"，分别用于控制表格中数据、表头和标题的有关参数，如图 6-21 所示。

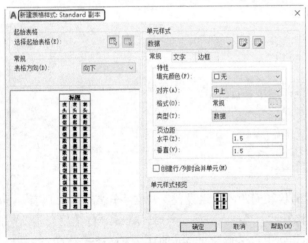

图 6-20　"新建表格样式"对话框

图 6-21　表格样式

【选项说明】

1. "常规"选项卡

（1）"特性"选项组

① "填充颜色"下拉列表框：用于为单元格指定一种填充颜色。

② "对齐"下拉列表框：用于为单元内容指定一种对齐方式。

③ "格式"选项框：用于设置表格中各行的数据类型和格式。

④ "类型"下拉列表框：将单元样式指定为标签或数据，在包含起始表格的表格样式中插入默认文字时使用。

（2）"页边距"选项组

① "水平"文本框：设置单元中的文字或块与左右单元边界之间的距离。

② "垂直"文本框：设置单元中的文字或块与上下单元边界之间的距离。

（3）"创建行/列时合并单元"复选框

将使用当前单元样式创建的所有新行或列合并到一个单元中。

2．"文字"选项卡

（1）"文字样式"下拉列表框：用于设置文字的样式。

（2）"文字高度"文本框：用于设置文字的高度。

（3）"文字颜色"下拉列表框：用于设置文字的颜色。

（4）"文字角度"文本框：用于设置文字的角度。

3．"边框"选项卡

（1）"线宽"下拉列表框：用于设置显示边界的线宽。

（2）"线型"下拉列表框：通过单击边框按钮，设置指定边框的线型。

（3）"颜色"下拉列表框：用于设置显示边界的颜色。

（4）"双线"复选框：选中该复选框，将选定的边框指定为双线。

6.2.2　创建表格

设置好表格样式后，用户可以利用 table 命令创建表格。

【执行方式】

☑　命令行：table。

☑　菜单栏：执行菜单栏中的"绘图"→"表格"命令。

☑　工具栏：单击"绘图"工具栏中的"表格"按钮▦。

☑　功能区：单击"默认"选项卡"注释"面板中的"表格"按钮▦或单击"注释"选项卡"表格"面板中的"表格"按钮▦。

【操作步骤】

执行上述任一操作后，打开"插入表格"对话框，如图 6-22 所示。

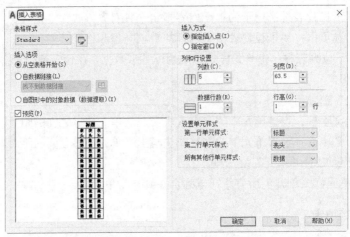

图 6-22　"插入表格"对话框

【选项说明】

（1）"表格样式"选项组：可以在其下拉列表框中选择一种表格样式，也可以单击右侧的"启动'表格样式'对话框"按钮📮，新建或修改表格样式。

（2）"插入方式"选项组。

①　"指定插入点"单选按钮：用于指定表格左上角的位置。用户可以使用定点设备，也可以在命令行中输入坐标值来指定插入点。如果表格样式将表格的方向设置为由下而上读取，则插入点位于表格的左下角。

②　"指定窗口"单选按钮：用于指定表格的大小和位置。用户可以使用定点设备，也可以在命令行中输入坐标值来指定窗口。选中该单选按钮时，行数、列数、列宽和行高取决于窗口的大小及列和行的设置。

（3）"列和行设置"选项组：指定列和行的数目及列宽与行高。

在"插入表格"对话框中进行相应的设置后，单击"确定"按钮，系统在指定的插入点处自动插入一个空表格，并显示多行文字编辑器和"文字编辑器"选项卡，用户可以逐行逐列输入相应的文字或数据，如图 6-23 所示。

图 6-23　空表格和多行文字编辑器

6.2.3　操作实例——绘制表格

绘制图 6-24 所示的表格，操作步骤如下。

扫码看视频

新建表格			
序号	图号	图纸名称	页数
01	建施01	设计说明	1
02	02	某平面图	1
03	03	某立面图	1
04	04	某剖面图	1
05	05	某洋图	1

图 6-24　表格

（1）单击"默认"选项卡"注释"面板中的"表格样式"按钮▦，①打开"表格样式"对话框，如图 6-25 所示。②单击"新建"按钮，③打开"创建新的表格样式"对话框，如图 6-26 所示。④输入新的表格样式名后，⑤单击"继续"按钮，⑥打开"新建表格样式"对话框，如图 6-27 所示，用户从中可以定义新的表格样式。

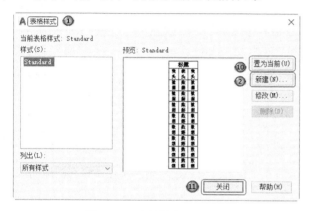

图 6-25　"表格样式"对话框

图 6-26　"创建新的表格样式"对话框

在"新建表格样式"对话框中⑦选择"文字"选项卡，⑧将文字的高度设置为 3.5，如图 6-27 所示，⑨单击"确定"按钮，系统回到"表格样式"对话框，⑩单击"置为当前"按钮，最后⑪单击"关闭"按钮退出。

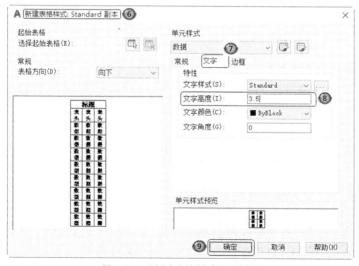

图 6-27　"新建表格样式"对话框

（2）单击"默认"选项卡"注释"面板中的"表格"按钮▦，①打开"插入表格"对话框，②将列数设置为5，③列宽设置为40，④行数设置为4，⑤行高设置为7，⑥设置单元样式均为数据，⑦单击"确定"按钮，返回绘图状态，指定表格的插入点，插入表格，分别如图 6-28 和图 6-29 所示。

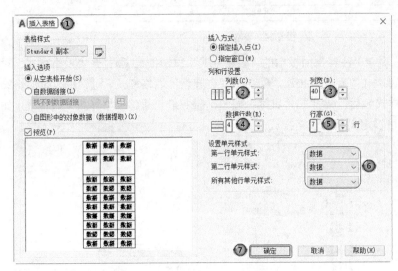
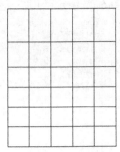

图 6-28 "插入表格"对话框 图 6-29 绘制的表格

选择其中一个表格，出现图 6-30 所示的 4 个夹点，选择最右侧的夹点，向右侧拖动，调整这一列的列宽。如图 6-31 所示。

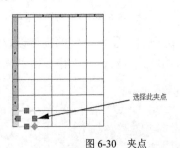
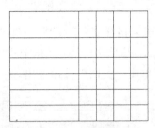

图 6-30 夹点 图 6-31 调整列宽

使用相同的方法调整剩余表格的宽度，结果如图 6-32 所示。

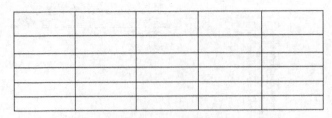

图 6-32 调整后的表格

选择第一行的所有表格，将打开图 6-33 所示的"表格单元"选项卡，选择"合并单元"下的"合并全部"命令，将第一行的表格进行合并，结果如图 6-33 所示。

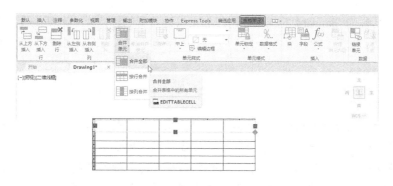

图 6-33　"表格单元"选项卡

双击表格，打开图 6-34 所示的"文字编辑器"选项卡，设置文字的高度和对正的方式，并在表格中输入文字，结果如图 6-34 所示。

图 6-34　"文字编辑器"选项卡

6.3　尺寸标注

组成尺寸标注的尺寸界线、尺寸线、尺寸文本及箭头等可以采用多种多样的形式，实际标注一个几何对象的尺寸时，其尺寸标注以什么形态出现取决于当前所采用的尺寸标注样式。标注样式决定尺寸标注的形式，包括尺寸线、尺寸界线、箭头和中心标记的形式，以及尺寸文本的位置、特性等。在 AutoCAD 中用户可以利用"标注样式管理器"对话框方便地设置自己需要的尺寸标注样式。下面介绍如何设置尺寸标注样式。

【预习重点】

    ☑　了解如何设置尺寸样式。

    ☑　了解设置尺寸样式参数。

    ☑　了解尺寸标注类型。

    ☑　练习不同类型尺寸标注应用。

6.3.1　尺寸样式

在进行尺寸标注之前，要建立尺寸标注的样式。如果用户不建立尺寸样式而直接进行标注，系统使用默认名称为 Standard 的样式。用户如果认为使用的标注样式有某些设置不合适，也可以修改标注样式。

【执行方式】

☑ 命令行：dimstyle。

☑ 菜单栏：执行菜单栏中的"格式"→"标注样式"或"标注"→"标注样式"命令。

☑ 工具栏：单击"标注"工具栏中的"标注样式"按钮 ⊢⋈。

☑ 功能区：单击"默认"选项卡"注释"面板中的"标注样式"按钮 ⊢⋈，或者单击"注释"选项卡"标注"面板中"标注样式"下拉菜单中的"管理标注样式"按钮，或者单击"注释"选项卡"标注"面板中的"对话框启动器"按钮 ⋊。

【操作步骤】

执行上述任一操作后，打开"标注样式管理器"对话框，如图 6-35 所示。利用此对话框用户可方便直观地设置和浏览尺寸标注样式，包括建立新的标注样式、修改已存在的样式、设置当前尺寸标注样式、重命名样式及删除一种已存在的样式等。

【选项说明】

（1）"置为当前"按钮：单击该按钮，将在"样式"列表框中选中的样式设置为当前样式。

（2）"新建"按钮：定义一种新的尺寸标注样式。单击该按钮，打开"创建新标注样式"对话框，如图 6-36 所示，利用此对话框用户可创建一种新的尺寸标注样式，如图 6-37 所示。

（3）"修改"按钮：修改一种已存在的尺寸标注样式。单击该按钮，打开"修改标注样式"对话框，该对话框中的各选项与"创建新标注样式"对话框中完全相同，用户可以对已有标注样式进行修改。

（4）"替代"按钮：设置临时覆盖尺寸标注样式。单击该按钮，打开"替代当前样式"对话框。用户可改变选项的设置覆盖原来的设置，但这种修改只对指定的尺寸标注起作用，而不影响当前尺寸变量的设置。

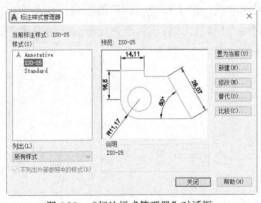

图 6-35 "标注样式管理器"对话框

图 6-36 "创建新标注样式"对话框

（5）"比较"按钮：比较两个尺寸标注样式在参数上的区别，或浏览一种尺寸标注样式的参数设置。单击该按钮，打开"比较标注样式"对话框，如图 6-38 所示。用户可以把比较结果复制到剪贴板上，然后再粘贴到其他的 Windows 应用软件上。

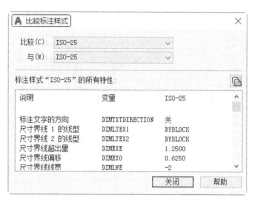

图 6-37　"新建标注样式"对话框　　　　　图 6-38　"比较标注样式"对话框

下面对图 6-37 所示的"新建标注样式"对话框中的主要选项卡进行简要说明。

1．线

"新建标注样式"对话框中的"线"选项卡用于设置尺寸线、尺寸界线的形式和特性。现分别进行说明。

（1）"尺寸线"选项组：用于设置尺寸线的特性。

（2）"尺寸界限"选项组：用于确定尺寸界限的形式。

（3）"尺寸样式"显示框：在"新建标注样式"对话框的右上方是一个"尺寸样式"显示框，该显示框以样例的形式显示用户设置的尺寸样式。

2．符号和箭头

"新建标注样式"对话框中的"符号和箭头"选项卡如图 6-39 所示。该选项卡用于设置箭头、圆心标记、弧长符号和半径折弯标注的形式和特性。

（1）"箭头"选项组：用于设置尺寸箭头的形式。系统提供了多种箭头形状，列在"第一个"和"第二个"下拉列表框中。另外，还允许采用用户自定义的箭头形状。两个尺寸箭头可以采用相同的形式，也可以采用不同的形式。一般建筑制图中的箭头采用建筑标记样式。

（2）"圆心标记"选项组：用于设置半径标注、直径标注和中心标注中的中心标记和中心线的形式。相应的尺寸变量是 DIMCEN。

（3）"弧长符号"选项组：用于控制弧长标注中圆弧符号的显示。

（4）"折断标注"选项组：控制折断标注的间隙宽度。

（5）"半径折弯标注"选项组：控制折弯半径标注的显示。

（6）"线性折弯标注"选项组：控制线性标注折弯的显示。

3．文本

"新建标注样式"对话框中的"文字"选项卡如图 6-40 所示，该选项卡用于设置尺寸文本的形式、位置和对齐方式等。

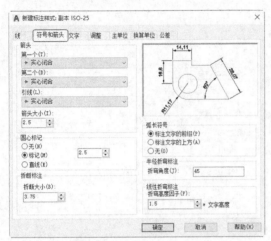

图 6-39　"符号和箭头"选项卡

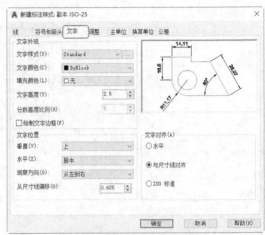

图 6-40　"文字"选项卡

（1）"文字外观"选项组：用于设置文字的样式、颜色、填充颜色、高度、分数高度比例及文字是否带边框。

（2）"文字位置"选项组：用于设置文字的位置垂直或水平，以及从尺寸线偏移的距离。

（3）"文字对齐"选项组：用于控制尺寸文本排列的方向。当尺寸文本在尺寸界线之内时，与其对应的尺寸变量是 DIMTIH；当尺寸文本在尺寸界线之外时，与其对应的尺寸变量是 DIMTOH。

6.3.2　标注图形尺寸

能够正确地进行尺寸标注是设计绘图工作中非常重要的一个环节，AutoCAD 2022 提供了方便快捷的尺寸标注方法，用户可通过执行命令实现，也可利用菜单或工具按钮来实现。本节将重点介绍如何对各种类型的尺寸进行标注。

1．线性标注

【执行方式】

☑　命令行：dimlinear（快捷命令为 dimlin）。

☑　菜单栏：执行菜单栏中的"标注"→"线性"命令。

☑　工具栏：单击"标注"工具栏中的"线性"按钮┝┤。

☑　功能区：单击"默认"选项卡"注释"面板中的"线性"按钮┝┤或单击"注释"选项卡"标注"面板中的"线性"按钮┝┤。

【操作步骤】

执行上述任一操作后，命令行提示与操作如下。

命令：_dimlinear
指定第一个尺寸界线原点或<选择对象>：

【选项说明】

在此提示下有两种选择，直接按 Enter 键选择要标注的对象或确定尺寸界线的起始点。

（1）直接按 Enter 键，光标变为拾取框，命令行提示如下。

选择标注对象:

用拾取框拾取要标注尺寸的线段，命令行提示如下。

指定尺寸线位置或 [多行文字(M)/文字(T)/角度(A)/水平(H)/垂直(V)/旋转(R)]:

（2）指定第一条尺寸界线原点：指定第一条与第二条尺寸界线的起始点。

2．对齐标注

【执行方式】

- ☑　命令行：dimaligned。
- ☑　菜单栏：执行菜单栏中的"标注"→"对齐"命令。
- ☑　工具栏：单击"标注"工具栏中的"对齐"按钮。
- ☑　功能区：单击"默认"选项卡"注释"面板中的"对齐"按钮或单击"注释"选项卡"标注"面板中的"已对齐"按钮。

【操作步骤】

执行上述任一操作后，命令行提示与操作如下。

命令: _dimaligned
指定第一个尺寸界线原点或 <选择对象>:

使用"对齐标注"命令标注的尺寸线与所标注的轮廓线平行，标注的是起始点到终点之间的距离尺寸。

3．基线标注

基线标注用于产生一系列基于同一条尺寸界线的尺寸标注，适用于长度尺寸标注、角度标注和坐标标注等。在使用基线标注方式之前，应该先标注出一个相关的尺寸。

【执行方式】

- ☑　命令行：dimbaseline。
- ☑　菜单栏：执行菜单栏中的"标注"→"基线"命令。
- ☑　工具栏：单击"标注"工具栏中的"基线"按钮。
- ☑　功能区：单击"注释"选项卡"标注"面板中的"基线"按钮。

【操作步骤】

执行上述任一操作后，命令行提示与操作如下。

命令: _dimbaseline
指定第二条尺寸界线原点或 [选择(S)放弃(U)] <选择>:

【选项说明】

（1）指定第二条尺寸界线原点：直接确定另一个尺寸的第二条尺寸界线的起点，以上次标注的尺寸为基准标注出相应的尺寸。

（2）选择（S）：在上述提示下直接按 Enter 键，命令行提示如下。

选择基准标注：（选取作为基准的尺寸标注）

4．连续标注

连续标注又叫尺寸链标注，用于产生一系列连续的尺寸标注，后一个尺寸标注均把前一个标注的第二条尺寸界线作为其第一条尺寸界线，适用于长度尺寸标注、角度标注和坐标标注等。在使用连续标注方式之前，应该先标注出一个相关的尺寸。

【执行方式】

- ☑ 命令行：dimcontinue。
- ☑ 菜单栏：执行菜单栏中的"标注"→"连续"命令。
- ☑ 工具栏：单击"标注"工具栏中的"连续"按钮┤┤├。
- ☑ 功能区：单击"注释"选项卡"标注"面板中的"连续"按钮┤┤├。

【操作步骤】

执行上述任一操作后，命令行提示与操作如下。

命令：_dimcontinue
选择连续标注：
指定第二条尺寸界线原点或 [放弃(U)/选择(S)] <选择>：

此提示下的各选项与基线标注中的选项完全相同，在此不再赘述。

5．引线标注

AutoCAD 提供了引线标注功能，利用该功能用户不仅可以标注特定的尺寸，如圆角、倒角等，还可以在图中添加多行旁注、说明。在引线标注中，指引线可以是折线，也可以是曲线；指引线端部可以有箭头，也可以没有箭头。

利用 qleader 命令可快速生成指引线及注释，而且可以通过命令行优化对话框进行用户自定义，由此可以消除不必要的命令行提示，获得较高的工作效率。

【执行方式】

- ☑ 命令行：qleader。

【操作步骤】

执行上述命令后，命令行提示与操作如下。

命令：_qleader
指定第一个引线点或 [设置(S)] <设置>：

【选项说明】

（1）指定第一个引线点

根据命令行中的提示确定一点作为指引线的第一点，命令行提示与操作如下。

指定下一点:（输入指引线的第二点）

指定下一点:（输入指引线的第三点）

AutoCAD 提示用户输入的点的数目由"引线设置"对话框确定，如图 6-41 所示。输入完指引线的点后，命令行提示与操作如下。

指定文字宽度<0.0000>:（输入多行文本的宽度）

输入注释文字的第一行<多行文字(M)>:

此时有以下两种方式进行输入选择。

图 6-41　"引线设置"对话框

① 输入注释文字的第一行：在命令行中输入第一行文本。此时，命令行提示与操作如下。

输入注释文字的下一行:（输入另一行文本）

输入注释文字的下一行:（输入另一行文本或按Enter键）

② 多行文字（M）：打开多行文字编辑器，输入、编辑多行文字。输入全部注释文本后直接按 Enter 键，系统结束 qleader 命令，并把多行文本标注在指引线的末端附近。

（2）设置（S）

在上面的命令行提示下直接按 Enter 键或输入"S"，打开"引线设置"对话框，允许用户对引线标注进行设置。该对话框中包含"注释""引线和箭头"和"附着"3 个选项卡，下面分别进行介绍。

① "注释"选项卡：用于设置引线标注中注释文本的类型、多行文本的格式并确定注释文本是否多次使用。

② "引线和箭头"选项卡：用于设置引线标注中引线和箭头的形式，如图 6-42 所示。其中，"点数"选项组用于设置执行 qleader 命令时提示用户输入的点的数目。例如，设置"点数"为 3，执行 qleader 命令时，当用户在提示下指定 3 个点后，AutoCAD 自动提示用户输入注释文本。

需要注意的是，设置的点数要比用户希望的指引线段数多 1。如果选中"无限制"复选框，AutoCAD 会一直提示用户输入点直到连续按两次 Enter 键为止。"角度约束"选项组用于设置第一段和第二段指引线的角度约束。

③ "附着"选项卡：用于设置注释文本和指引线的相对位置，如图 6-43 所示。如果最后一段指引线指向右边，系统自动把注释文本放在右侧；如果最后一段指引线指向左边，系统自动把注释文本放在左侧。利用该选项卡中左侧和右侧的单选按钮，用户可以分别设置位于左侧和右侧的注释文本与最后一段指引线的相对位置，二者可相同也可不同。

图 6-42 "引线和箭头"选项卡

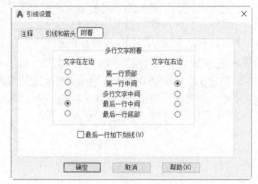

图 6-43 "附着"选项卡

6.4 综合演练——标注居室平面图尺寸

标注图 6-44 所示的居室平面图尺寸。

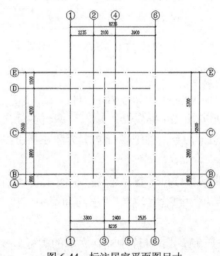

扫码看视频

图 6-44 标注居室平面图尺寸

6.4.1 设置绘图环境

先新建文件，并将新建的文件以"住宅的建筑平面图.dwg"的名称进行保存，新建的文件设置了"图形单位"及"图层"等相关属性。

（1）创建图形文件。启动 AutoCAD 2022 软件，执行菜单栏中的"格式"→"单位"命令，在打开的"图形单位"对话框中将角度"类型"设置为"十进制度数"、"精度"设置为 0，如图 6-45 所示。单击"方向"按钮，系统打开"方向控制"对话框。将"方向控制"设置为"东"，如图 6-46 所示。单击"确定"按钮，返回"图形单位"对话框，再单击"确定"按钮，退出"图形单位"对话框。

图 6-45　"图形单位"对话框　　　　　　　图 6-46　"方向控制"对话框

（2）命名图形。单击"快速访问"工具栏中的"保存"按钮 💾，打开"图形另存为"对话框。①在"文件名"下拉列表框中输入图形名称"建筑平面图"，如图 6-47 所示。②单击"保存"按钮，完成对新建图形文件的保存。

（3）设置图层。单击"默认"选项卡"图层"面板中的"图层特性"按钮 🔲，打开"图层特性管理器"选项板，依次创建平面图中的基本图层，各图层参数设置如图 6-48 所示。

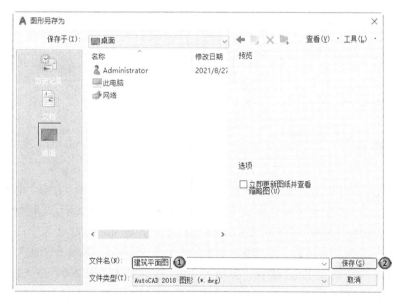

图 6-47　命名图形

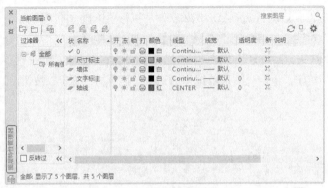

图 6-48　设置图层

6.4.2　绘制建筑轴线

（1）将"轴线"图层设置为当前图层。单击"默认"选项卡"绘图"面板中的"直线"按钮／，绘制长度 10 000mm 的水平直线和 12 000mm 的竖直直线，如图 6-49 所示。

（2）单击"默认"选项卡"修改"面板中的"复制"按钮 ，选择竖直直线，复制的距离为 2235mm、3330mm、4335mm、5700mm 和 8235mm；选择水平直线，复制的距离为 900mm、4800mm、9000mm 和 10 500mm，如图 6-50 所示。

（3）利用夹点编辑功能调整轴线的长度，如图 6-51 所示。

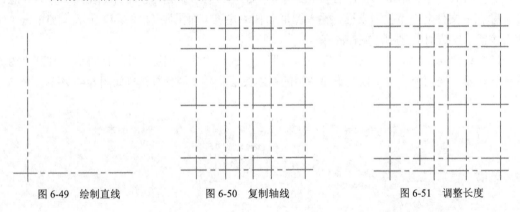

图 6-49　绘制直线　　　　图 6-50　复制轴线　　　　图 6-51　调整长度

6.4.3　标注尺寸

（1）将"尺寸标注"图层设置为当前图层。单击"默认"选项卡"注释"面板中的"标注样式"按钮 ，❶系统打开"标注样式管理器"对话框，如图 6-52 所示。❷单击"新建"按钮，❸打开"创建新标注样式"对话框，如图 6-53 所示，❹将"新样式名"设置为"标注"；❺单击"继续"按钮，❻打开"新建标注样式：标注"对话框。❼选择"线"选项卡，❽在"基线间距"文本框中输入 200，❾在"超出尺寸线"文本框中输入 200，在"起点偏移量"文本框中输入 300，如图 6-54 所示。

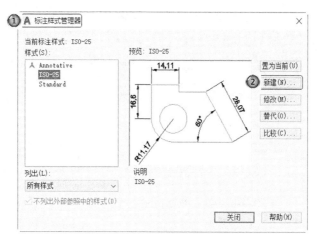

图 6-52 "标注样式管理器"对话框

图 6-53 "标注样式管理器"对话框

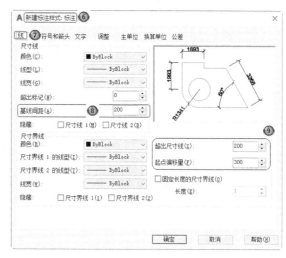

图 6-54 "线"选项卡

（2）⑩选择"符号和箭头"选项卡，⑪在"箭头"选项组中的"第一个"和"第二个"下拉列表框中均选择"建筑标记"，在"引线"下拉列表框中选择"实心闭合"，⑫在"箭头大小"数值框中输入 250，如图 6-55 所示。

（3）⑬选择"文字"选项卡，⑭在"文字高度"数值框中输入 300，如图 6-56 所示。

（4）⑮选择"主单位"选项卡，⑯在"精度"的下拉列表框中选择 0，其他选项保持默认，如图 6-57 所示。

（5）⑰单击"确定"按钮，回到"标注样式管理器"对话框，如图 6-58 所示。在"样式"列表框中激活"标注"标注样式，⑱单击"置为当前"按钮，⑲再单击"关闭"按钮，完成标注样式的设置。

（6）单击"默认"选项卡"注释"面板中的"线性"按钮┤和"连续"按钮┼┤，标注相邻两轴线之间的距离。

（7）单击"默认"选项卡"注释"面板中的"线性"按钮┤，在已绘制的尺寸标注的外侧，对建筑平面横向和纵向的总长度进行尺寸标注，如图 6-59 所示。

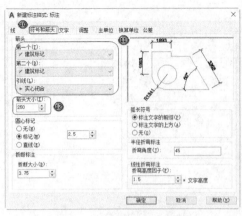

图 6-55 "符号和箭头"选项卡

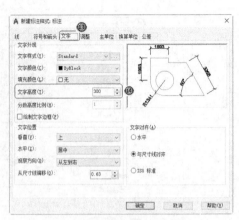

图 6-56 "文字"选项卡

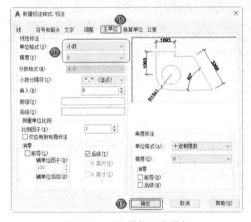

图 6-57 "主单位"选项卡

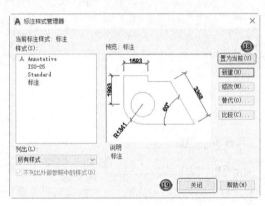

图 6-58 "标注样式管理器"对话框

6.4.4 轴号标注

（1）将"文字标注"图层设置为当前图层，单击"默认"选项卡"绘图"面板中的"直线"按钮 ∕，以轴线端点为绘制直线的起点，竖直向下绘制长3000mm的短直线，完成第一条轴线延长线的绘制。

（2）单击"默认"选项卡"绘图"面板中的"圆"按钮 ⊙，以已绘制的轴线延长线端点作为圆心，绘制半径 350mm 的编号圆。然后，单击"默认"选项卡"修改"面板中的"移动"按钮 ✛，向下移动所绘制的编号圆，移动距离为350mm，如图 6-60 所示。

（3）重复上述步骤，完成其他轴线延长线及编号圆的绘制。

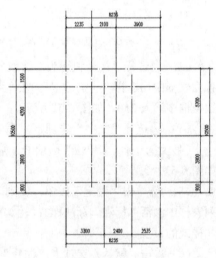

图 6-59 标注尺寸

（4）单击"默认"选项卡"注释"面板中的"多行文字"按钮 A，将"文字样式"设置为"仿宋_GB2312"，"文字高度"设置为300；在每个轴线端点处的圆内输入相应的轴线编号，如

图 6-44 所示。

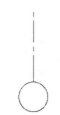

图 6-60　绘制第一条轴线的延长线及编号圆

6.5　名师点拨——细说文本

1．为什么尺寸标注后，图形中有时出现一些小的白点，却无法删除

在 AutoCAD 中标注尺寸时，系统自动生成一 DEFPOINTS 层，用来保存有关标注点的位置等信息，该层一般是冻结的。由于某种原因，这些点有时会显示出来。要删除这些点可先将 DEFPOINTS 层解冻后再删除。但要注意，如果删除了与尺寸标注还有关联的点，将同时删除对应的尺寸标注。

2．为什么不能显示汉字，或输入的汉字变成了问号

原因可能是以下 3 种。

（1）对应的字型没有使用汉字字体，如 hztxt.shx 等。

（2）当前系统中没有汉字字体文件；应将所用到的字体文件复制到 AutoCAD 的字体目录中（一般为...\FONTS\）。

（3）对于某些符号，如希腊字母等，同样必须使用对应的字体文件，否则会显示成"？"。

3．如何改变已经存在的字体格式

如果想改变已有文字的大小、字体、高宽比例、间距、倾斜角度、插入点等，最好利用"特性"命令（ddmodify），前提是已经定义好了许多文字格式。执行"特性"命令，单击要修改的文字，按 Enter 键，出现"修改文字"窗口，选择要修改的项目进行修改即可。

6.6　上机实验

【练习 1】绘制图 6-61 所示的会签栏。

专业	姓名	日期

图 6-61　会签栏

【练习2】标注图 6-62 所示的技术要求。

设计说明：本图5000×5000放线网格以大地坐标X=596.885，Y=810.849为原点，
平行于滨河路中轴线往东北方向A轴为正，
垂直于滨河路中轴线往南方向B轴为正，
放线网格与坐标冲突时以坐标为准。

图 6-62 技术要求

6.7 模拟考试

（1）所有尺寸标注共用一条尺寸界线的是（   ）。

A．引线标注   B．连续标注   C．基线标注   D．公差标注

（2）创建标注样式时，下面不是文字对齐方式的是（   ）。

A．垂直   B．与尺寸线对齐   C．ISO 标准   D．水平

（3）在设置文字样式时，设置了文字的高度，其效果是（   ）。

A．在输入单行文字时，可以改变文字高度

B．在输入单行文字时，不可以改变文字高度

C．在输入多行文字时，不能改变文字高度

D．都能改变文字高度

（4）使用多行文本编辑器时，%%C、%%D、%%P 分别表示（   ）。

A．直径、度数、下划线   B．直径、度数、正负

C．度数、正负、直径   D．下划线、直径、度数

（5）在正常输入汉字时却显示"？"，是什么原因？（   ）

A．因为文字样式没有设定好   B．输入错误

C．堆叠字符   D．字高太高

（6）以下哪种不是表格的单元格式数据类型？（   ）

A．百分比   B．时间   C．货币   D．点

（7）在表格中不能插入（   ）。

A．块   B．字段   C．公式   D．点

（8）试用 mtext 命令输入图 6-63 所示的文本。

（9）试用 dtext 命令输入图 6-64 所示的文本。

技术要求：
1.Ø20的孔配做。
2.未注倒角1×45°。

用特殊字符输入下划线
字体倾斜角度为15°

图 6-63 mtext 命令练习   图 6-64 dtext 命令练习

（10）标注图 6-65 所示的角度和尺寸。

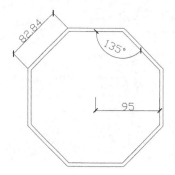

图 6-65 角度和尺寸标注

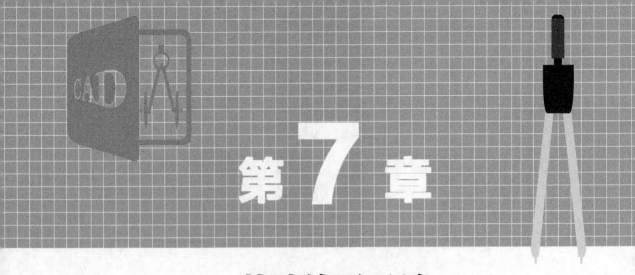

第 **7** 章

快速绘图工具

为了方便绘图，提高绘图效率，AutoCAD 提供了一些快速绘图工具，包括图块及其图块属性、设计中心、工具选项板等。这些工具的共同特点是可以将分散的图形通过一定的方式组织成一个单元，在绘图时将这些单元插入图形中，从而达到加快绘图速度和保证图形标准化的目的。

【内容要点】

   ☑ 图块

   ☑ 设计中心与工具选项板

【案例欣赏】

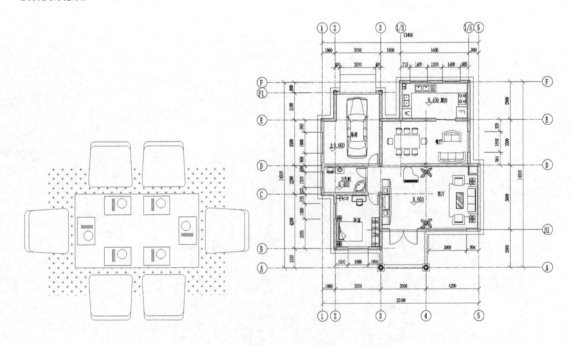

7.1　图块

把多个图形对象集合起来成为一个对象，这就是图块（Block）。图块既方便于图形的集合管理，也方便于一些图形的重复使用，还可以节约磁盘空间。图块在绘图实践中应用广泛，例如第 6 章中的门窗、家具图形，若进一步制作成图块，则要方便得多。本节首先介绍图块操作的基本方法，然后着重讲解图块属性和图块在建筑制图中的应用。

【预习重点】

☑　了解图块定义。
☑　练习图块应用操作。

7.1.1　定义图块

【执行方式】

☑　命令行：block。
☑　菜单栏：执行菜单栏中的"绘图"→"块"→"创建"命令。
☑　工具栏：单击"绘图"工具栏中的"创建块"按钮。
☑　功能区：单击"默认"选项卡"块"面板中的"创建"按钮或单击"插入"选项卡"块定义"面板中的"创建块"按钮。

【操作步骤】

执行上述任一操作后，系统打开图 7-1 所示的"块定义"对话框，利用该对话框用户可定义图块并为之命名。

图 7-1　"块定义"对话框

【选项说明】

（1）"基点"选项组：用于确定图块的基点，默认值是（0,0,0），用户可以勾选"在屏幕上指定"复选框来确定图块的基点，也可以在下面的 X、Y、Z 文本框中输入块的基点坐标值。单击"拾取点"按钮圈，系统临时切换到绘图区，在绘图区选择一点后，返回"块定义"对话框中，把选择的点作为图块的放置基点。

（2）"对象"选项组：用于选择制作图块的对象，以及设置图块对象的相关属性。如图 7-2 所示，把图 7-2（a）中的正五边形定义为图块，此时点选"转换为块"单选钮即可，图 7-2（b）为点选"删除"单选钮的结果，图 7-2（c）为点选"保留"单选钮的结果。

（3）"设置"选项组：指定从 AutoCAD 设计中心拖动图块时用于测量图块的单位及缩放、分解和超链接等设置。

（4）"在块编辑器中打开"复选框：勾选此复选框，用户可以在块编辑器中定义动态块，后面将详细介绍。

（5）"方式"选项组：指定块的行为。"注释性"

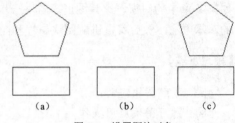

图 7-2　设置图块对象

复选框，指定在图纸空间中块参照的方向与布局方向匹配；"按统一比例缩放"复选框，指定是否阻止块参照不按统一比例缩放；"允许分解"复选框，指定块参照是否可以被分解。

7.1.2　写块

【执行方式】

☑　命令行：wblock。
☑　功能区：单击"插入"选项卡"块定义"面板中的"写块"按钮⬚。

【操作步骤】

执行上述任一操作后，系统打开"写块"对话框，如图 7-3 所示，利用此对话框用户可把图形对象保存为图形文件或把图块转换成图形文件。

图 7-3　"写块"对话框

【选项说明】

（1）"源"选项组：确定要保存为图形文件的图块或图形对象。选择"块"单选钮，单击右侧的下拉列表框，在其展开的列表中选择一个图块，将其保存为图形文件；选择"整个图形"单选钮，则把当前的整个图形保存为图形文件；选择"对象"单选钮，则把不属于图块的图形对象保存为图形文件。对象的选择通过"对象"选项组来完成。

（2）"目标"选项组：用于指定图形文件的名称、保存路径和插入单位。

7.1.3　图块插入

【执行方式】

☑　命令行：insert（快捷命令为 i）。

☑　菜单栏：执行菜单栏中的"插入"→"块选项板"命令。

☑　工具栏：单击"插入"工具栏中的"插入块"按钮或"绘图"工具栏中的"插入块"按钮。

☑　功能区：单击"默认"选项卡"块"面板中的"插入"下拉菜单或单击"插入"选项卡"块"面板中的①"插入"②在下拉菜单选择相应的选项，如图 7-4 所示。

🎓 **高手支招**

（1）创建图块之前，宜将待建图形放置到"0"图层，这样生成的图块插入其他图层时，其图层特性跟随当前图层自动转换，例如前面制作的餐桌图块。如果图形不放置在"0"图层，制作的图块插入其他图形文件时，将携带原有图层信息进入。

（2）建议将图块图形以 1∶1 的比例绘制，以便插入图块时进行比例缩放操作。

7.1.4　操作实例——绘制餐桌组合

扫码看视频

绘制餐桌组合图形，并将图形创建为图块，如图 7-5 所示，操作步骤如下。

图 7-4　"插入"下拉菜单

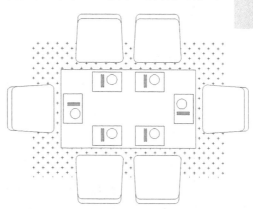

图 7-5　餐桌组合

（1）单击"默认"选项卡"绘图"面板中的"矩形"按钮 ⬚，在原点绘制长度 1400mm、宽度 800mm 的矩形作为餐桌，如图 7-6 所示。

（2）单击"默认"选项卡"绘图"面板中的"矩形"按钮 ⬚，绘制长度 300mm、宽度 200mm 的矩形作为桌旗，如图 7-7 所示。命令行提示与操作如下。

```
命令: _rectang
指定第一个角点或 [倒角(C)/标高(E)/圆角(F)/厚度(T)/宽度(W)]: 330,775
指定另一个角点或 [面积(A)/尺寸(D)/旋转(R)]: @300,-200
```

图 7-6　绘制餐桌

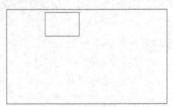

图 7-7　绘制桌旗

（3）单击"默认"选项卡"绘图"面板中的"矩形"按钮 ⬚，绘制两个矩形，作为筷子，单击"默认"选项卡"绘图"面板中的"圆"按钮 ⊙，绘制圆，作为盘子（长度可以自行指定，不必跟实例完全一样）如图 7-8 所示。

图 7-8　绘制盘子和筷子

（4）单击"默认"选项卡"块"面板中的"创建"按钮 ⬚，❶打开"块定义"对话框，❷单击"拾取点"按钮 ⬚，用鼠标捕捉桌旗的左下角点作为基点，❸单击"选择对象"按钮 ⬚，框选图形，单击鼠标右键回到对话框，❹在名称栏中输入名称"餐具"，❺然后单击"确定"按钮完成设置，如图 7-9 所示。创建块后，松散的图形就成为一个对象。

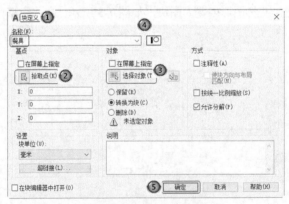

图 7-9　"块定义"对话框

（5）单击"默认"选项卡"块"面板中的"插入"下拉菜单中"最近使用的块"选项，❶系统弹出"块"选项板，在"插入选项"下拉列表中❷勾选"插入点"和❸"重复放置"复选框，如图 7-10 所示，在"预览列表"中④选择"餐具"图块插入图形中，命令行提示与操作如下。

```
命令: _insert
指定插入点或 [基点(B)/比例(S)/X/Y/Z/旋转(R)]: 770,575
指定插入点或 [基点(B)/比例(S)/X/Y/Z/旋转(R)]: 330,25
指定插入点或 [基点(B)/比例(S)/X/Y/Z/旋转(R)]: 770,25
指定插入点或 [基点(B)/比例(S)/X/Y/Z/旋转(R)]: R
指定旋转角度 <0>: 90
指定插入点或 [基点(B)/比例(S)/X/Y/Z/旋转(R)]: 1375,250
指定插入点或 [基点(B)/比例(S)/X/Y/Z/旋转(R)]: R
指定旋转角度 <0>: -90
指定插入点或 [基点(B)/比例(S)/X/Y/Z/旋转(R)]: 25,550
指定插入点或 [基点(B)/比例(S)/X/Y/Z/旋转(R)]: （按Esc键退出）
```

最终结果如图 7-11 所示。

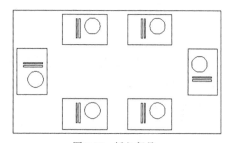

图 7-10　"块"选项板　　　　图 7-11　插入餐具

（6）首先绘制椅子图形，并将椅子图形创建为图块，单击"默认"选项卡"块"面板中的"插入"下拉菜单中"最近使用的块"选项，①系统弹出"块"选项板，②选择"椅子"图形文件，继续在"插入选项"下拉列表中③勾选"插入点"和④"重复放置"复选框，如图 7-12 所示命令行提示与操作如下。

```
命令: _insert
指定插入点或 [基点(B)/比例(S)/X/Y/Z/旋转(R)]: 400,875
指定插入点或 [基点(B)/比例(S)/X/Y/Z/旋转(R)]: 1000,875
指定插入点或 [基点(B)/比例(S)/X/Y/Z/旋转(R)]: R
指定旋转角度 <0>: 180
指定插入点或 [基点(B)/比例(S)/X/Y/Z/旋转(R)]: 400,-75
指定插入点或 [基点(B)/比例(S)/X/Y/Z/旋转(R)]: R
指定旋转角度 <0>: 180
指定插入点或 [基点(B)/比例(S)/X/Y/Z/旋转(R)]: 1000,-75
指定插入点或 [基点(B)/比例(S)/X/Y/Z/旋转(R)]: R
```

指定旋转角度 <0>: 90
指定插入点或 [基点(B)/比例(S)/X/Y/Z/旋转(R)]: −75,400
指定插入点或 [基点(B)/比例(S)/X/Y/Z/旋转(R)]: R
指定旋转角度 <0>: −90
指定插入点或 [基点(B)/比例(S)/X/Y/Z/旋转(R)]: 1475,400
指定插入点或 [基点(B)/比例(S)/X/Y/Z/旋转(R)]: （按Esc键退出）

最终结果如图 7-13 所示。

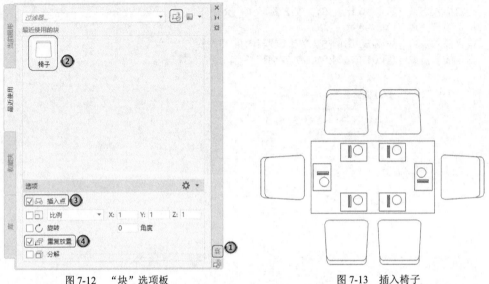

图 7-12　"块"选项板　　　　　　　　　　图 7-13　插入椅子

（7）单击"默认"选项卡"绘图"面板中的"矩形"按钮 ▭ ，指定矩形角点坐标（−300，−300）、（@2000，1400）绘制地毯边界，如图 7-14 所示。

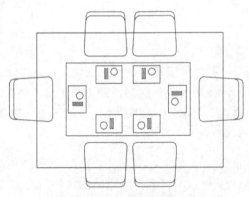

图 7-14　绘制地毯边界

（8）单击"默认"选项卡"绘图"面板中的"图案填充"按钮 ▨ ，打开"图案填充创建"选项卡，如图 7-15 所示，选择填充图案 CROSS 对矩形区域进行填充，结果如图 7-16 所示。

（9）单击"默认"选项卡"修改"面板中的"删除"按钮 ，删除辅助矩形，结果如图 7-5 所示。

图 7-15　"图案填充创建"选项卡

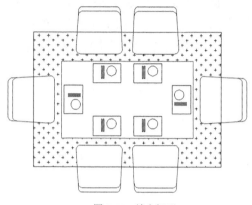

图 7-16　填充矩形

7.1.5　图块的属性

块的属性是指将数据附着到块上的标签或标记,它需要单独定义,然后和图形捆绑在一起创建成为图块。块属性可以是常量属性,也可以是变量属性。常量属性在插入块时不提示输入值。插入带有变量属性的块时,会提示用户输入要与块一同存储的数据。此外,还可以从图形中提取属性信息用于电子表格或数据库,以生成构建列表或材料清单等。只要每个属性的标记都不相同,就可以将多个属性与块关联。属性也可以"不可见",即不在图形中显示出来。不可见属性不能显示和打印,但其属性信息存储在图形文件中,并且可以写入提取文件供数据库程序使用。

1. 属性定义

【执行方式】

☑　命令行: attdef。

☑　菜单栏: 执行菜单栏中的"绘图"→"块"→"定义属性"命令。

☑　功能区: 单击"默认"选项卡"块"面板中的"定义属性"按钮或单击"插入"选项卡"块定义"面板中的"定义属性"按钮。

【操作步骤】

图 7-17　"属性定义"对话框

执行上述任一操作后,打开"属性定义"对话框,如图 7-17 所示。

【选项说明】

（1）"模式"选项组：用于设置图块属性存在的方式。其中，"不可见"指属性不在插入后的图块中显示，但可以被提取成为数据库；"固定"表示属性值为常量；"验证"指在命令行输入属性值后重复显示进行验证；"预设"表示当插入图块时，自动将事先设置好的默认值赋予属性，此后便不再提示输入属性值。

（2）"属性"选项组：在"标记"文本框中输入属性的标签，非属性本身；在"提示"文本框中输入属性值输入前的提示用语；在"默认"文本框中输入默认值。

（3）"文字设置"选项组：用于设置属性值文字的对正方式、文字高度和文字样式等。

2．编辑属性定义

【执行方式】

☑ 命令行：ddedit。
☑ 菜单栏：执行菜单栏中的"修改"→"对象"→"文字"→"编辑"命令。

【操作步骤】

执行上述任一操作后，打开"编辑属性定义"对话框，如图7-18所示，在该对话框中用户可进行相应的属性修改。

3．增强属性编辑

【执行方式】

☑ 命令行：eattedit。
☑ 菜单栏：执行菜单栏中的"修改"→"对象"→"属性"→"单个"命令。

【操作步骤】

执行上述任一操作后，或者双击带属性的图块，即可打开"增强属性编辑器"对话框，如图7-19所示，在该对话框中用户可进行相应的属性修改。

图7-18　"编辑属性定义"对话框

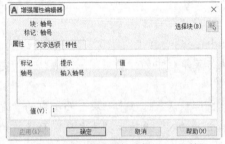

图7-19　"增强属性编辑器"对话框

扫码看视频

7.1.6　操作实例——标注轴线编号

标注轴线编号如图7-20所示。操作步骤如下。

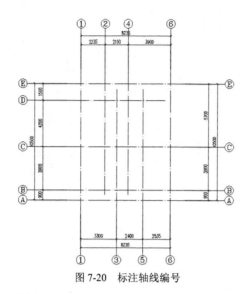

图 7-20　标注轴线编号

打开上一章绘制的标注轴线图形，单击"默认"选项卡"修改"面板中的"删除"按钮，删除图形上的轴号，结果如图 7-21 所示。

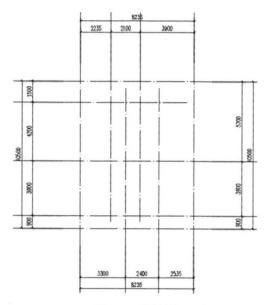

图 7-21　删除轴号

（1）制作轴号。

① 将"0"图层设置为当前图层。

② 绘制一个直径 350mm 的圆。

③ 执行菜单栏中的"绘图"→"块"→"定义属性"命令，❶打开"属性定义"对话框，按照图 7-22 所示进行设置，❷属性标记设置为"轴号"，提示为"输入轴号"，❸文字对正方式设置为"中间"，❹文字高度设置为 100，❺最后单击"确定"按钮。

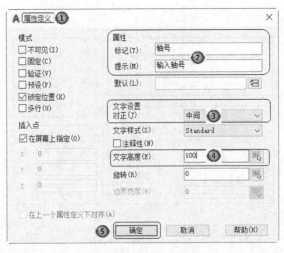

图 7-22　"轴号"属性设置

④ 单击"确定"按钮后将"轴号"二字指定到圆圈内，如图 7-23 所示。

⑤ 在命令行中输入"wblock"命令，将圆圈和"轴号"字样全部选中，选取图 7-24 所示的点为基点（也可以是其他点，以便于定位），将图块保存，文件名为"轴号.dwg"。

⑥单击"默认"选项卡"块"面板中的"插入"下拉菜单中"最近使用的块"选项，系统弹出"块"选项板，在"预览列表"中选择"轴号"图块，参数设置如图 7-25 所示。

图 7-23　将"轴号"二字指定到圆圈内　　图 7-24　"基点"选择　　图 7-25　"块"选项板

⑦ 将轴号图块定位在左上角第一根轴线尺寸端点上，系统打开"编辑属性"对话框，输入轴号"1"，结果如图 7-26 所示。

同理，可以标注其他轴号。也可以复制轴号①到其他位置，通过属性编辑来完成。

（2）编辑轴号。

① 将轴号①逐个复制到其他轴线尺寸端部。

② 双击轴号，打开"增强属性编辑器"对话框，修改相应的属性值，完成所有的轴线编号，结果如图 7-27 所示。

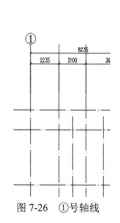

图 7-26 ①号轴线

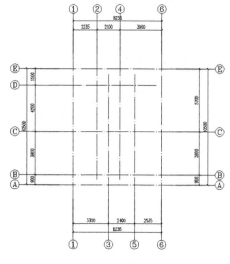

图 7-27 完成轴线编号

7.2 设计中心与工具选项板

设计中心为用户在当前图形文件与其他图形文件之间实现图形、块、图案填充和其他图形内容的交换调配提供可能，为用户整合图形资源、提高绘图效率提供了方便。工具选项板是"工具选项板"窗口中选项卡形式的区域，提供组织、共享和放置块及填充图案的有效方法。工具选项板还可以包含由第三方开发人员提供的自定义工具。通过"设计中心"可以将图形内容拖动到"工具选项板"上，从而将二者联系起来。本节将依次介绍这两项内容。

【预习重点】

☑ 打开设计中心。

☑ 利用设计中心操作图形。

☑ 打开工具选项板。

☑ 设置工具选项板参数。

7.2.1 设计中心

1. 认识设计中心

【执行方式】

☑ 命令行：adcenter。

☑ 菜单栏：执行菜单栏中的"工具"→"选项板"→"设计中心"命令。

☑ 工具栏：单击"标准"工具栏中的"设计中心"按钮▦。

☑ 功能区：单击"视图"选项卡"选项板"面板中的"设计中心"按钮▦。

　　☑　快捷组合键：Ctrl+2。

【操作步骤】

执行上述任一操作后，打开图 7-28 所示的设计中心。

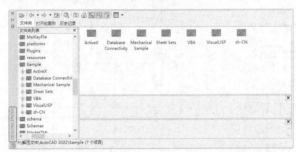

图 7-28　AutoCAD 设计中心的资源管理器和内容显示区

窗体左侧为资源管理器，右侧为内容显示区。资源管理器采用树形结构来浏览资源，相当于 Windows 中的资源管理器，不同之处在于，它能够浏览到 AutoCAD 图形文件下的"标注样式""表格样式""块"及"图层"等 8 项内容，每一项中的具体内容都可以进一步显示到右侧图形内容区。

窗体上有 3 个选项卡。"文件夹"为默认打开的选项卡，从中可以浏览本机及网上邻居中的资源。"打开的图形"选项卡中显示当前打开的图形。"历史记录"选项卡中为设计中心的使用记录。

2．设计中心功能

设计中心功能汇总如下。

（1）可以浏览用户计算机、网络驱动器和 Web 页上的图形或符号库。

（2）可以在定义表中查看图形文件中命名对象（如块、图层等）的定义，然后将对象插入、附着、复制和粘贴到当前图形中。

（3）可以更新块定义。

（4）可以创建指向常用图形、文件夹和 Internet 网址的快捷方式。

（5）可以向图形中添加内容，例如外部参照、块和填充等。

（6）可以在新窗口中打开图形文件。

（7）可以将图形、块和图案填充拖动到工具选项板上以便于访问。

3．操作说明

（1）块操作：在内容区选中块对象并单击鼠标右键，即可进行具体操作，如图 7-29 所示。如果选择快捷菜单中的"插入为块"命令，则打开"插入块"对话框，后面操作同 insert 命令。在内容显示区双击块，则默认"插入块"。也可以将图块直接拖动到绘图区，实现块的插入操作。

图 7-29　快捷菜单

（2）对于其他内容（如图层、标注样式等），可以选中后拖动到当前文件绘图区，从而为当前文件添加相应的设置。

7.2.2　工具选项板

1. 认识工具选项板

【执行方式】

- ☑ 命令行：toolpalettes。
- ☑ 菜单栏：执行菜单栏中的"工具"→"选项板"→"工具选项板"命令。
- ☑ 工具栏：单击"标准"工具栏中的"工具选项板"按钮 。
- ☑ 功能区：单击"视图"选项卡"选项板"面板中的"工具选项板"按钮 。
- ☑ 快捷组合键：Ctrl+3。

【操作步骤】

执行上述任一操作后，打开图 7-30 所示的工具选项板。

默认打开的是"动态块"选项板，其中包含"电力""机械"和"建筑"等多个选项卡。移动鼠标到标题处单击鼠标右键，打开快捷菜单，从中可以调出"样例"选项板和"所有选项板"，如图 7-31 所示。用户也可以执行"新建选项板"命令来新建选项板。对于不需要的选项板，用户可以移动光标到选项卡名上并单击鼠标右键，从快捷菜单中单击"删除"命令将其删除。选项板中的内容被称为"工具"，它可以是几何图形、标注、块、图案填充、实体填充、渐变填充、光栅图像和外部参照等内容。使用时，选择选项板上的内容，将其拖动到绘图区，这时，一定要注意配合命令行提示进行操作，从而实现几何图形的绘制、块插入或图案填充等操作。

图 7-30　工具选项板窗口

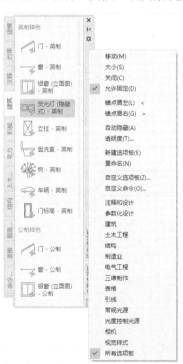

图 7-31　从快捷菜单中打开其他选项板

2．从设计中心添加内容到工具选项板

可以从设计中心中的 4 个层次添加内容到工具选项板，即文件夹、图形文件、块和具体的块对象，如图 7-32 所示。

（1）添加文件夹。选中需添加的文件夹，单击鼠标右键并打开快捷菜单，执行"创建工具选项板"命令，即可把文件夹中的所有图形文件加入工具选项板中，不过程序自动将每个图形文件中的图形生成一个块，如图 7-33 和图 7-34 所示。

（2）添加图形文件或块。在设计中心中选择"图形文件名"或"块"选项卡，单击鼠标右键，执行快捷菜单中的"创建工具选项板"命令，则把文件中的所有块加入工具选项板中，自动生成一个以文件名为名的选项板。对于具体单个的图块，执行"创建工具选项板"命令，则需要为此新建的工具选项板输入名称，如图 7-35 所示。

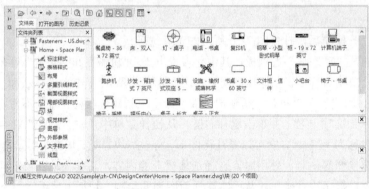

图 7-32　可添加到工具选项板的 4 个层次

图 7-33　从文件夹创建块的工具
选项板

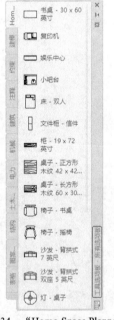

图 7-34　"Home-Space Planner"
选项板

图 7-35　为单个图块加入新建
选项板

7.3　综合演练——别墅布置图

绘制图 7-36 所示的别墅布置图，操作步骤如下。

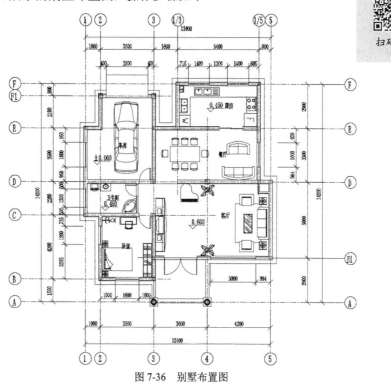

图 7-36　别墅布置图

✍手把手教你学

图 7-36 中别墅布置图的绘制可以借助图块及其属性功能来快速完成，先打开绘制好的基本图元，定义为图块并保存，然后将这些图块插入绘制好的别墅平面图中，最后利用图块的属性功能制作并标注轴号。

【操作步骤】

（1）打开源文件。单击"快速访问"工具栏中的"打开"按钮 ，打开"源文件\第 7 章\别墅布置图\别墅平面图.dwg"文件，如图 7-37 所示。

（2）打开源文件。单击"快速访问"工具栏中的"打开"按钮 ，打开"源文件\第 7 章\别墅布置图\建筑基本图元.dwg"文件。在命令行中输入 wblock 命令，弹出"写块"对话框，如图 7-38 所示，单击"选择对象"按钮，框选餐桌，单击鼠标右键回到对话框。

（3）单击"拾取点"按钮，用鼠标捕捉餐桌中点作为基点，单击鼠标右键返回"写块"对话框。

（4）在"目标"选项组中指定文件名及路径，单击"确定"按钮完成。

（5）使用相同的方法，继续定义其他的图块，本实例用到的图块一共有 19 个，均保存在"源文件\图块"中，其中已经被定义的各个图块，如图 7-39 所示。

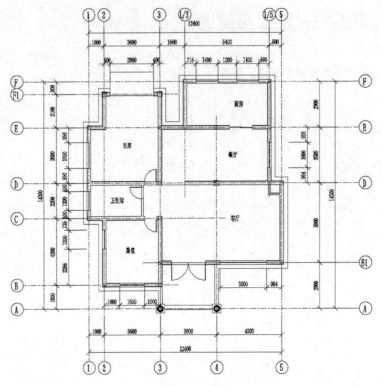

图 7-37　别墅平面图

图 7-38　"写块"对话框

图 7-39　图块列表

此外，也可以先分别将单个椅子和桌子用"块定义"命令生成块，然后将椅子沿周边布置，最后将二者定义成块，这叫作"块嵌套"。请读者自己尝试。

（6）将"家具"图层设置为当前图层，将别墅客厅部分放大显示，以便进行插入操作。

（7）单击"默认"选项卡"块"面板中的"插入"下拉菜单中"最近使用的块"选项，系统弹出"块"选项板，单击选项板顶部的"预览" 按钮，找到"组合沙发"图块，在"插入选项"下拉列表中勾选"插入点"并将"旋转角度"设置为–90。在"预览列表"中选择"组合沙发"图块，如图 7-40 所示。

图 7-40　"块"选项板

（8）移动鼠标捕捉插入点，按 Esc 键完成插入操作，结果如图 7-41 所示。

（9）单击"默认"选项卡"块"面板中的"插入"下拉菜单中"最近使用的块"选项，系统弹出"块"选项板，将绿色植物插入图中合适的位置处，结果如图 7-42 所示。

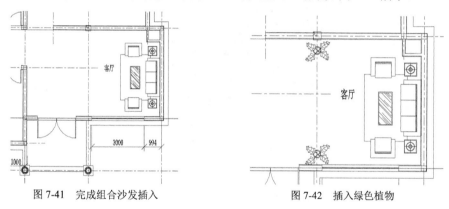

图 7-41　完成组合沙发插入　　　　　　　　图 7-42　插入绿色植物

（10）单击"默认"选项卡"块"面板中的"插入"下拉菜单中"最近使用的块"选项，系统弹出"块"选项板，将电视机和电视柜插入图中合适的位置处，结果如图 7-43 所示。

（11）单击"默认"选项卡"块"面板中的"插入"下拉菜单中"最近使用的块"选项，系统弹出"块"选项板，将钢琴插入图中合适的位置处，结果如图 7-44 所示。

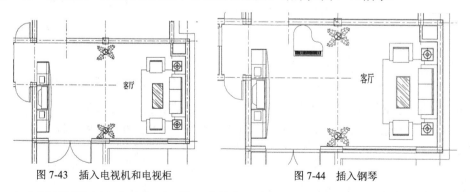

图 7-43　插入电视机和电视柜　　　　　　　图 7-44　插入钢琴

（12）客厅的图块插入完毕之后，接下来将餐厅部分进行放大，单击"默认"选项卡的"块"

面板中的"插入"下拉菜单中"其他图形中的块"选项，系统弹出"块"选项板，将餐桌插入图中合适的位置处，结果如图 7-45 所示。

（13）使用相同方法继续插入别墅中的其他图块，结果如图 7-46 所示。

（14）将"标注"图层设置为当前的图层，单击"默认"选项卡"绘图"面板中的"直线"按钮 ╱，绘制标高符号，如图 7-47 所示。

（15）单击"默认"选项卡"块"面板中的"定义属性"按钮 ◈，打开图 7-48 所示的"属性定义"对话框，将"模式"设置为"验证"，将"属性"的"标记"设置为"标高"、"提示"设置为"数值"，将文字的对正方式设置为"居中"、"文字样式"设置为"宋体"，单击"确定"按钮，返回绘图模式，将文字插入标高符号的上方，如图 7-49 所示。

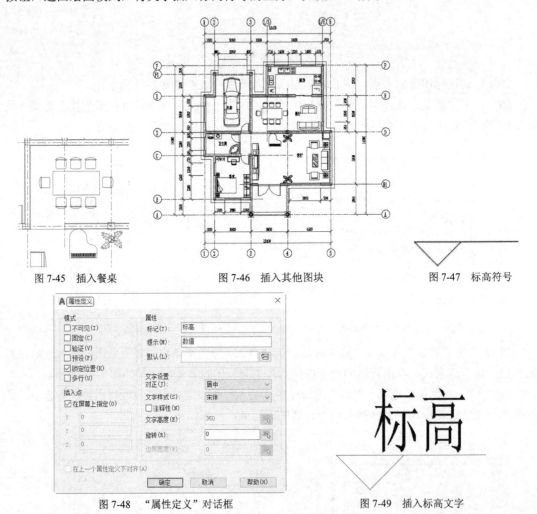

图 7-45 插入餐桌   图 7-46 插入其他图块   图 7-47 标高符号

图 7-48 "属性定义"对话框   图 7-49 插入标高文字

（16）单击"默认"选项卡"块"面板中的"创建"按钮 ▣，打开图 7-50 所示的"块定义"对话框，将上步创建的文字和标高一起进行选择，作为新块，名称设置为"标高符号"，如图 7-50 所示。

图 7-50　"块定义"对话框

（17）单击"确定"按钮，将打开图 7-51 所示的"编辑属性"对话框，输入数值 0.600，然后单击"确定"按钮，结果如图 7-52 所示，这样就标注了客厅的标高。

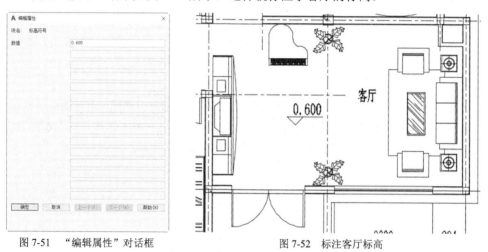

图 7-51　"编辑属性"对话框　　　　　　　　　　图 7-52　标注客厅标高

（18）单击"默认"选项卡"修改"面板中的"复制"按钮，复制客厅的标高作为卫生间的标高，由于卫生间的标高一般要比客厅低一些，以便于排水，使用鼠标双击标高，将打开"增强属性编辑器"对话框，将卫生间的标高数值更改为 0.450，如图 7-53 所示，更改后的结果如图 7-54 所示。

图 7-53　"增强属性编辑器"对话框

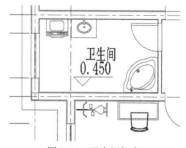

图 7-54　卫生间标高

（19）使用相同的方法继续标注其他房间的标高，结果如图 7-37 所示。

7.4 名师点拨——快速绘图技巧

1. 设计中心的操作技巧

通过"设计中心"用户可以对图形、块、图案填充和其他图形内容进行访问，也可以将源图形中的任何内容拖动到当前图形中，还可以将图形、块和填充图案拖动到"工具选项板"上。源图形可以位于用户的计算机、网络位置或网站中。另外，如果打开了多个图形，则可以通过"设计中心"在图形之间复制和粘贴其他内容（如图层定义、布局和文字样式）来简化绘图过程。在使用 AutoCAD 制图时一定要利用好"设计中心"的优势。

2. 块的作用

用户可以将绘制的图例创建为"块"，即将图例以"块"为单位进行保存，并将其归类于一个文件夹内，以后再次需要利用此图例制图时，只需"插入"该图块即可，同时还可以对"块"进行属性赋值。图块的使用可以大大提高制图效率。

3. 内部图块与外部图块的区别

内部图块是在一个文件内定义的图块，可以在该文件内部自由调用，内部图块一旦被定义，就和文件同时被存储和打开。外部图块将"块"以主文件的形式写入磁盘，其他图形文件也可以使用，要注意这是外部图块和内部图块的一个重要区别。

7.5 上机操作

【练习 1】标注图 7-55 所示的穹顶展览馆立面图形的标高符号。

【练习 2】利用设计中心绘制图 7-56 所示的居室布局图。

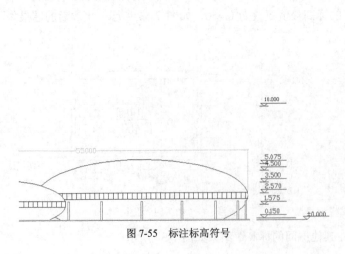

图 7-55　标注标高符号

图 7-56　居室布置平面图

7.6　模拟考试

（1）使用块的优点有下面哪些？（　　　）

A．一个块中可以定义多个属性　　　　　　B．多个块可以共用一个属性

C．块必须定义属性　　　　　　　　　　　D．A 和 B

（2）如果插入的块所使用的图形单位与为图形指定的单位不同，则（　　　）。

A．对象以一定比例缩放以维持视觉外观

B．英制的放大 25.4 倍

C．公制的缩小 25.4 倍

D．块将自动按照两种单位相比的等价比例因子进行缩放

（3）关于用 block 命令定义的内部图块，哪个说法是正确的？（　　　）

A．只能在定义它的图形文件内自由调用

B．只能在另一个图形文件内自由调用

C．既能在定义它的图形文件内自由调用，又能在另一个图形文件内自由调用

D．两者都不能用

（4）利用 AutoCAD 的"设计中心"不可能完成的操作是（　　　）。

A．根据特定的条件快速查找图形文件

B．打开所选的图形文件

C．将某一图形中的块通过鼠标拖动添加到当前图形中

D．删除图形文件中未使用的命名对象，例如，块定义、标注样式、图层、线型和文字样式等

（5）在 AutoCAD 的"设计中心"选项板的哪一项选项卡中可以查看当前图形中的图形信息？（　　　）

A．文件夹　　　　B．打开的图形　　　　C．历史记录　　　　D．联机设计中心

（6）下列操作不能在"设计中心"完成的有（　　　）。

A．两个 dwg 文件的合并　　　　　　　　B．创建文件夹的快捷方式

C．创建 Web 站点的快捷方式　　　　　　D．浏览不同的图形文件

（7）在设计中心中打开图形错误的方法是（　　　）。

A．在设计中心内容区中的图形图标上单击鼠标右键，在弹出的快捷菜单中执行"在应用程序窗口中打开"命令

B．按住 Ctrl 键，同时将图形图标从设计中心内容区拖至绘图区域

C．将图形图标从设计中心内容区拖动到应用程序窗口绘图区域以外的任何位置

D．将图形图标从设计中心内容区拖动到绘图区域中

（8）无法通过设计中心更改的是（　　　）。

A．大小　　　　　　B．名称　　　　　　C．位置　　　　　　D．外观

（9）什么是设计中心？设计中心有什么功能？

（10）什么是工具选项板？怎样利用工具选项板进行绘图？

第二篇
别墅室内设计综合实例篇

本篇主要结合一个典型的居住空间实例——别墅实例讲解利用 AutoCAD 2022 进行各种室内设计的操作步骤、方法技巧等，包括别墅空间室内设计平面图和别墅建筑室内设计客厅平面图及立面图的绘制等知识。

▶▌　别墅建筑平面图的绘制
▶▌　别墅建筑室内设计图的绘制

第 8 章

别墅建筑平面图的绘制

建筑平面图（除屋顶平面图）是指用假想的水平剖切面，在建筑各层窗台上方将整幢房屋剖开所得到的水平剖面图。建筑平面图是表达建筑物的基本图样之一，主要反映建筑物的平面布局情况。

本章介绍别墅建筑平面图的具体绘制过程。

【内容要点】

☑ 别墅空间室内设计概述
☑ 别墅首层平面图的绘制
☑ 别墅二层平面图的绘制

【案例欣赏】

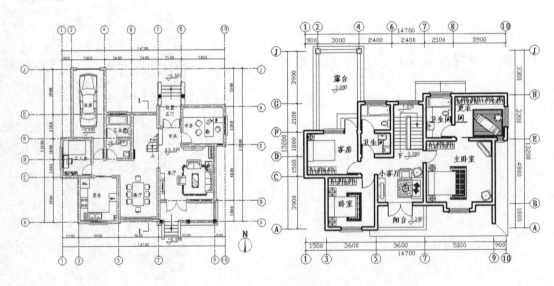

8.1　别墅空间室内设计概述

　　别墅一般有以下两种类型。第一种是住宅型别墅，它大多建造在城市郊区附近，或独立或群体，环境幽雅恬静，有花园绿地，交通便捷，便于上下班；第二种是休闲型别墅，它一般建造在人口稀少、风景优美、山清水秀的风景区，供周末、假期度假消遣或疗养、避暑之用。

　　别墅外观造型雅致，独幢独户，庭院视野宽阔，花园树茂草盛，有规模较大的绿地。它们有的依山傍水，景观宜人，可使住户感受大自然之美，有心旷神怡之感；别墅还有附属的车库、门房、花棚等；社区型的别墅大多是整体开发建造的，整个别墅区有几十幢独立独户的别墅住宅，区内公共设施完备，有中心花园、水池绿地，还设有健身房、文化娱乐场所及购物场所等。

　　就建筑功能而言，别墅平面需要设置的空间虽然不多，但应齐全，要满足日常生活的不同需要。根据日常起居和生活质量的要求，别墅空间平面一般设置以下房间。

　　（1）厅：门厅、客厅和餐厅等。

　　（2）卧室：主卧室、次卧室、儿童房、客房等。

　　（3）辅助房间：书房、家庭团聚室、娱乐室、衣帽间等。

　　（4）生活配套：厨房、卫生间、淋浴间、运动健身房等。

　　（5）其他房间：工人房、洗衣房、储藏间、车库等。

　　在上述各个房间中，门厅、客厅、餐厅、厨房、卫生间、淋浴间等多设置在首层平面中，如图 8-1 所示，次卧室、儿童房、主卧室和衣帽间等多设置在 2 层或者 3 层平面中，如图 8-2 所示。与普通住宅居室建筑平面图的绘制方法类似，同样是先建立各个功能房间的开间和进深轴线，然后按轴线位置绘制各个功能房间墙体及相应的门窗洞口的平面造型，最后绘制楼梯、阳台及管道等辅助空间的平面图形，同时标注相应的尺寸和文字说明。

图 8-1　别墅首层平面

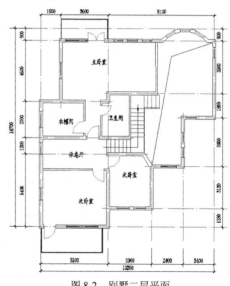

图 8-2　别墅二层平面

8.2 别墅首层平面图的绘制

别墅首层平面图的主要绘制思路如下。首先绘制别墅的定位轴线，接着在已有轴线的基础上绘出别墅的墙线，然后借助已有图库或图形模块绘制别墅的门窗和室内的家具、洁具，最后进行尺寸和文字标注。别墅的首层平面图如图 8-3 所示。

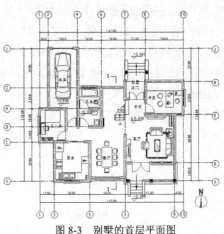

扫码看视频

图 8-3　别墅的首层平面图

8.2.1　设置绘图环境

新建文件，并将新建的文件以"别墅首层平面图.dwg"的名称进行保存，新建的文件设置了"图形单位"及"图层"等相关属性。

（1）创建图形文件。启动 AutoCAD 软件，执行菜单栏中的"格式"→"单位"命令，在打开的"图形单位"对话框中设置角度"类型"为"十进制度数"、"精度"为 0。单击"方向"按钮，系统打开"方向控制"对话框。将"方向控制"设置为"东"。

（2）设置图层。单击"默认"选项卡"图层"面板中的"图层特性"按钮，打开"图层特性管理器"选项板，依次创建平面图中的基本图层，如轴线、墙体、楼梯、门窗、家具、标注和文字等，如图 8-4 所示。

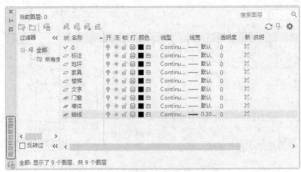

图 8-4　"图层特性管理器"选项板

8.2.2　绘制建筑轴线

建筑轴线是在绘制建筑平面图时布置墙体和门窗的依据，同样也是建筑施工定位的重要依据。在轴线的绘制过程中，主要使用的绘图命令是"直线"命令和"偏移"命令。具体绘制方法如下。

1．设置"轴线"特性

（1）选择图层，加载线型。在"图层"下拉列表框中选择"轴线"图层，将其设置为当前图层，单击"默认"选项卡"图层"面板中的"图层特性"按钮，打开"图层特性管理器"选项板，单击"轴线"图层栏中的"线型"名称，打开"选择线型"对话框，在该对话框中单击"加载"按钮，打开"加载或重载线型"对话框，如图 8-5 所示，在该对话框的"可用线型"列表框中选择线型 CENTER 进行加载，然后单击"确定"按钮，返回"选择线型"对话框，将线型 CENTER 设置为当前使用线型。

图 8-5　"加载或重载线型"对话框

（2）设置线型比例。单击"默认"选项卡"特性"面板中的"线型"下拉列表中的"其他…"选项，①打开"线型管理器"对话框；②选择 CENTER 线型，③将"全局比例因子"设置为 20，如图 8-6 所示；然后④单击"确定"按钮，完成对"轴线"线型的设置。

2．绘制横向轴线

（1）绘制横向轴线基准线。单击"默认"选项卡"绘图"面板中的"直线"按钮，在适当位置绘制一条长度 14 700mm 的横向基准轴线，如图 8-7 所示。命令行提示与操作如下。

```
命令: _line
指定第一个点:（适当指定一点）
指定下一点或 [放弃(U)]: @14700,0
指定下一点或 [放弃(U)]: ↙
```

（2）绘制其余横向轴线。单击"默认"选项卡"修改"面板中的"偏移"按钮，将横向基准轴线向下偏移 8 次,偏移量分别为 3300mm、3900mm、6000mm、6600mm、7800mm、9300mm、11 400mm 和 13 200mm，如图 8-8 所示，完成横向轴线的绘制。

图 8-6 设置线型比例　　　　图 8-7 绘制横向基准轴线　　　图 8-8 绘制横向轴线

3. 绘制纵向轴线

（1）绘制纵向轴线基准线。单击"默认"选项卡"绘图"面板中的"直线"按钮／，以前面绘制的横向基准轴线的左端点为起点，垂直向下绘制一条长度 13 200mm 的纵向基准轴线，如图 8-9 所示。

（2）绘制其余纵向轴线。单击"默认"选项卡"修改"面板中的"偏移"按钮⊜，将纵向基准轴线向右偏移 10 次，偏移量分别为 900mm、1500mm、2700mm、3900mm、5100mm、6300mm、8700mm、10 800mm、13 800mm 和 14 700mm，完成纵向轴线的绘制，并单击"默认"选项卡"修改"面板中的"修剪"按钮「，对多线进行修剪，如图 8-10 所示。

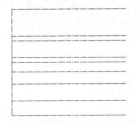

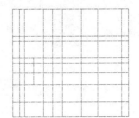

图 8-9 绘制纵向基准轴线　　　　图 8-10 绘制纵向轴线

> **注意**
>
> 在绘制建筑轴线时，一般选择建筑横向、纵向的最大长度为轴线长度，但当建筑物形体过于复杂时，太长的轴线往往会影响图形效果，因此，也可以仅在一些需要轴线定位的建筑局部绘制轴线。

8.2.3 绘制墙体

在建筑平面图中，墙体用双线表示，一般采用轴线定位的方式，以轴线为中心，具有很强的对称关系，绘制墙线通常有 3 种方法。

（1）单击"默认"选项卡"修改"面板中的"偏移"按钮⊜，直接偏移轴线，将轴线向两侧偏移一定距离，得到双线，然后将所得双线转移至墙线图层。

（2）执行菜单栏中的"绘图"→"多线"命令，直接绘制墙线。

（3）当墙体要求填充成实体颜色时，也可以单击"默认"选项卡"绘图"面板中的"多段线"按钮，直接绘制，将线宽设置为墙厚即可。

在本实例中，笔者推荐选用第二种方法，即利用"多线"命令绘制墙线，绘制完成的别墅首层墙体平面如图 8-11 所示。

具体绘制方法如下。

1. 定义多线样式

在使用"多线"命令绘制墙线前，应首先对多线样式进行设置。

（1）执行菜单栏中的"格式"→"多线样式"命令，打开"多线样式"对话框，如图 8-12 所示。

（2）单击"新建"按钮，在打开的对话框中输入"新样式名"为"240 墙"，如图 8-13 所示。

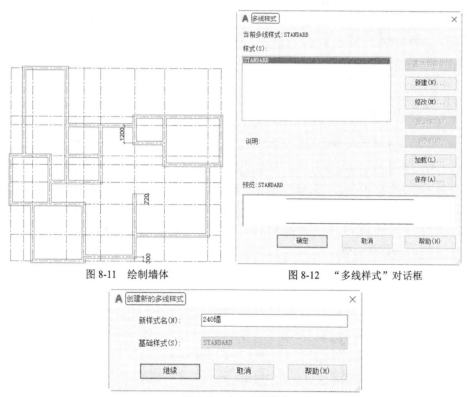

图 8-11　绘制墙体　　　　　　　　　　　　图 8-12　"多线样式"对话框

图 8-13　命名多线样式

（3）单击"继续"按钮，打开"新建多线样式：240 墙"对话框。在该对话框中设置如下多线样式：将图元偏移量的首行设为 120，第二行设为 –120。

（4）单击"确定"按钮，返回"多线样式"对话框，在"样式"列表框中选择"240 墙"多线样式，并将其置为当前样式。

2. 绘制墙线

（1）在"图层"下拉列表框中选择"墙体"图层，将其设置为当前图层。

（2）执行菜单栏中的"绘图"→"多线"命令，绘制墙线，绘制结果如图 8-14 所示。

3. 编辑和修整墙线

执行菜单栏中的"修改"→"对象"→"多线"命令，打开"多线编辑工具"对话框，如图 8-15 所示。该对话框中提供了 12 种多线编辑工具，用户可根据不同的多线交叉方式选择相应的工具进行编辑。

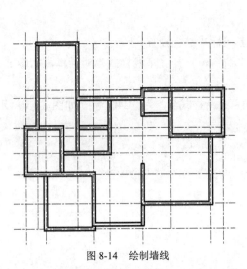

<table>
<tr><td>图 8-14 绘制墙线</td><td>图 8-15 "多线编辑工具"对话框</td></tr>
</table>

少数较复杂的墙线结合处无法找到相应的多线编辑工具进行编辑，因此用户可以单击"默认"选项卡"修改"面板中的"分解"按钮 将多线分解，然后单击"默认"选项卡"修改"面板中的"修剪"按钮，对该结合处的线条进行修整。另外，一些内部墙体并不在主要轴线上，用户可以通过添加辅助轴线并单击"默认"选项卡"修改"面板中的"修剪"按钮 或"延伸"按钮 进行绘制和修整。

8.2.4 绘制门窗

建筑平面图中门窗的绘制过程基本如下。首先在墙体相应位置绘制门窗洞口；接着使用直线、矩形和圆弧等工具绘制门窗基本图形，并根据所绘门窗的基本图形创建门窗图块；然后在相应门窗洞口处插入门窗图块，并根据需要进行适当调整，进而完成平面图中所有门和窗的绘制。

具体绘制方法如下。

1. 绘制门、窗洞口

在平面图中，门洞口与窗洞口基本形状相同，因此，在绘制过程中可以将其一并绘制。

（1）在"图层"下拉列表框中选择"墙体"图层，将其设置为当前图层。

（2）绘制门窗洞口基本图形。单击"默认"选项卡"绘图"面板中的"直线"按钮 ，绘制一条长度 240mm 的垂直方向的线段，然后单击"默认"选项卡"修改"面板中的"偏移"按钮 ，将线段向右偏移 1000mm，即得到门窗洞口基本图形，如图 8-16 所示。

（3）绘制门洞。下面以正门门洞（1500mm×240mm）为例，介绍平面图中门洞的绘制方法。

① 单击"默认"选项卡"块"面板中的"创建"按钮，打开"块定义"对话框，在"名称"下拉列表框中输入"门洞"；单击"选择对象"按钮，选中如图 8-16 所示的图形；单击"拾取点"按钮，选择左侧门洞线上端的端点为插入点；单击"确定"按钮，如图 8-17 所示，完成图块"门洞"的创建。

图 8-16　门窗洞口基本图形

图 8-17　"块定义"对话框

② 单击"默认"选项卡"块"面板中的"插入"下拉菜单中"最近使用的块"选项，系统弹出"块"选项板，打开"最近使用"选项卡，在"选项"下拉列表中勾选"插入点"并在"比例"一栏中将 X 方向的比例设置为 1.5，如图 8-18 所示。

③ 在"预览列表"中选择"门洞"，如图 8-18 所示。在图中单击选取正门入口处左侧墙线交点作为基点，插入"门洞"图块，如图 8-19 所示。

④ 单击"默认"选项卡"修改"面板中的"移动"按钮，在图中单击选取已插入的"门洞"图块，将其水平向右移动 300mm，如图 8-20 所示。命令行提示与操作如下。

命令:　_move
选择对象:（在图中单击选取正门门洞图块）
指定基点或 [位移(D)] <位移>:（捕捉图块插入点作为移动基点）
指定第二个点或 <使用第一个点作为位移>: @300,0 （在命令行中输入第二点相对位置坐标）

图 8-18　"块"选项板

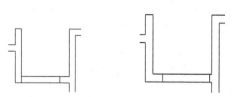

图 8-19　插入"门洞"图块　　图 8-20　移动"门洞"图块

⑤ 单击"默认"选项卡"修改"面板中的"修剪"按钮，修剪洞口处多余的墙线，完

成正门门洞的绘制，如图 8-21 所示。

（4）绘制窗洞。以卫生间窗户洞口（1500mm×240mm）为例，介绍如何绘制窗洞。

① 单击"默认"选项卡"块"面板中的"插入"下拉菜单中"最近使用的块"选项，系统弹出"块"选项板，打开"当前图形"选项卡，在"选项"下拉列表中勾选"插入点"并将 X 方向的比例设置为 1.5。由于门窗洞口基本形状一致，因此没有必要创建新的窗洞图块，可以直接利用已有门洞图块进行绘制。

② 单击图块，在图中单击选取左侧墙线交点作为基点，插入"门洞"图块；继续单击"默认"选项卡"修改"面板中的"移动"按钮 ✛，在图中单击选取已插入的窗洞图块，将其向右移动 330mm，如图 8-22 所示。

③ 单击"默认"选项卡"修改"面板中的"修剪"按钮 ✄，修剪窗洞处多余的墙线，完成卫生间窗洞的绘制，如图 8-23 所示。

图 8-21　修剪多余墙线　　　　图 8-22　插入"窗洞"图块　　　　图 8-23　修剪多余墙线

2．绘制平面门

从开启方式上看，门的常见形式主要有平开门、弹簧门、推拉门、折叠门、旋转门、升降门和卷帘门等。门的尺寸要满足人流通行、交通疏散、家具搬运的要求，而且应符合建筑模数的有关规定。在平面图中，单扇门的宽度一般在 800～1000mm，双扇门则为 1200～1800mm。

门的绘制步骤：先绘制出门的基本图形，然后将其创建成图块，最后将门图块插入已绘制好的相应门洞口位置，在插入门图块的同时，还应调整图块的比例大小和旋转角度以适应平面图中不同宽度和角度的门洞口。

下面通过两个有代表性的实例来介绍别墅平面图中不同种类的门的绘制。

（1）单扇平开门。单扇平开门主要应用于卧室、书房和卫生间等私密性较强、来往人流较少的房间。

下面以别墅首层书房的单扇门（宽 900mm）为例，介绍单扇平开门的绘制方法。

① 在"图层"下拉列表框中选择"门窗"图层，将其设置为当前图层。

② 单击"默认"选项卡"绘图"面板中的"矩形"按钮 ▢，在适当位置绘制一个尺寸为 40mm×900mm 的矩形门扇，如图 8-24 所示。

然后单击"默认"选项卡"绘图"面板中的"圆弧"按钮 ⌒，以矩形门扇右上角顶点为起点，右下角顶点为圆心，绘制一条圆心角 90°，半径 900mm 的圆弧，得到图 8-25 所示的单扇平开门图形。命令行提示与操作如下。

```
命令: _arc
指定圆弧的起点或 [圆心(C)]:（选取矩形门扇右上角顶点为圆弧起点）
指定圆弧的第二个点或 [圆心(C)/端点(E)]: C
```

指定圆弧的圆心:（选取矩形门扇右下角顶点为圆心）
指定圆弧的端点（按住Ctrl 键以切换方向）或 [角度(A)/弦长(L)]: A
指定夹角（按住Ctrl 键以切换方向）: 90

③ 单击"默认"选项卡"块"面板中的"创建"按钮 ，打开"块定义"对话框，如图 8-26 所示，在"名称"下拉列表框中输入"900 宽单扇平开门"；单击"选择对象"按钮 ，选取图 8-25 所示的单扇平开门的基本图形为块定义对象；单击"拾取点"按钮 ，选择矩形门扇右下角顶点为基点；然后单击"确定"按钮，完成"单扇平开门"图块的创建。

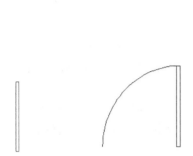

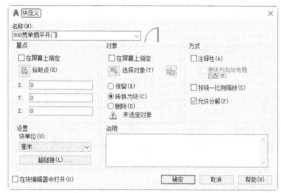

图 8-24　矩形门扇　　　图 8-25　900 宽单扇平开门　　　　　　图 8-26　"块定义"对话框

④ 单击"默认"选项卡"块"面板中的"插入"下拉菜单中"最近使用的块"选项，系统弹出"块"选项板，打开"最近使用"选项卡，在"选项"下拉列表中勾选"插入点"并将"旋转"角度设为-90°，在"预览列表"中选择"900 宽单扇平开门"，如图 8-27 所示，在平面图中单击选取书房门洞右侧墙线的中点作为插入点，插入门图块，如图 8-28 所示，完成书房门的绘制。

（2）双扇平开门。在别墅平面图中，别墅正门及客厅的阳台门均设计为双扇平开门。下面以别墅正门（宽 1500mm）为例，介绍双扇平开门的绘制方法。

① 在"图层"下拉列表框中选择"门窗"图层，将其设置为当前图层。

② 参照上述单扇平开门画法，绘制宽度为 750mm 的单扇平开门。

③ 单击"默认"选项卡"修改"面板中的"镜像"按钮 ，将已绘制完成的"750 宽单扇平开门"进行水平方向的"镜像"操作，得到宽 1500mm 的双扇平开门，如图 8-29 所示。

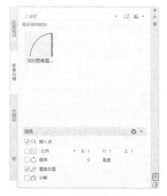

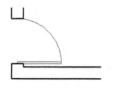

图 8-27　"最近使用"选项卡　　　　图 8-28　绘制书房门　　　　图 8-29　1500 宽双扇平开门

④ 单击"默认"选项卡"块"面板中的"创建"按钮 ，打开"块定义"对话框，在"名称"下拉列表框中输入"1500 宽双扇平开门"；单击"选择对象"按钮 ，选取双扇平开门的基本图形为块定义对象；单击"拾取点"按钮 ，选择右侧矩形门扇右下角顶点为基点；然后单击"确定"按钮，完成"1500 宽双扇平开门"图块的创建。

⑤ 单击"默认"选项卡"块"面板中的"插入"下拉菜单中"最近使用的块"选项，系统弹出"块"选项板，打开"当前图形"选项卡，在"预览列表"中选择"1500 宽双扇平开门"，然后在图中单击选取正门门洞右侧墙线的中点作为插入点，插入门图块，如图 8-30 所示，完成别墅正门的绘制。

3. 绘制平面窗

从开启方式上看，常见窗的形式主要有：固定窗、平开窗、横式旋窗、立式转窗和推拉窗等。窗洞口的宽度和高度尺寸均为 300mm 的扩大模数；在平面图中，一般平开的窗扇宽度为 400～600mm，固定窗和推拉窗的尺寸可更大一些。

窗的绘制步骤与门的绘制步骤基本相同，即先绘制出窗体的基本形状，然后将其创建成图块，最后将图块插入已绘制好的相应窗洞位置，在插入窗图块的同时，可以调整图块的比例大小和旋转角度以适应不同宽度和角度的窗洞口。

下面以餐厅外窗（宽 2400mm）为例，介绍平面窗的绘制方法。

（1）在"图层"下拉列表框中选择"门窗"图层，并将其设置为当前图层。

（2）单击"默认"选项卡"绘图"面板中的"直线"按钮 ，在适当位置绘制第一条窗线，长度为 1000mm，如图 8-31 所示。

（3）单击"默认"选项卡"修改"面板中的"矩形阵列"按钮 ，单击选取第（2）步中所绘窗线；然后单击鼠标右键，在打开的"阵列创建"选项卡中设置行数为 4、列数为 1、行间距为 80、列间距为 1，然后按 Enter 键完成窗的基本图形的绘制。

（4）单击"默认"选项卡"块"面板中的"创建"按钮 ，打开"块定义"对话框，在"名称"下拉列表框中输入"窗"；单击"选择对象"按钮 ，选取图 8-32 所示的窗的基本图形为块定义对象；单击"拾取点"按钮 ，选择第一条窗线左端点为基点；然后单击"确定"按钮，完成"窗"图块的创建。

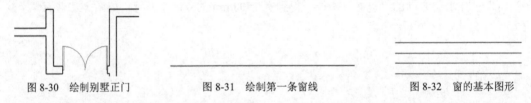

图 8-30　绘制别墅正门　　　图 8-31　绘制第一条窗线　　　图 8-32　窗的基本图形

（5）单击"默认"选项卡"块"面板中的"插入"下拉菜单中"最近使用的块"选项，系统弹出"块"选项板，打开"最近使用"选项卡，在"插入选项"下拉列表中勾选"插入点"并将 X 方向的"比例"设置为 2.4，单击"窗"图块，在图中单击选取餐厅窗洞左侧墙线的上端点作为插入点，插入窗图块，如图 8-33 所示。

（6）绘制窗台。首先，单击"默认"选项卡"绘图"面板中的"矩形"按钮 ，绘制一个尺寸为 1000mm×100mm 的矩形；接着，单击"默认"选项卡"块"面板中的"创建"按钮 ，将所绘矩形定义为"窗台"图块，将矩形上侧长边的中点设置为图块基点；然后，单击"默认"选项卡"块"面板中的"插入"下拉菜单中"最近使用的块"选项，系统弹出"块"选项板，打开"最近使用"选项卡，在"插入选项"下拉列表中勾选"插入点"并将 X 方向的"比例"设置为 2.6。在"预览列表"中选择"窗台"，单击选取餐厅窗最外侧窗线中点作为插入点，插入窗台图块，如图 8-34 所示。

4．绘制其余门和窗

根据以上介绍的平面门窗绘制方法，利用已经创建的门窗图块完成别墅首层平面所有门和窗的绘制，如图 8-35 所示。

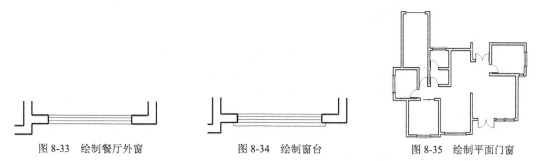

图 8-33 绘制餐厅外窗　　　　图 8-34 绘制窗台　　　　图 8-35 绘制平面门窗

以上所介绍的是 AutoCAD 中最基本的门、窗绘制方法，下面介绍另外两种绘制门窗的方法。

（1）在建筑设计中，门和窗的样式、尺寸随着房间功能和开间的变化而不同。逐个绘制每一扇门窗是一件既费时又费力的事。因此，绘图者常常选择借助图库来绘制门窗。通常来说，在图库中有多种不同样式和大小的门、窗可供选择和调用，这给设计者和绘图者提供了很大的方便。在本实例中，笔者推荐使用门窗图库。在本实例别墅的首层平面图中共有 9 扇门，其中 5 扇为 900 宽单扇平开门，2 扇为 1500 宽双扇平开门，1 扇为推拉门，还有 1 扇为车库升降门。在图库中，很容易就可以找到以上这几种样式的门的图形模块。

AutoCAD 图库的使用方法很简单，主要步骤如下。

① 打开图库文件，在图库中选择所需的图形模块，并将选中对象进行复制。

② 将复制的图形模块粘贴到所要绘制的图样中。

③ 根据实际情况的需要，单击"默认"选项卡"修改"面板中的"旋转"按钮 ↻、"镜像"按钮 ⚠ 或"缩放"按钮 ⬚，对图形模块进行适当的修改和调整。

（2）在 AutoCAD 2022 中，还可以借助"视图"选项卡"选项板"面板中的"工具选项板"中的"建筑"选项卡提供的"公制样例"来绘制门窗。利用这种方法添加门窗时，可以根据需要直接对门窗的尺度和角度进行设置和调整，使用起来比较方便。然而，需要注意的是，"工具选项板"中仅提供普通平开门的绘制，而且所绘制的平面窗中玻璃为单线形式，而非建筑平面图中常用的双线形式，因此，不推荐初学者使用这种方法绘制门窗。

8.2.5 绘制楼梯和台阶

楼梯和台阶都是建筑的重要组成部分，是人们在室内和室外进行垂直交通的必要建筑构件。在本实例别墅的首层平面中，共有 1 处楼梯和 3 处台阶，如图 8-36 所示。

1. 绘制楼梯

楼梯是上下楼层之间的交通通道，通常由楼梯段、休息平台和栏杆（或栏板）组成。在本实例别墅中，楼梯为常见的双跑式。楼梯宽度为900mm，踏步宽为260mm，高为175mm；楼梯平台净宽为960mm。本节只介绍首层楼梯平面画法，至于二层楼梯画法，将在后面的章节中进行介绍。

首层楼梯平面的绘制过程分为3个阶段：首先绘制楼梯踏步线；然后在踏步线两侧（或一侧）绘制楼梯扶手；最后绘制楼梯剖断线及用来标识方向的带箭头引线和文字，进而完成楼梯平面的绘制。图8-37所示为首层楼梯平面图。

具体绘制方法如下。

（1）在"图层"下拉列表框中选择"楼梯"图层，将其设置为当前图层。

（2）绘制楼梯踏步线。单击"默认"选项卡"绘图"面板中的"直线"按钮 ╱，以平面图上相应位置点作为起点（通过计算得到的第一级踏步的位置），绘制长度为1020mm的水平踏步线。然后，单击"默认"选项卡"修改"面板中的"矩形阵列"按钮 ▦，选择已绘制的第一条踏步线为阵列对象，设置行数为6、列数为1、行间距为260、列间距为0，阵列后结果如图8-38所示。

（3）绘制楼梯扶手。单击"默认"选项卡"绘图"面板中的"直线"按钮 ╱，以楼梯第一条踏步线两侧端点作为起点，分别向上绘制垂直方向线段，长度为1500mm。然后，单击"默认"选项卡"修改"面板中的"偏移"按钮 ⊂，将所绘两线段向梯段中央偏移，偏移量为60mm（即扶手宽度），如图8-39所示。

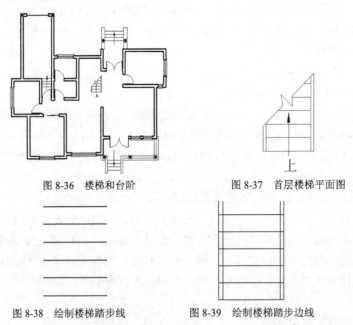

图8-36　楼梯和台阶　　　　　　　　图8-37　首层楼梯平面图

图8-38　绘制楼梯踏步线　　　　　　图8-39　绘制楼梯踏步边线

（4）绘制剖断线。单击"默认"选项卡"绘图"面板中的"构造线"按钮 ╱，设置角度为45°，绘制剖断线并使其通过楼梯右侧栏杆线的上端点。命令行提示与操作如下。

```
命令: _xline
指定点或 [水平(H)/垂直(V)/角度(A)/二等分(B)/偏移(O)]: A
```

单击"默认"选项卡"绘图"面板中的"直线"按钮 ，绘制 Z
字形折断线；然后单击"默认"选项卡"修改"面板中的"修剪"按
钮 ，修剪楼梯踏步线和栏杆线，如图 8-40 所示。

图 8-40　绘制楼梯剖断线

（5）绘制带箭头引线。首先，在命令行中输入"qleader"命令，
再输入"S"，设置引线样式；在打开的"引线设置"对话框中进行如
下设置。在"引线和箭头"选项卡中选择"引线"为"直线"、"箭头"
为"实心闭合"，如图 8-41 所示；在"注释"选项卡中，选择"注释
类型"为"无"，如图 8-42 所示。然后，以第一条楼梯踏步线中点为起点，垂直向上绘制长度
为 750mm 的带箭头引线；然后单击"默认"选项卡"修改"面板中的"旋转"按钮 ，将带
箭头引线旋转 180°；最后，单击"默认"选项卡"修改"面板中的"移动"按钮 ，将引线
垂直向下移动 60mm，如图 8-43 所示。

图 8-41　设置"引线和箭头"选项卡

图 8-42　设置"注释"选项卡

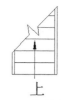

图 8-43　添加箭头和文字

（6）标注文字。单击"默认"选项卡"注释"面板中的"多行文字"按钮 ，设置"文字
高度"为 300，在引线下端输入文字为"上"。

提示

楼梯平面图是距地面 1m 以上位置，用一个假想的剖切平面沿水平方向剖开（尽量剖到
楼梯间的门窗），然后向下投影得到的投影图。楼梯平面一般来说是分层绘制的，在绘制时，
按照特点可分为底层平面、标准层平面和顶层平面。

按国家标准规定，在楼梯平面图中，各层被剖切到的楼梯均在平面图中以一条 45°的折
断线表示。在每一梯段处绘制有一个长箭头，并注写"上"或"下"字标明方向。

在楼梯的底层平面图中，只有一个被剖切的梯段及栏板和一个注有"上"字的长箭头。

2．绘制台阶

本实例中有 3 处台阶，其中室内台阶 1 处，室外台阶 2 处。下面以正门处台阶为例，介绍
台阶的绘制方法，如图 8-44 所示。

台阶的绘制思路与前面介绍的楼梯平面绘制思路基本相似，因此，可以参考楼梯绘制方法
进行绘制。

具体绘制方法如下。

（1）单击"默认"选项卡"图层"面板中的"图层特性"按钮，打开"图层特性管理器"选项板，创建新图层，将新图层命名为"台阶"，并将其设置为当前图层。

（2）单击"默认"选项卡"绘图"面板中的"直线"按钮，以别墅正门中点为起点，垂直向上绘制一条长度 3600mm 的辅助线段；然后以辅助线段的上端点为中点，绘制一条长度 1770mm 的水平线段，此线段则为台阶第一条踏步线。

（3）单击"默认"选项卡"修改"面板中的"矩形阵列"按钮，选择第一条踏步线为阵列对象，设置行数为 4、列数为 1、行间距为–300、列间距为 0；完成第 2～4 条踏步线的绘制，如图 8-45 所示。

（4）单击"默认"选项卡"绘图"面板中的"矩形"按钮，在踏步线的左右两侧分别绘制两个 340mm×1980mm 的矩形，为两侧条石平面。

（5）绘制方向箭头。执行菜单栏中的"标注"→"多重引线"命令，在台阶踏步的中间位置绘制带箭头的引线，标示踏步方向，如图 8-46 所示。

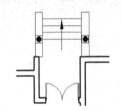 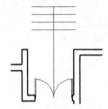 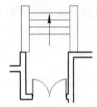

图 8-44　正门处台阶平面图　　　图 8-45　绘制台阶踏步线　　　图 8-46　添加方向箭头

（6）绘制立柱。在本实例中，两个室外台阶处均有立柱，其平面形状为圆形，内部填充为实心，下面为方形基座。由于立柱的形状、大小基本相同，可以将其做成图块，再把图块插入各相应点即可。具体绘制方法如下。

首先，单击"默认"选项卡"图层"面板中的"图层特性"按钮，打开"图层特性管理器"选项板，创建新图层，将新图层命名为"立柱"，并将其设置为当前图层；其次，单击"默认"选项卡"绘图"面板中的"矩形"按钮，绘制边长 340mm 的正方形基座；单击"默认"选项卡"绘图"面板中的"圆"按钮，绘制直径 240mm 的圆形柱身平面；最后，单击"默认"选项卡"绘图"面板中的"图案填充"按钮，打开"图案填充创建"选项卡，选择填充图案"SOLID"，单击"拾取点"按钮，在绘图区域选择已绘制的圆形柱身为填充对象，参数设置如图 8-47 所示，结果如图 8-48 所示。

图 8-47　图案填充设置　　　　　　　　　　　图 8-48　绘制立柱平面

单击"默认"选项卡"块"面板中的"创建"按钮，将图形定义为"立柱"图块；最后，单击"默认"选项卡"块"面板中的"插入"下拉菜单中"最近使用的块"选项，将定义好的"立柱"图块插入平面图中相应位置，完成正门处台阶平面的绘制。

8.2.6　绘制家具

AutoCAD 图库的使用方法，在前面介绍门窗绘制方法时曾有所提及。下面将结合首层客厅家具和卫生间洁具的绘制实例，详细讲述 AutoCAD 图库的用法。

1. 绘制客厅家具

客厅是主人会客和休闲的空间，因此，在客厅里通常会布置沙发、茶几、电视柜等家具，如图 8-49 所示。

在"图层"下拉列表框中选择"家具"图层，将其设置为当前图层。

（1）单击"快速访问"工具栏中的"打开"按钮 ，在打开的"选择文件"对话框中，打开"源文件\图库"，如图 8-50 所示。

（2）在名称"沙发和茶几"的一栏中，选择名称"组合沙发—002P"的图形模块，如图 8-51 所示，选中该图形模块，然后单击鼠标右键，在打开的快捷菜单中执行"复制选择"命令。

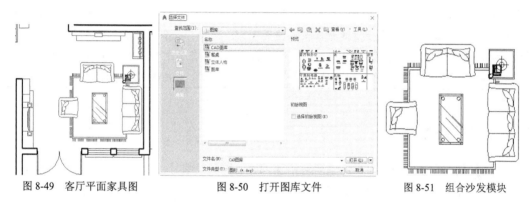

图 8-49　客厅平面家具图　　　　　图 8-50　打开图库文件　　　　　图 8-51　组合沙发模块

（3）返回"别墅首层平面图"的绘图界面，执行菜单栏中的"编辑"→"粘贴为块"命令，将复制的组合沙发图形插入客厅平面相应位置。

（4）在图库中，在名称"灯具和电器"一栏中，选择"电视柜 P"图块，如图 8-52 所示，将其复制并粘贴到首层平面图中；单击"默认"选项卡"修改"面板中的"旋转"按钮 ，使该图形模块以自身中心点为基点旋转 90°，然后将其插入客厅相应位置。

（5）按照同样方法，在图库中选择"电视墙 P""文化墙 P""柜子—01P"和"射灯组 P"图形模块分别进行复制，并在客厅平面内依次插入这些家具模块，绘制结果如图 8-49 所示。

贴心小帮手

在使用图库插入家具模块时，经常会遇到家具尺寸太大或太小、角度与实际要求不一致，或在家具组合图块中，部分家具需要更改等情况。

2. 绘制卫生间洁具

卫生间主要是供主人盥洗和沐浴的房间，因此，卫生间内应设置浴盆、马桶、洗手池和洗衣机等设施，图 8-53 所示的卫生间由两部分组成。在家具安排上，外间设置洗手盆和洗衣机；内间则设置浴盆和马桶。下面介绍卫生间洁具的绘制步骤。

（1）在"图层"下拉列表框中选择"家具"图层，将其设置为当前图层。

（2）打开"源文件\图库"，在"洁具和厨具"一栏中，选择适合的洁具模块，进行复制后，依次粘贴到平面图中的相应位置，绘制结果如图 8-54 所示。

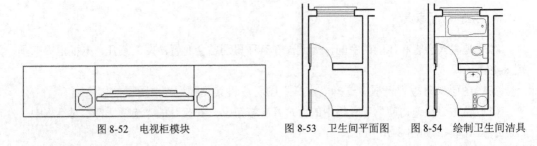

图 8-52 电视柜模块　　　　图 8-53 卫生间平面图　　图 8-54 绘制卫生间洁具

🖐 **手把手教你学**

在图库中，图形模块的名称一般很简要，除汉字外还经常包含英文字母或数字，通常来说，这些名称都是用来表明该家具的特性或尺寸的。例如，前面使用过的图形模块"组合沙发—002P"，其名称中"组合沙发"表示家具的性质；"002"表示该家具模块是同类型家具中的第 2 个；字母"P"则表示这是该家具的平面图形。例如，一个名称为"单人床 9×20"模块，就是表示该单人床宽度为 900mm、长度为 2000mm。有了这些简单又明了的名称，绘图者就可以依据自己的实际需要快速地选择有用的图形模块，而无须再一一测量。

8.2.7　平面标注

在别墅的首层平面图中，标注主要包括 4 部分，即轴线编号、平面标高、尺寸标注和文字标注。完成标注后的首层平面图如图 8-55 所示。

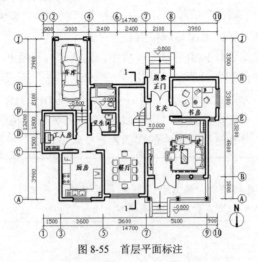

图 8-55 首层平面标注

下面将依次介绍这 4 种标注方式的绘制方法。

1. 轴线编号

在平面形状较简单或对称的房屋中，平面图的轴线编号一般标注在图形的下方及左侧。对于较复杂或不对称的房屋，图形上方和右侧也可以标注。在本实例中，由于平面形状不对称，因此需要在上、下、左、右 4 个方向均标注轴线编号。

具体绘制方法如下。

（1）单击"默认"选项卡"图层"面板中的"图层特性"按钮，打开"图层特性管理器"选项板，打开"轴线"图层，使其保持可见。创建新图层，将新图层命名为"轴线编号"，其他属性按默认设置，并将其设置为当前图层。

（2）单击平面图上左侧第一根纵轴线，将十字光标移动至轴线下端点处单击，将夹持点激活（此时夹持点成红色），然后鼠标向下移动，在命令行中输入 3000 后按 Enter 键，完成第一条轴线延长线的绘制。

（3）单击"默认"选项卡"绘图"面板中的"圆"按钮，以已绘制的轴线延长线端点作为圆心，绘制半径 350mm 的圆。然后，单击"默认"选项卡"修改"面板中的"移动"按钮，向下移动所绘制的圆，移动距离为 350mm，如图 8-56 所示。

（4）重复上述步骤，完成其他轴线延长线及编号圆的绘制。

（5）单击"默认"选项卡"注释"面板中的"多行文字"按钮Ａ，将"文字样式"设置为"仿宋_GB2312"，"文字高度"设置为 300；在每个轴线端点处的圆内输入相应的轴线编号，如图 8-57 所示。

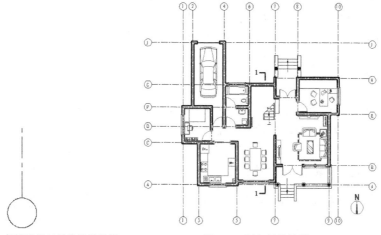

图 8-56　绘制第一条轴线的延长线及编号圆　　　　　图 8-57　添加轴线编号

> ◀》注意
>
> 　　平面图上水平方向的轴线编号用阿拉伯数字从左向右依次编写；垂直方向的编号，用大写英文字母自下而上顺次编写。I、O 及 Z 这 3 个字母不得作轴线编号，以免与数字 1、0 及 2 混淆。
>
> 　　如果两条相邻轴线间距较小而导致其编号有重叠时，可以通过"移动"命令将这两条轴线的编号分别向两侧移动少许距离。

2．平面标高

建筑物中的某一部分与所确定的标准基点的高度差称为该部位的标高，在图样中通常用标高符号结合数字来表示。建筑制图标准规定，标高符号应以等腰直角三角形表示，如图 8-58 所示。

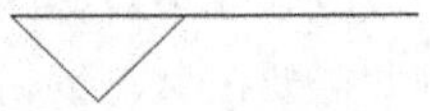

图 8-58 标高符号

具体绘制方法如下。

（1）在"图层"下拉列表框中选择"标注"图层，将其设置为当前图层。

（2）单击"默认"选项卡"绘图"面板中的"多边形"按钮，绘制边长 350mm 的正方形。

（3）单击"默认"选项卡"修改"面板中的"旋转"按钮，将正方形旋转 45°；然后单击"默认"选项卡"绘图"面板中的"直线"按钮，连接正方形左右两个端点，绘制水平对角线。

（4）单击水平对角线，将十字光标移动至其右端点处单击，将夹持点激活（此时夹持点成为红色），然后鼠标向右移动，在命令行中输入 600，将绘制的水平对角线向右拉伸 600mm，按 Enter 键完成绘制。单击"默认"选项卡"修改"面板中的"修剪"按钮，对多余线段进行修剪。

（5）单击"默认"选项卡"块"面板中的"创建"按钮，将标高符号定义为图块。

（6）单击"默认"选项卡"块"面板中的"插入"下拉菜单中"最近使用的块"选项，将已创建的图块插入平面图中需要标高的位置。

（7）单击"默认"选项卡"注释"面板中的"多行文字"按钮，将字体设置为"仿宋_GB2312"，"文字高度"设置为 300，在标高符号的长直线上方添加具体的标注数值。

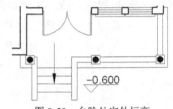

图 8-59 台阶处室外标高

图 8-59 所示为台阶处室外地面标高。

✏ **贴心小帮手**

一般来说，在平面图上绘制的标高反映的是相对标高，而不是绝对标高。绝对标高指的是我国青岛市附近的黄海海平面作为零点面测定的高度尺寸。

通常情况下，室内标高要高于室外标高，主要使用房间标高要高于卫生间、阳台标高。在绘图中，常见的是将建筑首层室内地面的高度设为零点，标作 ±0.000；低于此高度的建筑部位标高值为负值，在标高数字前加"–"号；高于此高度的部位标高值为正值，标高数字前不加任何符号。

3．尺寸标注

本实例中采用的尺寸标注分两道，一道为各轴线之间的距离，另一道为平面总长度或总宽度。

具体绘制方法如下。

（1）在"图层"下拉列表框中选择"标注"图层，将其设置为当前图层。

（2）设置标注样式。单击"默认"选项卡"注释"面板中的"标注样式"按钮，打开"标注样式管理器"对话框，如图 8-60 所示；单击"新建"按钮，打开"创建新标注样式"对话框，在"新样式名"文本框中输入"平面标注"，如图 8-61 所示。

单击"继续"按钮，打开"新建标注样式：平面标注"对话框，进行以下设置。

选择"线"选项卡，在"基线间距"文本框中输入 200，在"超出尺寸线"文本框中输入 200，在"起点偏移量"文本框中输入 300，如图 8-62 所示。

选择"符号和箭头"选项卡，在"箭头"选项组中的"第一个"和"第二个"下拉列表框中均选择"建筑标记"，在"引线"下拉列表框中选择"实心闭合"，在"箭头大小"数值框中输入 250，如图 8-63 所示。

选择"文字"选项卡，在"文字高度"数值框中输入 300，如图 8-64 所示。

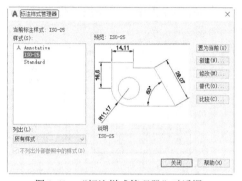

图 8-60　"标注样式管理器"对话框

图 8-61　"创建新标注样式"对话框

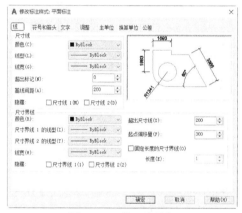

图 8-62　"线"选项卡

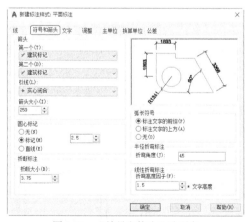

图 8-63　"符号和箭头"选项卡

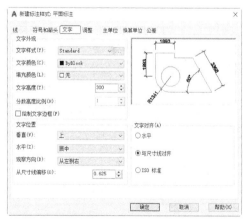

图 8-64　"文字"选项卡

选择"主单位"选项卡，在"精度"下拉列表框中选择 0，其他选项按默认设置，如图 8-65 所示。

单击"确定"按钮，回到"标注样式管理器"对话框。在"样式"列表框中激活"平面标注"标注样式，单击"置为当前"按钮，再单击"关闭"按钮，完成标注样式的设置。

（3）单击"默认"选项卡"注释"面板中的"线性"按钮├┤和"连续"按钮├┼┤，标注相邻两轴线之间的距离。

（4）单击"默认"选项卡"注释"面板中的"线性"按钮├┤，在已绘制的尺寸标注的外侧，对建筑平面横向和纵向的总长度进行尺寸标注。

（5）完成尺寸标注后，单击"默认"选项卡"图层"面板中的"图层特性"按钮，打开"图层特性管理器"选项板，关闭"轴线"图层，如图 8-66 所示。

图 8-65　"主单位"选项卡

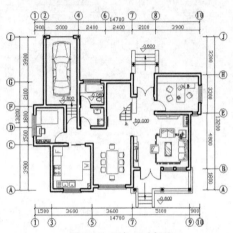

图 8-66　添加尺寸标注

4．文字标注

在平面图中，各房间的功能用途可以用文字进行标识。下面以首层平面中的厨房为例，介绍文字标注的具体方法。

（1）在"图层"下拉列表框中选择"文字"图层，将其设置为当前图层。

（2）单击"默认"选项卡"注释"面板中的"多行文字"按钮A，在平面图中指定文字插入位置后，打开"文字编辑器"选项卡和"多行文字编辑器"，如图 8-67 所示；在选项卡中将"文字样式"设置为 Standard，"字体"设置为"宋体"，"文字高度"设置为 300。

（3）在"多行文字编辑器"矩形框中输入文字"厨房"，并拖动"宽度控制"滑块来调整文本框的宽度，然后单击"关闭"按钮✓，完成该处的文字标注。

文字标注结果如图 8-68 所示。

采用同样方法，将各房间的功能用途用文字标识完成。

图 8-67　"文字编辑器"选项卡和"多行文字编辑器"

图 8-68　标注厨房文字

8.2.8　绘制指北针和剖切符号

在建筑首层平面图中应绘制指北针以标明建筑方位；如果需要绘制建筑的剖面图，则还应在首层平面图中画出剖切符号以标明剖面剖切位置。

下面将分别介绍平面图中指北针和剖切符号的绘制方法。

1．绘制指北针

（1）单击"默认"选项卡"图层"面板中的"图层特性"按钮🖺，打开"图层特性管理器"选项板，创建新图层，将新图层命名为"指北针与剖切符号"，并将其设置为当前图层。

（2）单击"默认"选项卡"绘图"面板中的"圆"按钮⊙，绘制直径 1200mm 的圆。

（3）单击"默认"选项卡"绘图"面板中的"直线"按钮／，绘制圆的垂直方向直径作为辅助线。

（4）单击"默认"选项卡"修改"面板中的"偏移"按钮⊂，将辅助线分别向左右两侧偏移，偏移量均为 75mm。

（5）单击"默认"选项卡"绘图"面板中的"直线"按钮／，将两条偏移线与圆的下方交点同辅助线上端点连接起来；然后，单击"默认"选项卡"修改"面板中的"删除"按钮✍，删除 3 条辅助线（原有辅助线及两条偏移线），得到一个等腰三角形，如图 8-69 所示。

（6）单击"默认"选项卡"绘图"面板中的"图案填充"按钮▨，打开"图案填充创建"选项卡，选择填充图案 SOLID，对所绘制的等腰三角形进行填充。

单击"默认"选项卡"图层"面板中的"图层特性"按钮🖺，打开"图层特性管理器"选项板，打开"文字"图层，使其保持可见。

（7）单击"默认"选项卡"注释"面板中的"多行文字"按钮 A，设置"文字高度"为500，在等腰三角形上端顶点的正上方书写大写的英文字母 N，标示平面图的正北方向，如图 8-70 所示。

2．绘制剖切符号

（1）单击"默认"选项卡"绘图"面板中的"直线"按钮／，在平面图中绘制剖切面的定位线，并使得该定位线两端伸出被剖切外墙面的距离均为 1000mm，如图 8-71 所示。

图 8-69　圆与三角形　　图 8-70　指北针

（2）单击"默认"选项卡"绘图"面板中的"直线"按钮／，分别以剖切面定位线的两端点为起点，向剖面图投影方向绘制剖视方向线，长度为 500mm。

（3）单击"默认"选项卡"绘图"面板中的"圆"按钮⊙，分别以定位线两端点为圆心，绘制两个半径为 700mm 的圆。

（4）单击"默认"选项卡"修改"面板中的"修剪"按钮⊤，修剪两圆之间的投影线条，然后删除两圆，得到两条剖切位置线。

（5）将剖切位置线和剖视方向线的线宽都设置为 0.30mm。

（6）单击"默认"选项卡"注释"面板中的"多行文字"按钮 A，设置"文字高度"为 300，在平面图两侧剖视方向线的端部书写剖面剖切符号的编号为 1，如图 8-72 所示，完成首层平面图中剖切符号的绘制。

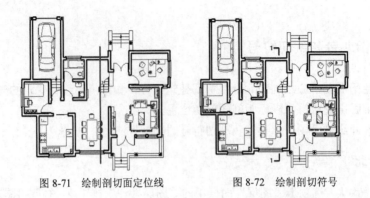

图 8-71　绘制剖切面定位线　　　　图 8-72　绘制剖切符号

😊 贴心小帮手

　　剖面的剖切符号，应由剖切位置线及剖视方向线组成，均应以粗实线绘制。剖视方向线应垂直于剖切位置线，长度应短于剖切位置线，绘图时，剖面剖切符号不宜与图面上的图线相接触。

　　剖面剖切符号的编号宜采用阿拉伯数字，按顺序由左至右、由下至上连续编排，并应注写在剖视方向线的端部。

8.3　别墅二层平面图的绘制

　　在本实例别墅中，二层平面图与首层平面图在设计中有很多相同之处，两层平面的基本轴线关系是一致的，只有部分墙体形状和内部房间的设置存在着一些差别。因此，可以在首层平面图的基础上对已有图形元素进行修改和添加，进而完成别墅二层平面图的绘制。

　　别墅二层平面图的绘制是在首层平面图绘制的基础上进行的。首先，在首层平面图中已有墙线的基础上，根据本层实际情况修补墙体线条；其次，在图库中选择适合的门窗和家具模块，将其插入平面图中相应位置，最后，进行尺寸标注和文字说明。下面就按照这个思路绘制别墅的二层平面图，如图 8-73 所示。

扫码看视频

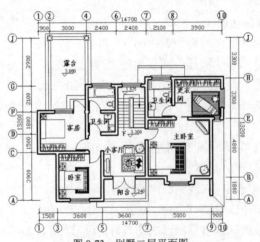

图 8-73　别墅二层平面图

8.3.1　设置绘图环境

利用前面所绘制的图形，来绘制别墅二层平面图。

（1）建立图形文件。打开已绘制的"别墅首层平面图.dwg"文件，在"文件"菜单中执行"另存为"命令，打开"图形另存为"对话框，如图 8-74 所示。在"文件名"下拉列表框中输入新的图形文件的名称为"别墅二层平面图.dwg"，然后单击"保存"按钮，建立图形文件。

（2）清理图形元素。首先，单击"默认"选项卡"修改"面板中的"删除"按钮 ，删除首层平面图中所有文字、室内外台阶和部分家具等图形元素；然后，单击"默认"选项卡"图层"面板中的"图层特性"按钮 ，打开"图层特性管理器"选项板，关闭"轴线""家具""轴线编号"和"标注"图层。

8.3.2　修整墙体和门窗

1．修补墙体

（1）在"图层"下拉列表框中选择"墙体"图层，将其设置为当前图层。

（2）单击"默认"选项卡"修改"面板中的"删除"按钮 ，删除多余的墙体和门窗（与首层平面中位置和大小相同的门窗可保留）。

（3）执行"多线"命令，补充绘制二层平面墙体，参看本书 8.2.3 节中介绍的首层墙体绘制方法，绘制结果如图 8-75 所示。

图 8-74　"图形另存为"对话框

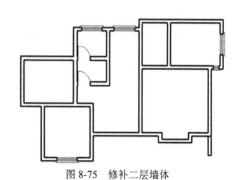

图 8-75　修补二层墙体

2．绘制门窗

二层平面中门窗的绘制，主要借助已有的门窗图块来完成，单击"默认"选项卡"块"面板中的"插入"下拉菜单中"最近使用的块"选项，选择在首层平面绘制过程中创建的门窗图块，进行适当的比例和角度调整后，插入二层平面图中。绘制结果如图 8-76 所示。

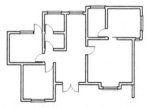

图 8-76　绘制二层平面门窗

具体绘制方法如下。

（1）单击"默认"选项卡"块"面板中的"插入"下拉菜单中"最近使用的块"选项，在二层平面相应的门窗位置插入门窗洞图块，并修剪洞口处多余墙线。

（2）单击"默认"选项卡"块"面板中的"插入"下拉菜单中"最近使用的块"选项，在新绘制的门窗洞口位置，根据需要插入门窗图块，并对该图块作适当的比例或角度调整。

（3）在新插入的窗平面外侧绘制窗台，具体做法可参考前面章节。

8.3.3 绘制阳台和露台

在二层平面中，有一处阳台和一处露台，两者绘制方法相似，主要利用"默认"选项卡"绘图"面板中的"矩形"按钮 □ 和"修改"面板中的"修剪"按钮 进行绘制。

下面分别介绍阳台和露台的绘制步骤。

1．绘制阳台

阳台平面为两个矩形的组合，外部较大的矩形长为 3600mm、宽为 1800mm；较小矩形的长为 3400mm、宽为 1600mm。

（1）单击"默认"选项卡"图层"面板中的"图层特性"按钮，打开"图层特性管理器"选项板，创建新图层，将新图层命名为"阳台"，并将其设置为当前图层。

（2）单击"默认"选项卡"绘图"面板中的"矩形"按钮 □，指定阳台左侧纵墙与横向外墙的交点为第一角点，分别在适当位置绘制 3600mm×1800mm 和 3400mm×1600mm 的两个矩形，如图 8-77 所示。

（3）单击"默认"选项卡"修改"面板中的"修剪"按钮，修剪多余线条，完成阳台平面的绘制，绘制结果如图 8-78 所示。

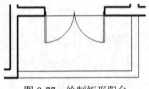

图 8-77 绘制矩形阳台

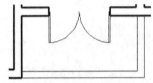

图 8-78 修剪阳台线条

2．绘制露台

（1）单击"默认"选项卡"图层"面板中的"图层特性"按钮，打开"图层特性管理器"选项板，创建新图层，将新图层命名为"露台"，并将其设置为当前图层。

（2）绘制门口处台阶。该处台阶由两个矩形踏步组成，下层矩形踏步尺寸为 1500mm×1100mm；上层矩形踏步尺寸为 1200mm×800mm。首先，单击"默认"选项卡"绘图"面板中的"矩形"按钮 □，以门洞右侧的墙线交点为第一角点，分别绘制这两个矩形踏步平面，如图 8-79 所示。单击"默认"选项卡"修改"面板中的"修剪"按钮，修剪多余线条，完成台阶的绘制。

（3）单击"默认"选项卡"绘图"面板中的"矩形"按钮 □，绘制露台矩形外轮廓线，矩形尺寸为 3720mm×6240mm；然后单击"默认"选项卡"修改"面板中的"修剪"按钮，修剪多余线条。

（4）露台周围结合立柱设计有花式栏杆，露台外围线段向内偏移，偏移间距为 285mm、200mm，露台上立柱矩形尺寸为 320mm×320mm，内部圆半径为 120mm。

露台绘制结果如图 8-80 所示。

 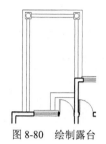

图 8-79　绘制露台门口处台阶　　　　图 8-80　绘制露台

8.3.4　绘制楼梯

别墅中的楼梯共有两跑梯段，首跑 9 个踏步，次跑 10 个踏步，中间楼梯井宽 240mm（楼梯井较通常情况宽一些，做室内装饰用）。本层为别墅的顶层，因此本层楼梯应根据顶层楼梯平面的特点进行绘制，绘制结果如图 8-81 所示。

具体绘制方法如下。

（1）在"图层"下拉列表框中选择"楼梯"图层，将其设置为当前图层。

（2）单击"默认"选项卡"修改"面板中的"偏移"按钮 ⊆，补全楼梯踏步和扶手线条，如图 8-82 所示。

（3）在命令行中输入 qleader，在梯段的中央位置绘制带箭头引线并标注方向文字，如图 8-83 所示。

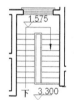 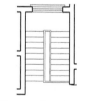 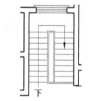

图 8-81　绘制二层平面楼梯　　图 8-82　修补楼梯线　　图 8-83　添加剖断线和方向文字

（4）在楼梯平台处添加平面标高。

楼梯外部矩形为 357mm×2440mm，外部矩形向内进行偏移，偏移量为 50mm。踏步间偏移距离 260mm，距离矩形上步边 50mm，将引线点数设置为"无限制"。

💬 **贴心小帮手**

在顶层平面图中，由于剖切平面在安全栏板之上，该层楼梯的平面图形中应包括两段完整的梯段、楼梯平台及安全栏板。

在顶层楼梯口处有一个注有"下"字的长箭头，表示方向。

8.3.5 绘制雨篷

在别墅中有两处雨篷，其中一处位于别墅北面的正门上方，另一处则位于别墅南面和东面的转角部分。

下面以正门处雨篷为例介绍雨篷平面的绘制方法。

正门处雨篷宽度为3660mm，其出挑长度为1500mm。

具体绘制方法如下。

（1）单击"默认"选项卡"图层"面板中的"图层特性"按钮🖳，打开"图层特性管理器"选项板，创建新图层，将新图层命名为"雨篷"，并将其设置为当前图层。

（2）单击"默认"选项卡"绘图"面板中的"矩形"按钮▭，绘制尺寸为3660mm×1500mm的矩形雨篷平面。单击"默认"选项卡"修改"面板中的"分解"按钮▭，将绘制的矩形分解，然后单击"默认"选项卡"修改"面板中的"偏移"按钮⊂，将雨篷最外侧边向内偏移150mm，得到雨篷外侧线脚。

（3）单击"默认"选项卡"修改"面板中的"修剪"按钮✂，修剪被遮挡部分的矩形线条，完成雨篷的绘制，如图8-84所示。

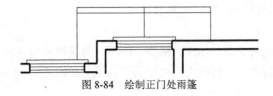

图 8-84　绘制正门处雨篷

8.3.6 绘制家具

同首层平面一样，二层平面中家具的绘制要借助图库来进行，绘制结果如图8-85所示。

（1）在"图层"下拉列表框中选择"家具"图层，将其设置为当前图层。

（2）单击"快速访问"工具栏中的"打开"按钮📂，在打开的"选择文件"对话框中选择"源文件\图库"路径，将图库打开。

（3）在图库中选择所需家具图形模块进行复制，依次粘贴到二层平面图中相应位置。

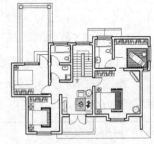

图 8-85　绘制家具

8.3.7 平面标注

二层平面的定位轴线和尺寸标注与首层平面基本一致，无须另做改动，直接沿用首层平面的轴线和尺寸标注结果即可。

1. 尺寸标注与定位轴线编号

单击"图层"工具栏中的"图层特性管理器"按钮🖳，打开"图层特性管理器"选项板，选择"轴线""轴线编号"和"标注"图层，使其均保持可见状态。

2．平面标高

（1）在"图层"下拉列表框中选择"标注"图层，将其设置为当前图层。

（2）单击"默认"选项卡"块"面板中的"插入"下拉菜单中"最近使用的块"选项，将已创建的图块插入平面图中需要标高的位置。

（3）单击"默认"选项卡"注释"面板中的"多行文字"按钮 A，设置"字体"为"宋体"，"文字高度"为 300，在标高符号的长直线上方添加具体的标注数值。

3．文字标注

（1）在"图层"下拉列表框中选择"文字"图层，将其设置为当前图层。

（2）单击"默认"选项卡"注释"面板中的"多行文字"按钮 A，设置"字体"为"宋体"，"文字高度"设为 300，标注二层平面中各房间的名称。

屋顶平面图是建筑平面图的一种类型。绘制建筑屋顶平面图，不仅能表现屋顶的形状、尺寸和特征，还可以从另一个角度更好地帮助人们设计和理解建筑，它的绘制方法和前面的实例相同，这里不再赘述，结果如图 8-86 所示。

8.4 上机实验

【练习 1】绘制图 8-87 所示的住宅平面图。

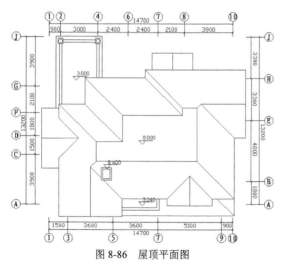

图 8-86 屋顶平面图

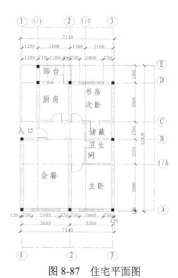

图 8-87 住宅平面图

【练习 2】绘制图 8-88 所示的歌舞厅室内平面图。

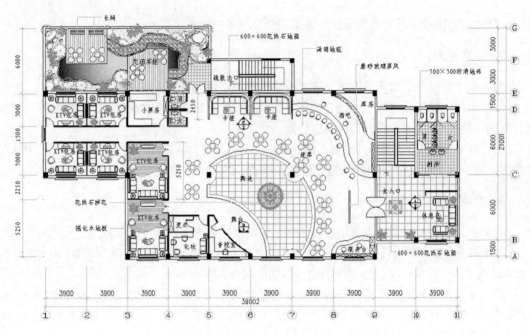

歌舞厅室内平面布置图 1:150

图 8-88　歌舞厅室内平面图

第**9**章

别墅建筑室内设计图的绘制

室内设计图是反映建筑物内部空间装饰和装修情况的图样。室内设计是指根据空间的使用性质和所处环境运用物质技术及艺术手段，创造出功能合理、舒适美观、符合人的生理和心理要求，使使用者心情愉快，便于生活和学习的理想场所的内部空间环境设计，包括4个组成部分，即空间形象设计、室内装修设计、室内物理环境设计和室内陈设艺术设计。本章将介绍别墅室内设计图的绘制。

【内容要点】

☑ 客厅平面图的绘制

☑ 别墅首层地坪图的绘制

☑ 别墅首层顶棚平面图的绘制

☑ 客厅立面图 A 的绘制

【案例欣赏】

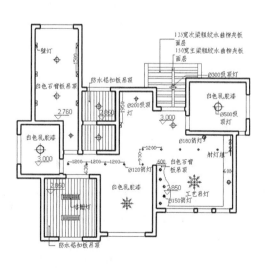

9.1 客厅平面图的绘制

客厅平面图的主要绘制思路如下。首先利用已绘制的首层平面图生成客厅平面图轮廓；其次，在客厅平面中添加各种家具图形；最后对所绘制的客厅平面图进行尺寸标注，如有必要，还要添加室内方向索引符号进行方向标识。下面按照这个思路绘制别墅客厅的平面图，如图9-1所示。

9.1.1 设置绘图环境

利用前面所绘制的别墅首层平面图，绘制客厅平面图。

扫码看视频

1．创建图形文件

打开随书配套资源"源文件"中的"别墅首层平面图.dwg"文件，执行菜单栏中的"文件"→"另存为"命令，打开"图形另存为"对话框，在"文件名"下拉列表框中输入新的图形文件名称"客厅平面图.dwg"，单击"保存"按钮，建立图形文件。

2．清理图形元素

（1）单击"默认"选项卡"修改"面板中的"删除"按钮 ，删除平面图中多余的图形元素，仅保留客厅四周的墙线及门窗。

（2）单击"默认"选项卡"绘图"面板中的"图案填充"按钮 ，打开"图案填充创建"选项卡，选择填充图案"SOLID"，填充客厅墙体，填充结果如图9-2所示。

9.1.2 绘制家具

客厅是别墅主人会客和休闲娱乐的场所。在客厅中，应设置的家具有沙发、茶几、电视柜等。除此之外，还可以设计和摆放一些可以体现主人个人品位和兴趣爱好的室内装饰物品，利用"插入块"命令，将上述家具插入客厅相应位置，结果如图9-3所示。

图 9-1　别墅客厅平面图

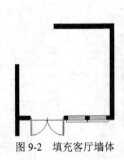

图 9-2　填充客厅墙体

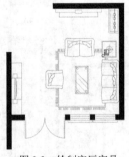

图 9-3　绘制客厅家具

9.1.3　室内平面标注

室内平面标注包括轴号的标注、尺寸的标注和方向索引符号的绘制。

1．轴线标识

单击"默认"选项卡"图层"面板中的"图层特性"按钮，打开"图层特性管理器"选项板，选择"轴线"和"轴线编号"图层，并将其打开，除保留客厅相关轴线与轴号外，删除所有多余的轴线和轴号图形。

2．尺寸标注

（1）在"图层"下拉列表框中选择"标注"图层，将其设置为当前图层。

（2）单击"默认"选项卡"注释"面板中的"标注样式"按钮，打开"标注样式管理器"对话框，创建新的标注样式，并将其命名为"室内标注"。

（3）单击"继续"按钮，打开"新建标注样式：室内标注"对话框，进行以下设置。

选择"符号和箭头"选项卡，在"箭头"选项组中的"第一个"和"第二个"下拉列表框中均选择"建筑标记"，在"引线"下拉列表框中选择"点"，在"箭头大小"数值框中输入 50；选择"文字"选项卡，在"文字外观"选项组中的"文字高度"数值框中输入 150。

（4）完成设置后，将新建的"室内标注"设为当前标注样式。

（5）在"标注"下拉菜单中执行"线性标注"命令，对客厅平面中的墙体尺寸、门窗位置和主要家具的平面尺寸进行标注。标注结果如图 9-4 所示。

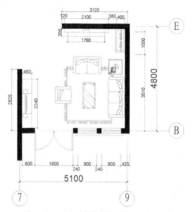

图 9-4　添加轴线标识和尺寸标注

3．方向索引

在绘制一组室内设计图样时，为了统一室内方向标识，通常要在平面图中添加方向索引符号。

（1）在"图层"下拉列表框中选择"标注"图层，将其设置为当前图层。

（2）单击"默认"选项卡"绘图"面板中的"矩形"按钮，绘制一个边长 300mm 的正方形；接着，单击"默认"选项卡"绘图"面板中的"直线"按钮，绘制正方形对角线；然后，单击"默认"选项卡"修改"面板中的"旋转"按钮，将所绘制的正方形旋转 45°。

（3）单击"默认"选项卡"绘图"面板中的"圆"按钮⊙，以正方形对角线交点为圆心，绘制半径 150mm 的圆，该圆与正方形内切。

（4）单击"默认"选项卡"修改"面板中的"分解"按钮，将正方形进行分解，并删除正方形下半部的两条边和垂直方向的对角线，剩余图形为等腰直角三角形与圆；然后利用"修剪"命令，结合已知圆，修剪正方形水平对角线。

（5）单击"默认"选项卡"绘图"面板中的"图案填充"按钮，打开"图案填充创建"选项卡，选择填充图案"SOLID"，对等腰三角形中未与圆重叠的部分进行填充，得到图 9-5 所示的索引符号。

（6）单击"默认"选项卡"块"面板中的"创建"按钮，将所绘索引符号定义为图块，命名为"室内索引符号"。

（7）单击"默认"选项卡"块"面板中的"插入"按钮，在平面图中插入索引符号，并根据需要调整符号角度。

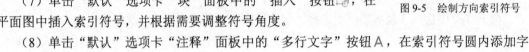

图 9-5　绘制方向索引符号

（8）单击"默认"选项卡"注释"面板中的"多行文字"按钮Ａ，在索引符号圆内添加字母或数字进行标识。

9.2　别墅首层地坪图的绘制

室内地坪图是表达建筑物内部各房间地面材料铺装情况的图样。由于各房间地面用材因房间功能的差异而有所不同，因此在图样中通常选用不同的填充图案并结合文字来表达。如何用图案填充绘制地坪材料及如何绘制引线、添加文字标注是本节学习的重点。

别墅首层地坪图的绘制思路如下。首先，由已知的首层平面图生成平面墙体轮廓；接着，在各门窗洞口位置绘制投影线；然后，根据各房间地面材料类型，选取适当的填充图案并对各房间地面进行填充；最后，添加尺寸和文字标注。下面就按照这个思路绘制别墅的首层地坪图，如图 9-6 所示。

扫码看视频

图 9-6　别墅首层地坪图

9.2.1 设置绘图环境

1. 创建图形文件

打开已绘制的"别墅首层平面图.dwg"文件，在"文件"菜单中执行"另存为"命令，打开"图形另存为"对话框，在"文件名"下拉列表框中输入新的图形名称"别墅首层地坪图.dwg"，单击"保存"按钮，建立图形文件。

2. 清理图形元素

（1）单击"默认"选项卡"图层"面板中的"图层特性"按钮，打开"图层特性管理器"选项板，关闭"轴线""轴线编号"和"标注"图层。

（2）单击"默认"选项卡"修改"面板中"删除"按钮，删除首层平面图中所有的家具和门窗图形。

（3）执行菜单栏中的"文件"→"图形实用工具"→"清理"命令，清理无用的图形元素。清理后，所得平面图形如图 9-7 所示。

9.2.2 补充平面元素

1. 填充平面墙体

（1）在"图层"下拉列表框中选择"墙体"图层，将其设置为当前图层。

（2）单击"默认"选项卡"绘图"面板中的"图案填充"按钮，打开"图案填充创建"选项卡，选择"SOLID"图案，在绘图区域中拾取墙体内部点，选择墙体作为填充对象进行填充。

2. 绘制门窗投影线

（1）在"图层"下拉列表框中选择"门窗"图层，将其设置为当前图层。

（2）单击"默认"选项卡"绘图"面板中的"直线"按钮，在门窗洞口处绘制洞口平面投影线，如图 9-8 所示。

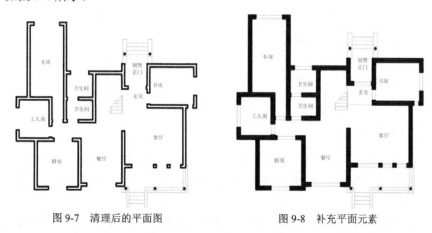

图 9-7 清理后的平面图 　　　　　　　　图 9-8 补充平面元素

9.2.3　绘制地板

1．绘制木地板

在首层平面中，铺装木地板的房间包括工人房和书房。

（1）单击"默认"选项卡"图层"面板中的"图层特性"按钮
🖳，打开"图层特性管理器"选项板，创建新图层，将新图层命名
为"地坪"，并将其设置为当前图层。

（2）单击"默认"选项卡"绘图"面板中的"图案填充"按钮
▨，打开"图案填充创建"选项卡，选择填充图案"LINE"，并将
图案填充比例设置为60；在绘图区域中依次选择工人房和书房平面
作为填充对象，进行地板图案填充。图9-9所示为书房地板绘制效果。

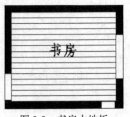

图 9-9　书房木地板

2．绘制地砖

在本实例中使用的地砖种类主要有两种，即卫生间、厨房使用的防滑地砖和入口、阳台等
处地面使用的普通地砖。

（1）绘制防滑地砖。在卫生间和厨房里，地面的铺装材料为200mm×200mm防滑地砖。

① 单击"默认"选项卡"绘图"面板中的"图案填充"按钮▨，打开"图案填充创建"选
项卡，选择填充图案"ANGEL"，并将图案填充比例设置为30。

② 在绘图区域中依次选择卫生间和厨房平面作为填充对象，进行防滑地砖图案的填充。图
9-10所示为卫生间地板绘制效果。

（2）绘制普通地砖。在别墅的入口和外廊处，地面铺装材料为 400mm×400mm 的普通地
砖。

利用"图案填充"命令，选择填充图案"NET"，并将图案填充比例设置为120；在绘图区
域中依次选择入口和外廊平面作为填充对象，进行普通地砖图案的填充。图9-11所示为主入口
处地板绘制效果。

图 9-10　绘制卫生间防滑地砖

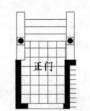

图 9-11　绘制入口地砖

3．绘制大理石地面

通常客厅和餐厅的地面材料可以有很多种选择，如普通地砖、耐磨木地板等。在本实例中，
设计者选择在客厅、餐厅和走廊地面铺装浅色大理石材料，这种材料颜色光亮、易清洁而且耐
磨损。

（1）单击"默认"选项卡"绘图"面板中的"图案填充"按钮▨，打开"图案填充创建"

选项卡，选择填充图案"NET"，并将图案填充比例设置为 210。

（2）在绘图区域中依次选择客厅、餐厅和走廊平面作为填充对象，进行大理石地面图案的填充。图 9-12 所示为客厅地板绘制效果。

4．绘制车库地板

本实例中车库地板材料采用的是车库专用耐磨地板。

（1）单击"默认"选项卡"绘图"面板中的"图案填充"按钮▨，打开"图案填充创建"选项卡，选择填充图案"GRATE"，并将图案填充角度设置为 90°、填充比例设置为 400。

（2）在绘图区域中选择车库平面作为填充对象，进行车库地面图案的填充，如图 9-13 所示。

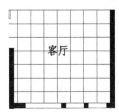

图 9-12　客厅地板绘制效果　　　　　　图 9-13　绘制车库地板

9.2.4　尺寸标注与文字说明

1．尺寸标注与标高

在本实例中，尺寸标注和平面标高的内容及要求与平面图基本相同。由于本图是基于已有的首层平面图基础上绘制生成的，因此，本实例中的尺寸标注可以直接沿用首层平面图的标注结果。

2．文字说明

（1）在"图层"下拉列表框中选择"文字"图层，将其设置为当前图层。

（2）执行 qleader 命令，将引线的箭头形式设置为"小点"，"箭头大小"设置为 60。

（3）单击"默认"选项卡"注释"面板中的"多行文字"按钮 A，将字体设置为"仿宋_GB2312"，"文字高度"设置为 300，在引线一端添加文字说明，标明该房间地面的铺装材料和铺装做法。

9.3　别墅首层顶棚平面图的绘制

建筑室内顶棚图主要表达的是建筑室内各房间顶棚的材料和装修做法及灯具的布置情况。由于各房间的使用功能不同，其顶棚的材料和做法均有各自不同的特点，常需要使用图形填充并结合适当文字加以说明。因此，如何使用引线和多行文字命令添加文字标注仍是绘制过程中的重点。

别墅首层顶棚图的主要绘制思路如下。首先，清理首层平面图，留下墙体轮廓，并在各门窗洞口位置绘制投影线；其次，绘制吊顶并根据各房间选用的照明方式绘制灯具；最后，进行文字说明和尺寸标注。下面按照这个思路绘制别墅首层顶棚平面图，如图 9-14 所示。

扫码看视频

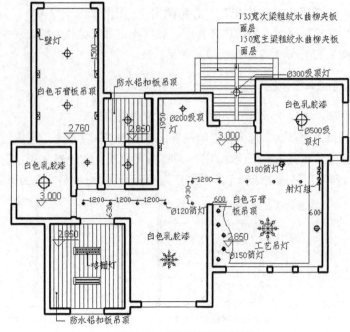

图 9-14 别墅首层顶棚平面图

9.3.1 设置绘图环境

1．创建图形文件

打开已绘制的"别墅首层平面图.dwg"文件，在"文件"菜单中执行"另存为"命令，打开"图形另存为"对话框，在"文件名"下拉列表框中输入新的图形文件名称"别墅首层顶棚平面图.dwg"，单击"保存"按钮，建立图形文件。

2．清理图形元素

（1）单击"默认"选项卡"图层"面板中的"图层特性"按钮，打开"图层特性管理器"选项板，关闭"轴线""轴线编号"和"标注"图层。

（2）单击"默认"选项卡"修改"面板中的"删除"按钮，删除首层平面图中的家具、门窗图形及所有文字。

（3）执行菜单栏中的"文件"→"图形实用工具"→"清理"命令，清理无用的图层和其他图形元素。清理后，所得平面图形如图 9-15 所示。

图 9-15 清理后的平面图

9.3.2 补绘平面轮廓

1．绘制门窗投影线

（1）在"图层"下拉列表框中选择"门窗"图层，将其设置为当前图层。

（2）单击"默认"选项卡"绘图"面板中的"直线"按钮╱，在门窗洞口处绘制洞口投影线。

2．绘制入口雨篷轮廓

（1）单击"默认"选项卡"图层"面板中的"图层特性"按钮鑷，打开"图层特性管理器"选项板，创建新图层，将新图层命名为"雨篷"，并将其设置为当前图层。

（2）单击"默认"选项卡"绘图"面板中的"直线"按钮╱，以正门外侧投影线中点为起点向上绘制长度 2700mm 的雨篷中心线；然后以中心线的上侧端点为中点，绘制长度 3660mm 的水平边线。

（3）单击"默认"选项卡"修改"面板中的"偏移"按钮⊆，将雨篷中心线分别向两侧偏移，偏移量均为 1830mm，得到屋顶两侧边线。

（4）重复"偏移"命令，将所有边线均向内偏移 240mm，修剪边线，得到入口雨篷轮廓线，如图 9-16 所示。

经过补绘后的平面图如图 9-17 所示。

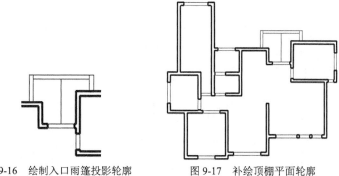

图 9-16　绘制入口雨篷投影轮廓　　　　图 9-17　补绘顶棚平面轮廓

9.3.3　绘制吊顶

在别墅首层平面中，有 3 处做吊顶设计，即卫生间、厨房和客厅。其中，卫生间和厨房是出于防水或防油烟的需要，安装铝扣板吊顶；在客厅上方局部设计石膏板吊顶，这种吊顶既美观大方，又为各种装饰性灯具的设置和安装提供了方便。下面分别介绍这 3 处吊顶的绘制方法。

1．绘制卫生间吊顶

基于卫生间使用过程中的防水要求，在卫生间顶部安装铝扣板吊顶。

（1）单击"默认"选项卡"图层"面板中的"图层特性"按钮鑷，打开"图层特性管理器"选项板，创建新图层，将新图层命名为"吊顶"，并将其设置为当前图层。

（2）单击"默认"选项卡"绘图"面板中的"图案填充"按钮▨，打开"图案填充创建"选项卡，选择填充图案"LINE"，并将图案填充角度设置为 90°、填充比例设置为 60。

（3）在绘图区域中选择卫生间顶棚平面作为填充对象，进行图案填充，如图 9-18 所示。

2．绘制厨房吊顶

基于厨房使用过程中的防水和防油的要求，在厨房顶部安装铝扣板吊顶。

（1）在"图层"下拉列表框中选择"吊顶"图层，将其设置为当前图层。

（2）单击"默认"选项卡"绘图"面板中的"图案填充"按钮▨，打开"图案填充创建"选项卡，选择填充图案"LINE"，并将图案填充角度设置为90°、填充比例设置为60。

（3）在绘图区域中选择厨房顶棚平面作为填充对象，进行图案填充，如图9-19所示。

3. 绘制客厅吊顶

客厅吊顶的方式为周边式，不同于前面介绍的卫生间和厨房所采用的完全式吊顶。客厅吊顶的重点部位在西面电视墙的上方。

（1）单击"默认"选项卡"修改"面板中的"偏移"按钮⊏，将客厅顶棚东和顶棚南两个方向轮廓线向内偏移，偏移量分别为600mm和150mm，得到"轮廓线1"和"轮廓线2"。

（2）单击"默认"选项卡"绘图"面板中的"样条曲线拟合"按钮ℕ，以客厅西侧墙线为基准线绘制样条曲线，如图9-20所示。

（3）单击"默认"选项卡"修改"面板中的"移动"按钮✛，将样条曲线水平向右移动600mm。

（4）单击"默认"选项卡"绘图"面板中的"直线"按钮╱，连接样条曲线与墙线的端点。

（5）单击"默认"选项卡"修改"面板中的"修剪"按钮▿，修剪吊顶轮廓线条，完成客厅吊顶的绘制，如图9-21所示。

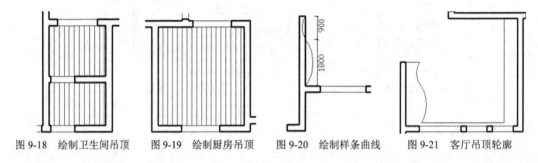

图9-18　绘制卫生间吊顶　　　图9-19　绘制厨房吊顶　　　图9-20　绘制样条曲线　　　图9-21　客厅吊顶轮廓

9.3.4　绘制入口雨篷顶棚

别墅正门入口雨篷的顶棚由一条水平的主梁和两侧数条对称布置的次梁组成。

具体绘制方法如下。

（1）单击"默认"选项卡"图层"面板中的"图层特性"按钮❑，打开"图层特性管理器"选项板，创建新图层，将新图层命名为"顶棚"，并将其设置为当前图层。

（2）绘制主梁。单击"默认"选项卡"修改"面板中的"偏移"按钮⊏，将雨篷中心线依次向左右两侧进行偏移，偏移量均为75mm；然后，单击"修改"工具栏中的"删除"按钮⌀，将原有中心线删除。

（3）绘制次梁。单击"默认"选项卡"绘图"面板中的"图案填充"按钮▨，打开"图案填充创建"选项卡，选择填充图案"STEEL"，并将图案填充角度设置为135°、填充比例设置为135。

（4）在绘图区域中选择中心线两侧矩形区域作为填充对象，进行图案填充，如图9-22所示。

9.3.5　绘制灯具

不同种类的灯具由于材料和形状的差异，其平面图形也大有不同。在本实例中，灯具种类主要包括工艺吊灯、吸顶灯、筒灯、射灯和壁灯等。在 AutoCAD 图样中，并不需要详细描绘出各种灯具的具体式样，一般情况下，每种灯具都是用灯具图例来表示的。下面分别介绍几种灯具图例的绘制方法。

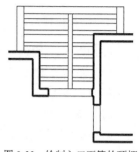

图 9-22　绘制入口雨篷的顶棚

1. 绘制工艺吊灯

工艺吊灯仅在客厅和餐厅使用，与其他灯具相比，形状比较复杂。

（1）单击"默认"选项卡"图层"面板中的"图层特性"按钮，打开"图层特性管理器"选项板，创建新图层，将新图层命名为"灯具"，并将其设置为当前图层。

（2）单击"默认"选项卡"绘图"面板中的"圆"按钮，绘制两个同心圆，其半径分别为 150mm 和 200mm。

（3）单击"默认"选项卡"绘图"面板中的"直线"按钮，以圆心为端点，向右绘制一条长度 400mm 的水平线段。

（4）单击"默认"选项卡"绘图"面板中的"圆"按钮，以线段右端点为圆心，绘制一个较小的圆，其半径为 50mm。

（5）单击"默认"选项卡"修改"面板中的"移动"按钮，水平向左移动小圆，移动距离为 100mm，如图 9-23 所示。

图 9-23　绘制第一个吊灯单元

（6）单击"默认"选项卡"修改"面板中的"环形阵列"按钮，输入项目总数为 8、填充角度为 360°；将同心圆圆心作为阵列中心点；将图 9-23 中的水平线段和右侧小圆作为阵列对象，生成工艺吊灯图例，如图 9-24 所示。

图 9-24　工艺吊灯图例

2. 绘制吸顶灯

在别墅首层平面中，使用最广泛的灯具当属吸顶灯。别墅入口、卫生间和卧室的房间都使用吸顶灯来进行照明。

常用的吸顶灯图例有圆形和矩形两种。此处主要介绍圆形吸顶灯图例。

（1）单击"默认"选项卡"绘图"面板中的"圆"按钮，绘制两个同心圆，其半径分别为 90mm 和 120mm。

（2）单击"默认"选项卡"绘图"面板中的"直线"按钮，绘制两条互相垂直的直径；激活已绘制直径的两端点，将直径向两侧分别拉伸，每个端点处拉伸量均为 40mm，得到一个正交十字。

（3）单击"默认"选项卡"绘图"面板中的"图案填充"按钮，打开"图案填充创建"选项卡，选择填充图案"SOLID"，对同心圆中的圆环部分进行填充。

图 9-25 所示为绘制完成的吸顶灯图例。

3．绘制格栅灯

在别墅中，格栅灯是专用于厨房的照明灯具。

（1）单击"默认"选项卡"绘图"面板中的"矩形"按钮 ▭，绘制 1200mm×300 mm 的矩形格栅灯轮廓。

（2）单击"默认"选项卡"修改"面板中的"分解"按钮，将矩形分解；然后单击"默认"选项卡"修改"面板中的"偏移"按钮，将矩形两条短边分别向内偏移，偏移量均为 80mm。

（3）单击"默认"选项卡"绘图"面板中的"矩形"按钮 ▭，绘制两个 1040mm×45mm 的矩形灯管，两个灯管平行间距为 70mm。

（4）单击"默认"选项卡"绘图"面板中的"图案填充"按钮，打开"图案填充创建"选项卡，选择填充图案"ANSI32"，并将填充比例设置为 10，对两矩形灯管区域进行填充。

图 9-26 所示为绘制完成的格栅灯图例。

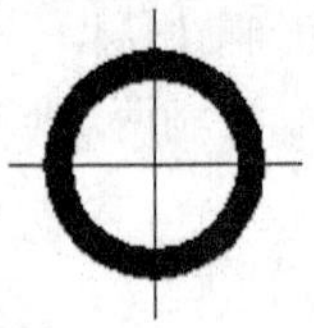

图 9-25　吸顶灯图例

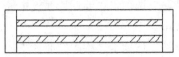

图 9-26　格栅灯图例

4．绘制筒灯

筒灯体积较小，主要应用于室内装饰照明和走廊照明。

常见筒灯图例由两个同心圆和一个十字组成。

（1）单击"默认"选项卡"绘图"面板中的"圆"按钮，绘制两个同心圆，其半径分别为 45mm 和 60mm。

（2）单击"默认"选项卡"绘图"面板中的"直线"按钮，绘制两条互相垂直的直径。

（3）激活已绘两条直径的所有端点，将两条直径分别向其两端方向拉伸，每个方向拉伸量均为 20mm，得到正交的十字。

图 9-27 所示为绘制完成的筒灯图例。

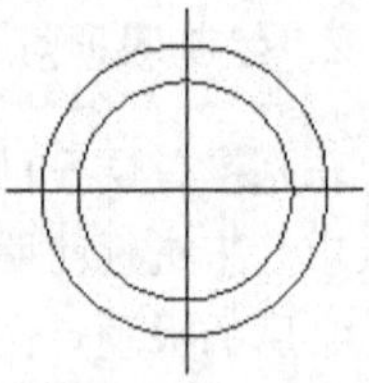

5．绘制壁灯

在别墅中，车库和楼梯侧墙面都通过设置壁灯来辅助照明。本实例中使用的壁灯图例由矩形及其两条对角线组成。

（1）单击"默认"选项卡"绘图"面板中的"矩形"按钮 ▭，绘制 300mm×150mm 的矩形。

（2）单击"默认"选项卡"绘图"面板中的"直线"按钮，绘制矩形的两条对角线。

图 9-28 所示为绘制完成的壁灯图例。

图 9-27　筒灯图例

图 9-28　壁灯图例

6．绘制射灯组

射灯组的平面图例在绘制客厅平面图时已有介绍，具体绘制方法可参看前面章节内容。

7．在顶棚图中插入灯具图例

（1）单击"默认"选项卡"块"面板中的"创建"按钮 ，将所绘制的各种灯具图例分别定义为图块。

（2）单击"默认"选项卡"块"面板中的"插入"按钮 ，根据各房间或空间的功能，选择适合的灯具图例并根据需要设置图块比例，然后将其插入顶棚中相应位置。

图 9-29 所示为客厅顶棚灯具布置效果。

图 9-29　客厅顶棚灯具

9.3.6　尺寸标注与文字说明

1．尺寸标注

在顶棚图中，尺寸标注的内容主要包括灯具和吊顶的尺寸及其水平位置。这里的尺寸标注依然同前面一样，是通过"线性标注"命令来完成的。

（1）在"图层"下拉列表框中选择"标注"图层，将其设置为当前图层。

（2）单击"默认"选项卡"注释"面板中的"标注样式"按钮 ，将"室内标注"设置为当前标注样式。

（3）单击"默认"选项卡"注释"面板中的"线性"按钮 ，对顶棚图进行尺寸标注。

2．标高标注

在顶棚图中，各房间顶棚的高度需要通过标高来表示。

（1）单击"默认"选项卡"块"面板中的"插入"按钮 ，将标高符号插入各房间顶棚位置。

（2）单击"默认"选项卡"注释"面板中的"多行文字"按钮 ，在标高符号的长直线上方添加相应的标高数值。标注结果如图 9-30 所示。

3．文字说明

在顶棚图中，各房间所用的顶棚材料及其做法和灯具的类型都要通过文字说明来标明。

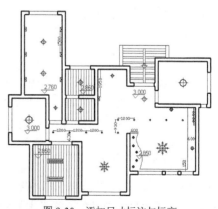

图 9-30　添加尺寸标注与标高

（1）在"图层"下拉列表框中选择"文字"图层，将其设置为当前图层。

（2）在命令行中输入"qleader"命令，并将引线"箭头大小"设置为60。

（3）单击"默认"选项卡"注释"面板中的"多行文字"按钮 A，将字体设置为"仿宋_GB2312"，"文字高度"设置为300，在引线的一端添加文字说明。

9.4 客厅立面图 A 的绘制

室内立面图主要反映室内墙面装修与装饰的情况。本节将介绍室内立面图的绘制过程，选取的实例为别墅客厅中 A 方向的立面。

在别墅客厅中，A 立面装饰元素主要包括文化墙、装饰柜及柜子上方的装饰画和射灯。

客厅立面图的主要绘制思路如下。首先，利用已绘制的客厅平面图生成墙体和楼板剖立面，其次，利用图库中的图形模块绘制各种家具立面；最后，对所绘制的客厅平面图进行尺寸标注和文字说明。下面按照这个思路绘制别墅客厅的立面图 A，如图 9-31 所示。

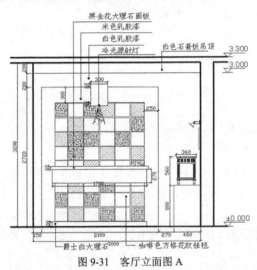

扫码看视频

图 9-31　客厅立面图 A

9.4.1　设置绘图环境

1．创建图形文件

打开源文件中的"客厅平面图.dwg"文件，单击"快速访问"工具栏中的"另存为"按钮，打开"图形另存为"对话框，在"文件名"下拉列表框中输入新的图形文件名称"客厅立面图 A.dwg"，单击"保存"按钮，建立图形文件。

2．清理图形元素

（1）单击"默认"选项卡"图层"面板中的"图层特性"按钮，打开"图层特性管理器"选项板，关闭与绘制对象关联不大的图层，如"轴线""轴线编号"图层等。

（2）单击"默认"选项卡"修改"面板中的"修剪"按钮，清理平面图中多余的家具和墙体线条。

（3）清理后，所得平面图形如图 9-32 所示。

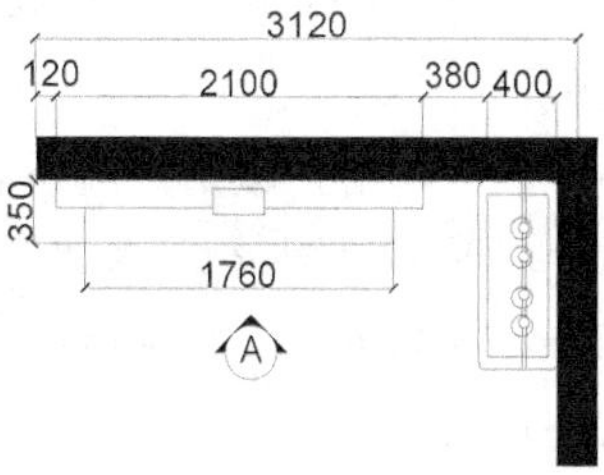

9.4.2　绘制地面、楼板与墙体

在室内立面图中，被剖切的墙线和楼板线都用粗实线表示。

图 9-32　清理后的平面图形

1．绘制室内地坪

（1）单击"默认"选项卡"图层"面板中的"图层特性"按钮，打开"图层特性管理器"选项板，创建新图层，将新图层命名为"粗实线"，将该图层线宽设置为 0.30mm，并将其设置为当前图层。

（2）单击"默认"选项卡"绘图"面板中的"直线"按钮，在平面图上方绘制长度为 4000mm 的室内地坪线，其标高为±0.000。

2．绘制楼板线和梁线

（1）单击"默认"选项卡"修改"面板中的"偏移"按钮，将室内地坪线连续向上偏移两次，偏移量依次为 3200mm 和 100mm，得到楼板定位线。

（2）单击"默认"选项卡"图层"面板中的"图层特性"按钮，打开"图层特性管理器"选项板，创建新图层，将新图层命名为"细实线"，并将其设置为当前图层。

（3）单击"默认"选项卡"修改"面板中的"偏移"按钮，将室内地坪线向上偏移 3000mm，得到梁底面位置。

（4）将所绘梁底定位线转移到"细实线"图层。

3．绘制墙体

（1）单击"默认"选项卡"绘图"面板中的"直线"按钮，由平面图中的墙体位置生成立面图中的墙体定位线。

（2）单击"默认"选项卡"绘图"面板中的"直线"按钮，对墙线、楼板线及梁底定位线进行修剪，如图 9-33 所示。

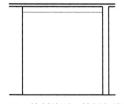

图 9-33　绘制地面、楼板与墙体

9.4.3　绘制文化墙

1．绘制墙体

（1）单击"默认"选项卡"图层"面板中的"图层特性"按钮，打开"图层特性管理器"选项板，创建新图层，将新图层命名为"文化墙"，并将其设置为当前图层。

（2）单击"默认"选项卡"修改"面板中的"偏移"按钮，将左侧墙线向右偏移，偏移量为 150mm，得到文化墙左侧定位线。

（3）单击"默认"选项卡"绘图"面板中的"矩形"按钮，以定位线与室内地坪线交点为左下角点绘制"矩形 1"，尺寸为 2100mm×2720mm；然后利用"删除"命令删除定位线。

（4）单击"默认"选项卡"绘图"面板中的"矩形"按钮 □，依次绘制"矩形 2""矩形 3""矩形 4""矩形 5"和"矩形 6"，各矩形尺寸依次为 1600mm×2420mm、1700mm×100mm、300mm×420mm、1760mm×60mm 和 1700mm×270mm，使各矩形底边中点均与"矩形 1"底边中点重合。

（5）单击"默认"选项卡"修改"面板中的"移动"按钮 ✛，依次向上移动"矩形 4""矩形 5"和"矩形 6"，移动距离分别为 2360mm、1120mm 和 850mm。

（6）单击"默认"选项卡"修改"面板中的"修剪"按钮 ┅，修剪多余线条，如图 9-34 所示。

2．绘制装饰挂毯

（1）单击"快速访问"工具栏中的"打开"按钮 ▷，在打开的"选择文件"对话框中选择"源文件\图库"路径，找到"CAD 图库.dwg"文件并将其打开。

（2）在"装饰"一栏，选择"挂毯"图形模块进行复制，如图 9-35 所示。

返回"客厅立面图"的绘图界面，将复制的图形模块粘贴到立面图右侧空白区域。

（3）由于"挂毯"模块尺寸为 1134mm×854mm，小于铺放挂毯的矩形区域（1600mm×2320mm），因此有必要对挂毯模块进行重新编辑。

① 单击"默认"选项卡"修改"面板中的"分解"按钮 ⬜，将"挂毯"图形模块进行分解。

② 利用"复制"命令，以挂毯中的方格图形为单元，复制并拼贴成新的挂毯图形。

③ 将编辑后的挂毯图形填充到文化墙中央矩形区域，绘制结果如图 9-36 所示。

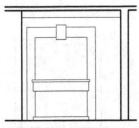
图 9-34　绘制文化墙墙体

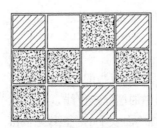
图 9-35　挂毯模块

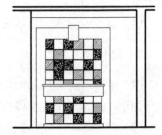
图 9-36　绘制装饰挂毯

3．绘制筒灯

（1）单击"快速访问"工具栏中的"打开"按钮 ▷，在打开的"选择文件"对话框中选择"源文件\图库"路径，找到"CAD 图库.dwg"文件并将其打开。

（2）在"灯具和电器"一栏中，选择"筒灯 L"，如图 9-37 所示，选中该图形后单击菜单栏中"编辑"→"带基点复制"命令，点取筒灯图形上端顶点作为基点。

（3）返回"客厅立面图"的绘图界面，将复制的"筒灯 L"模块粘贴到文化墙中"矩形 4"的下方，如图 9-38 所示。

图 9-37　筒灯立面

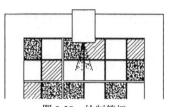

图 9-38　绘制筒灯

9.4.4　绘制家具

1．绘制柜子底座

（1）在"图层"下拉列表框中选择"家具"图层，将其设置为当前图层。

（2）单击"默认"选项卡"绘图"面板中的"矩形"按钮 ⬚ ，以右侧墙体的底部端点为矩形右下角点，绘制 480mm×800mm 的矩形。

2．绘制装饰柜

（1）单击"快速访问"工具栏中的"打开"按钮 🗁 ，在打开的"选择文件"对话框中选择"源文件\图库"路径，找到"CAD 图库.dwg"文件并将其打开。

（2）在"柜子"一栏中，选择"柜子—01CL"，如图 9-39 所示。选中该图形，将其复制。

（3）返回"客厅立面图 A"的绘图界面，将复制的图形粘贴到已绘制的柜子底座上方。

3．绘制射灯组

（1）单击"默认"选项卡"修改"面板中的"偏移"按钮 ⊂ ，将室内地坪线向上偏移，偏移量为 2000mm，得到射灯组定位线。

（2）单击"快速访问"工具栏中的"打开"按钮 🗁 ，在打开的"选择文件"对话框中选择"源文件\图库"路径，找到"CAD 图库.dwg"文件并将其打开。

（3）在"灯具"一栏中，选择"射灯组 CL"，如图 9-40 所示；选中该图形后单击鼠标右键，在打开的快捷菜单中执行"复制选择"命令。

（4）返回"客厅立面图 A"的绘图界面，将复制的"射灯组 CL"模块粘贴到已绘制的定位线处。

（5）单击"默认"选项卡"修改"面板中的"删除"按钮 ，删除定位线。

4．绘制装饰画

在装饰柜与射灯组之间的墙面上，挂有裱框装饰画一幅。从本图中只看到画框侧面，其立面可用相应大小的矩形表示。

具体绘制方法如下。

（1）单击"默认"选项卡"修改"面板中的"偏移"按钮 ⊂ ，将室内地坪线向上偏移，偏移量为 1500mm，得到画框底边定位线。

（2）单击"默认"选项卡"绘图"面板中的"矩形"按钮 ▭，以定位线与墙线交点作为矩形右下角点，绘制 30mm×420mm 的画框侧面。

（3）单击"默认"选项卡"修改"面板中的"删除"按钮 ✐，删除定位线。

图 9-41 所示为以装饰柜为中心的家具组合立面。

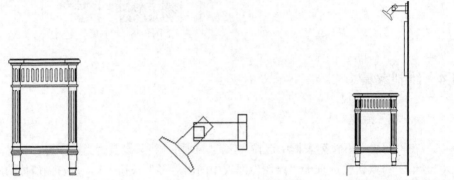

图 9-39 "柜子—01CL"图形模块　图 9-40 "射灯组 CL"图形模块　图 9-41 以装饰柜为中心的家具组合

9.4.5 室内立面标注

1．室内立面标高

（1）在"图层"下拉列表框中选择"标注"图层，将其设置为当前图层。

（2）单击"默认"选项卡"块"面板中的"插入"下拉菜单中"最近使用的块"选项，系统弹出"块"选项板，在立面图中地坪、楼板和梁的位置插入标高符号。

（3）单击"默认"选项卡"注释"面板中的"多行文字"按钮 A，在标高符号的长直线上方添加标高数值。

2．尺寸标注

在室内立面图中，对家具的尺寸和空间位置关系都要使用"线性标注"命令进行标注。

（1）在"图层"下拉列表框中选择"标注"图层，将其设置为当前图层。

（2）单击"默认"选项卡"注释"面板中的"标注样式"按钮 ⊭，打开"标注样式管理器"对话框，选择"室内标注"作为当前标注样式。

（3）单击"默认"选项卡"注释"面板中的"线性"按钮 ⊢⊣，对家具的尺寸和空间位置关系进行标注。

3．文字说明

在室内立面图中通常用文字说明来标明各部位表面所用的装饰材料和装修做法。

（1）在"图层"下拉列表框中选择"文字"图层，将其设置为当前图层。

（2）执行 qleader 命令，绘制标注引线。

（3）单击"默认"选项卡"注释"面板中的"多行文字"按钮 A，将字体设置为"仿宋_GB2312"，"文字高度"设置为 100，在引线的一端添加文字说明。标注的结果如图 9-42 所示。

图 9-43、图 9-44 和图 9-45 所示分别为别墅客厅立面图 B、立面图 C 和立面图 D。读者可参考前面介绍的室内立面图 A 的画法绘制这 3 个方向的室内立面图。

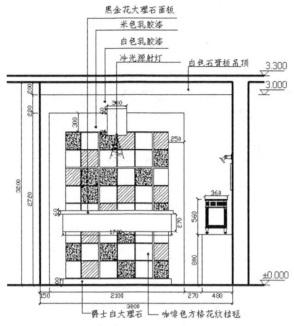

图 9-42　室内立面标注

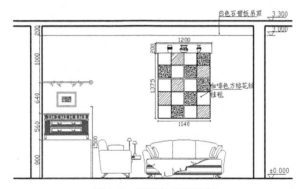

图 9-43　别墅客厅立面图 B

图 9-44　别墅客厅立面图 C

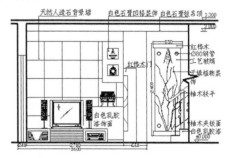

图 9-45　别墅客厅立面图 D

9.5 上机实验

【练习 1】绘制图 9-46 所示的宾馆大堂室内立面图。

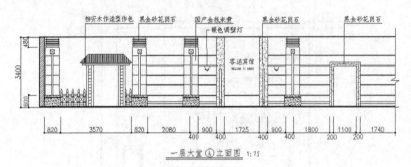

图 9-46 宾馆大堂室内立面图

【练习 2】绘制图 9-47 所示的宾馆客房室内立面图。

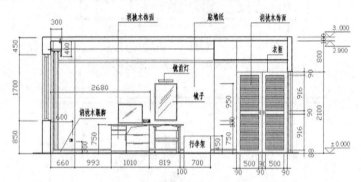

图 9-47 宾馆客房室内立面图

第三篇
洗浴中心室内设计
综合实例篇

　　本篇主要结合一个典型的公用娱乐空间实例——洗浴中心室内设计实例讲解利用 AutoCAD 2022 进行各种室内设计的操作步骤、方法技巧等，内容包括洗浴中心平面图的绘制、洗浴中心平面布置图的绘制、洗浴中心顶棚图与地坪图的绘制、洗浴中心立面图的绘制和洗浴中心剖面图的绘制等知识。

　　本篇内容通过实例加深读者对 AutoCAD 功能的理解和掌握，熟悉公共娱乐空间的设计方法。

　　▶▶　洗浴中心平面图的绘制

　　▶▶　洗浴中心平面布置图的绘制

　　▶▶　洗浴中心顶棚图与地坪图的绘制

　　▶▶　洗浴中心立面图的绘制

　　▶▶　洗浴中心剖面图和详图的绘制

第 **10** 章

洗浴中心平面图的绘制

本章将以某洗浴中心室内设计平面图的绘制为例，详细讲述平面图的绘制过程。在讲述过程中，将逐步带领读者完成平面图的绘制，并讲述关于室内设计平面图绘制的相关理论知识和技巧。本章包括平面图绘制的知识要点、平面图的绘制步骤、装饰图块的绘制及尺寸文字标注等内容。

【内容要点】

☑ 休闲娱乐空间室内设计概述

☑ 一层平面图

☑ 道具单元平面图

【案例欣赏】

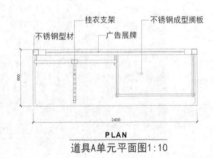

PLAN
道具A单元平面图1:10

PLAN
道具B单元平面图 1:20

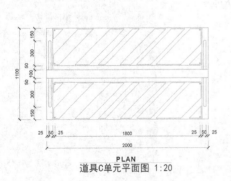

PLAN
道具C单元平面图 1:20

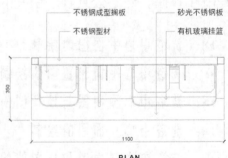

PLAN
道具D单元平面图 1:10

10.1 休闲娱乐空间室内设计概述

休闲娱乐空间设计比较复杂，涉及诸多综合技术和具体物件。设计师必须要灵活运用各种知识对室内进行多层次的空间设计，从而使大空间饰面丰富，小空间布局精巧，还要合理划分功能区域，巧妙组织人流线等。休闲娱乐空间是集体娱乐的场所，如果没有一个科学、合理的交通流线设计，休闲娱乐空间就会变得拥挤不堪，从而造成混乱。休闲娱乐空间设计还要符合国家防火规范的有关规定，要严格控制好平面与垂直交通、防火疏散的相互关系，根据使用功能不同组织好内外交通路线。另外，休闲娱乐空间虽然要装饰得华丽美观，但也不能变成满眼奢华的材料堆砌。设计师应该充分利用新材料和新技术，从实用功能需求出发，推陈出新，创造出新颖巧妙、风格独特、功能齐全的休闲娱乐环境。

10.1.1 休闲娱乐空间顶部构造设计

不同的休闲娱乐场所装饰设计的要求各有差异，但人们总是比较喜欢相对封闭、独立的小空间。休闲娱乐场所顶棚设计不仅要考虑室内装饰效果和艺术风格的要求，设计师还要协调好空间的具体尺寸，把握好顶棚内部空间尺寸，考虑好顶棚内部风、水、电等设备安装的空间距离，同时又要保证顶棚到地面比较适宜的空间尺度。

1．顶棚装饰的特点分析

休闲娱乐场所顶棚的造型、结构、材料设计都比较复杂，吊顶的层次变化比较丰富。因此设计师在休闲娱乐场所吊顶造型、基本构造、固定方法等方面的设计时，必须要从整体考虑，其设计必须要符合相关国家标准。

2．顶棚构造设计

顶棚装饰效果会直接影响人们对该休闲娱乐场所的空间感受。酒吧、咖啡厅的空间尺度较小，而且比较紧凑。休闲娱乐场所顶棚设计常会选用构造相对简单、层次变化较小的结构形式来表现，顶棚装饰面多选用高雅、华丽的装饰材料，结合变化丰富但照度偏低的灯光效果，如LED 灯等，这样不仅可以充分合理地利用有限的空间，同时又能营造出丰富的感官效果。

休闲娱乐场所的顶棚表现形式有丝质帐幔顶棚、金银箔饰面顶棚、玻璃镜面装饰顶棚、金属构造装饰顶棚、发光材料装饰顶棚等。

10.1.2 休闲娱乐空间墙面装饰设计

设计师在设计休闲娱乐场所墙体时，必须提供详细的构造图纸，以保证墙体的稳定、防火、防水、隔声等方面符合国家的相关规范要求。

以块材为饰面的基底，必须要分清粘贴、干挂等不同的构造关系，合理地选择基层材料和配件，同时要做好基层材料的防火、防潮处理。设计装饰面层材料的品种、形状、尺寸前，要充分了解材料的性能、特点，巧妙地利用材料的不同性能来营造不同的环境装饰效果。

1．休闲娱乐场所墙面装饰特点分析

休闲娱乐场所的墙面装饰变化丰富，且它的私密性的空间较多，因此在墙面设计时既要以其使用功能为前提，做好墙面的隔声、防火设计，同时又要超越物质空间的层面来关注消费者的精神空间，让休闲娱乐场所真正成为人们缓解压力的理想世界。

2．休闲娱乐场所墙面装饰设计

设计师要把无形的音乐元素，如韵律、节拍和音调等都转化为有形的空间元素，通过塑造墙面鲜明而独特的形象，营造出幽暗的氛围，为喜爱夜生活的人们制造入夜的情调。

在每一个空间的墙面上，设计师要考虑如何让不同质感的材料相互搭配，让刚硬与柔软相融合，来激发出新颖的火花。设计师应该通过选用不同的材料与构造，为每一个空间营造出迥异的风格和独特的氛围。如墙面采用透光石、镜面与皮革等材料略做装饰，在朦胧的灯光下会把物体映照得格外诱人。

色彩能唤起人们的情绪，休闲娱乐场所墙面的颜色至关重要，因为它能诱发人们不同的情感。设计师要把握好材料之间的色彩关系，并巧妙地利用灯光来营造不同的情感氛围。

10.1.3　休闲娱乐空间地面装饰设计

休闲娱乐场所的地面装饰因功能不同有很大差异，如休闲会所的地面需要带给人一种松弛、平和的心境，因此地面多采用亮丽的石材、地砖或地毯。而酒吧、咖啡馆的地面则多用灰暗的色调来烘托其灯红酒绿的神秘感，在这里，深色粗放的材料就成为设计师的宠儿。

在结构构造上，休闲娱乐场所的地面常以架空的结构形式来追寻空间效果与变化，通过透光材料和内藏灯管营造令人惊叹的视觉效果。值得注意的是，透光材料的厚度、强度及收边、收口设计都是设计师要特别重视的方面。

休闲娱乐场所的地面装饰材料种类很多，如玻璃砖、透光石、地砖、地毯、金属、木材和混凝土等。

10.1.4　洗浴中心设计要点

洗浴中心是随着现代都市发展而兴起的一种娱乐休闲公共建筑设施，如图 10-1 所示。洗浴中心由最初的公共澡堂发展而来，其最初的基本用途是供那些家里没有洗浴设施或在家里洗澡不方便的人洗浴用的，其本质是为了满足人们舒适要求的服务场所。随着人们对生活品质要求的提高，现代洗浴中心除最基本的洗浴功能外，逐步增加了其他休闲功能，例如按摩（由最初的搓澡发展而来）、理发、唱歌、喝茶、健身、台球、乒乓球、棋牌、就餐、住宿等，服务项目越来越多，涵盖范围越来越大，已经变成一种综合性的休闲娱乐中心。

各种洗浴中心可以根据自己的建筑规模、消费人群提供相应的服务种类，进行相应的装潢设计。消费者在洗浴中心休闲之际，不仅对于洗浴本身的吸引力有所反应，甚至对于整个环境，诸如服务、广告、印象、包装、乐趣及其他各种附带因素等也会有所反应。而其中最重要的因素之一就是休闲环境。因此巧妙地运用空间美学，设计出理想的休闲环境，对洗浴中心气氛的塑造有重要意义。

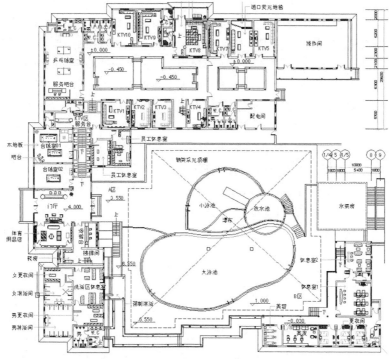

图 10-1 洗浴中心一层装饰平面图

顾客往往会选择充满自己喜欢氛围的洗浴中心，因此在进行洗浴中心室内设计时，必须考虑以下几点。

（1）应先确定目标顾客。

（2）分析顾客对洗浴中心的气氛有何期望。

（3）了解哪些气氛有助于提高顾客对洗浴中心的信赖度并有助于引起情绪上的反应。

（4）对于所构想的气氛，应与竞争店的气氛作比较，分析彼此的优劣点。

商业建筑的室内设计装潢有不同的风格，大商场、大酒店有豪华的外观装饰，具有现代感；洗浴中心也应有自己的风格和特点。在具体装潢上，可以从以下两方面去设计。

（1）装潢要具有广告效应。即要给消费者以强烈的视觉刺激，例如可以把洗浴中心门面装饰成独特或怪异的形状，争取在外观上别出心裁，以达到吸引消费者的目的。

（2）装潢要结合洗浴中心特点加以联想，新颖独特的装潢不仅是对消费者视觉上的刺激，更重要的是使消费者没进店门就知道里面可能有什么服务特色。

对于洗浴中心内的装饰和设计，主要应注意以下几个问题。

（1）防止人流进入洗浴中心后拥挤。

（2）吧台应设置在显眼处，以便顾客咨询。

（3）洗浴中心内布置要体现一种独特的与洗浴休闲适应的氛围。

（4）洗浴中心中应尽量多设置一些休息处，备好座椅、躺椅等休闲设施。

（5）充分利用各种色彩。墙壁、天花板、灯、浴池、娱乐包间和休息大厅组成了洗浴中心内部环境。

不同的色彩对人的心理刺激不一样。以紫色为基调，布置会显得华丽、高贵；以黄色为基调，布置会显得柔和；以蓝色为基调，布置会显得不可捉摸；以深色为基调，布置会显得大方、整洁；以红色为基调，布置会显得热烈。色彩运用不应是单一的，而是综合的。不同时期、不同季节、节假日，色彩运用也应不同；冬天与夏天也不一样。不同的人，对色彩的反应也不一样。儿童对红、橘黄、蓝、绿反应强烈；年轻女性对流行色反应敏锐。因此在这方面灯光的运用就显得尤其重要。

（6）洗浴中心内最好在光线较暗或微弱处设置一面镜子。

这样做的好处在于镜子可以反射灯光，使洗浴中心显得更明亮、更醒目。有的洗浴中心用整面墙作镜子，除上述优点外，还可以使空间看上去更宽敞。

（7）收银台设置在吧台两侧且应高于吧台。

（8）消防设施要重点考虑。因为洗浴中心人员众多，相对密度大，各种设施的用水用电量很大。

10.1.5　设计思路

本实例讲解的是一个大型豪华洗浴中心室内装饰设计的完整过程。本洗浴中心所在建筑为一个大体量的二层建筑结构。一层体量很大，包含洗浴中心经营的大部分内容，二层由于要给一层泳池区域留出足够的采光空间，体量相对较小。按功能分类，它包括 4 大区域。

（1）泳池区域。本区域是洗浴中心的核心区域，占用面积约为一层空间的 1/2，包括大小游泳池、戏水池、人工瀑布、休息室、美容美发室、更衣间、服务台等。由于采光需要，这一区域的上面不再有建筑层，而是设计高大采光塑钢顶棚，这样可以使整个泳池区域显得宽敞明亮，有一种亲近大自然的感觉。

（2）淋浴区域。本区域是为进入泳池前或从泳池出来后进行冲洗的区域，包括淋浴间、更衣间、鞋房、厕所等，本区域属于顾客悠闲的过渡区域，所以面积不大，装潢也不会太考究。

（3）休闲娱乐区域。本区域包括门厅、收银台、台球室、乒乓球室、KTV 包房、健身室、体育用品店和厕所。由于一层的空间不够，所以有些 KTV 包房和健身室设置在二层。这个区域是体现洗浴中心整体装潢风格和吸引顾客的关键所在，所以室内设计要力求精美。

（4）后勤保障区域。本区域包括员工休息室、水泵房和操作间，这部分区域相对次要，设计时可较其他区域简单。

下面讲述本洗浴中心室内设计的完整过程。

10.2　一层平面图

洗浴中心室内设计一层平面图如图 10-2 所示，由大泳池、休息室、小泳池、更衣间、卫生间、门厅构成，本节主要讲述一层平面图的绘制方法。基本思路与流程如下。

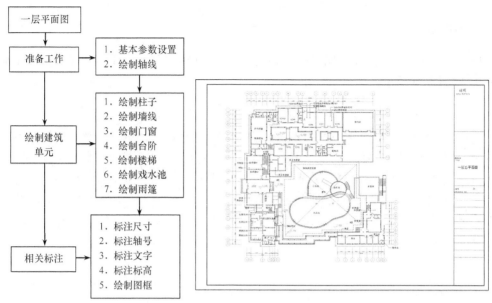

图 10-2　一层平面图

10.2.1　基本参数设置

扫码看视频

1．新建样板文件

启动 AutoCAD ，单击"快速访问"工具栏中的"新建"按钮📄，打开"选择样板"对话框，以"acadiso.dwt"为样板文件，建立新文件。

> 📢提示
>
> （1）样板图形存储图形的所有设置，还包含预定义的图层、标注样式和视图。样板图形通过文件扩展名.dwt 区别于其他图形文件，通常保存在 Template 目录中。
>
> （2）如果根据现有的样板文件创建新图形，则新图形中的修改不会影响样板文件。用户可以使用程序提供的样板文件，也可以创建自定义样板文件。

2．设置单位

执行菜单栏中的"格式"→"单位"命令，系统打开"图形单位"对话框，如图 10-3 所示。将长度"类型"设置为"小数"，"精度"设置为 0；将角度"类型"设置为"十进制度数"，"精度"设置为 0；系统默认方向为顺时针，插入时的缩放比例设置为"毫米"。

3．设置图幅

在命令行中输入"limits"命令，将图幅尺寸设置为 420 000mm×297 000mm。

图 10-3　"图形单位"对话框

4. 新建图层

（1）单击"默认"选项卡"图层"面板中的"图层特性"按钮 ，打开"图层特性管理器"选项板，如图 10-4 所示。

> **◆》注意**
>
> 　在绘图过程中，往往有不同的绘图内容，如轴线、墙线、装饰布置图块、地板、标注、文字等，如果将这些内容均放置在一起，绘图之后若要删除或编辑某一类型的图形，将造成图形选取困难。AutoCAD 提供了图层功能，它为编辑图形提供了极大的方便。
>
> 　在绘图初期可以创建不同的图层，将不同类型的图形绘制在不同的图层当中，在编辑时用户可以利用图层的显示/隐藏功能、锁定/解锁功能对图层中的图形进行操作，非常方便。

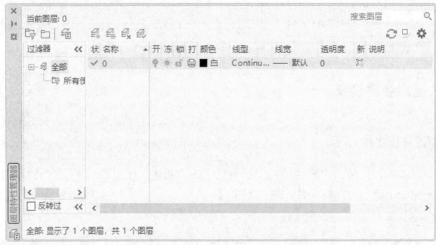

图 10-4　"图层特性管理器"选项板

（2）单击"图层特性管理器"选项板中的"新建图层"按钮 ，新建一个图层。

（3）新建图层的图层名称默认为"图层 1"，将其修改为"轴线"。图层名称后面的选项由左至右依次为"开/关图层""冻结/解冻图层""锁定/解锁图层""颜色""线型""线宽"和"打印样式"等。其中，编辑图形时最常用的是图层的开/关、锁定/解锁及图层颜色、线型的设置等。

（4）单击新建的"轴线"图层"颜色"栏中的色块，打开"选择颜色"对话框，如图 10-5 所示，选择红色作为"轴线"图层的颜色。单击"确定"按钮，返回"图层特性管理器"选项板。

（5）单击"线型"栏中的选项，打开"选择线型"对话框，如图 10-6 所示。轴线一般在绘图中应用点划线进行绘制，因此应将"轴线"图层的线型设为中心线。单击"加载"按钮，打开"加载或重载线型"对话框，如图 10-7 所示。

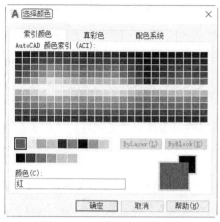

图 10-5　"选择颜色"对话框

图 10-6　"选择线型"对话框

（6）在"可用线型"列表框中选择 CENTER 线型，单击"确定"按钮，返回"选择线型"对话框。选择刚刚加载的线型，如图 10-8 所示，单击"确定"按钮，"轴线"图层设置完毕。

图 10-7　"加载或重载线型"对话框

图 10-8　加载线型

注意

　　修改系统变量 DRAGMODE，推荐修改为 AUTO。系统变量为 ON 时，在选定要拖动的对象后，仅当在命令行中输入"DRAG"后才在拖动时显示对象的轮廓；系统变量为 OFF 时，在拖动时不显示对象的轮廓；系统变量为 AUTO 时，在拖动时总是显示对象的轮廓。

（7）采用相同的方法，按照以下说明新建其他几个图层。

① "墙体"图层：将其颜色设置为白色，线型设置为实线，线宽保持默认设置。

② "门窗"图层：将其颜色设置为蓝色，线型设置为实线，线宽保持默认设置。

③ "轴线"图层：将其颜色设置为红色，线型设置为 CENTER，线宽保持默认设置。

④ "文字"图层：将其颜色设置为白色，线型设置为实线，线宽保持默认设置。

⑤ "尺寸"图层：将其颜色设置为 94，线型设置为实线，线宽保持默认设置。

⑥ "柱子"图层：将其颜色设置为白色，线型设置为实线，线宽保持默认设置。

⑦ "台阶"图层：将其颜色设置为白色，线型设置为实线，线宽保持默认设置。

⑧ "泳池"图层：将其颜色设置为白色，线型设置为实线，线宽保持默认设置。

⑨ "楼梯"图层：将其颜色设置为白色，线型设置为实线，线宽保持默认设置。

⑩ "雨篷"图层：将其颜色设置为白色，线型设置为实线，线宽保持默认设置。

贴心小帮手

如何删除无用图层？

方法 1：先将无用的图层关闭，然后全选图层，再将其复制粘贴至一新文件中，这样无用的图层就不会被粘贴。如果曾经在要删除的图层中定义过块，又在另一图层中插入了这个块，那么这个图层是不能用这种方法删除的。

方法 2：选择需要留下的图层，然后执行菜单栏中的"文件"→"输出"→"块文件"命令，这样的块文件就是选中部分的图形了，如果这些图形中没有指定的层，这些层也不会被保存在新的图块图形中。

方法 3：打开一个 AutoCAD 文件，把要删的层先关闭，在图面上只留下需要的可见图形，执行"文件"→"另存为"命令，确定文件名，在"文件类型"下拉列表框中选择*.dxf 格式，在打开的对话框中执行"工具"→"选项"→"DXF 选项"命令，再选中对象，单击"确定"按钮，接着单击"保存"按钮，即可选择保存对象，将可见或要用的图形选上即可确定保存，完成后退出这个刚保存的文件，再打开来看看，会发现不想要的图层不见了。

方法 4：使用 laytrans 命令将需要删除的图层映射为 0 图层即可，这种方法可以删除具有实体对象或被其他块嵌套定义的图层。

在绘制的平面图中，包括轴线、门窗、装饰、文字和尺寸标注几项内容，分别按照上面所介绍的方式设置图层。其中的颜色可以依照读者的绘图习惯自行设置，并没有具体的要求。设置完成后的"图层特性管理器"选项板如图 10-9 所示。

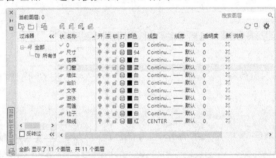

图 10-9 "图层特性管理器"选项板

10.2.2 绘制轴线

设置"轴线"图层，并在"轴线"图层上绘制定位轴线，建筑轴线是布置墙体和门窗的依据，同时也是建筑施工定位的重要依据。

（1）在"图层特性管理器"选项板中，选择"轴线"图层为当前图层，如图 10-10 所示。

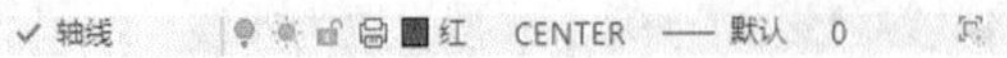

图 10-10 设置当前图层

（2）单击"默认"选项卡"绘图"面板中的"直线"按钮 ，在图中空白区域任选一点为直线起点，绘制一条长度 82 412mm 的竖直轴线。结果如图 10-11 所示。

（3）单击"默认"选项卡"绘图"面板中的"直线"按钮 ，在第（2）步中绘制的竖直直线左侧任选一点为直线起点，向右绘制一条长度 75 824mm 的水平轴线，如图 10-12 所示。

图 10-11　绘制竖直轴线　　　　　　　　　图 10-12　绘制水平轴线

🎓 高手支招

　　在使用"直线"命令时，若为正交轴网，可单击"正交"按钮，使其处于按下状态，根据正交方向提示，直接输入下一点的距离即可，而不需要输入"@"符号，若为斜线，则可单击"极轴"按钮，使其处于按下状态，设置斜线角度，此时，图形即进入了自动捕捉所需角度的状态，使用此方法可大大提高制图速度。注意，两者不能同时使用。

　　（4）此时，轴线的线型虽然为中心线，但是由于比例太小，显示出来还是实线的形式。选择刚刚绘制的轴线并单击鼠标右键，如图 10-13 所示，在打开的快捷菜单中执行"特性"命令，打开"特性"选项板，如图 10-14 所示。将"线型比例"修改为 100，轴线显示如图 10-15 所示。

🎓 高手支招

　　通过全局修改或单个修改每个对象的线型比例因子，可以以不同的比例使用同一个线型。默认情况下，全局线型和单个线型比例均设置为 13.0。比例越小，每个绘图单位中生成的重复图案就越多。例如，将线型比例设置为 0.5 时，每一个图形单位在线型定义中显示重复两次的同一图案。不能显示完整线型图案的短线段显示为连续线。对于太短，甚至不能显示一个虚线小段的线段，可以使用更小的线型比例。

　　（5）单击"默认"选项卡"修改"面板中的"偏移"按钮 ⸦，将"偏移距离"设置为 4000mm，按 Enter 键确认后选择竖直直线为偏移对象，在直线右侧单击，将竖直轴线向右偏移 4000mm 的距离。结果如图 10-16 所示。

图 10-13　快捷菜单　　　图 10-14　"特性"选项板　　　　图 10-15　修改轴线比例

（6）单击"默认"选项卡"修改"面板中的"偏移"按钮 ⊆，选择第（5）步中偏移后的轴线为起始轴线，连续依次向右偏移，偏移间距分别为2100mm、2500mm、3200mm、2100mm、1500mm、1500mm、300mm、800mm、1600mm、5100mm、5100mm、2100mm、6900mm、4500mm、4500mm、2075mm、2425mm、300mm、1175mm、3600mm、3600mm、1800mm、1800mm、1800mm、1225mm、4175mm 和1800mm，如图10-17 所示。

图 10-16　偏移竖直直线

（7）单击"默认"选项卡"修改"面板中的"偏移"按钮 ⊆，将偏移距离设置为223mm，按 Enter 键确认后选择水平直线为偏移对象，在直线上侧单击，将直线向上偏移223mm，结果如图10-18 所示。

（8）单击"默认"选项卡"修改"面板中的"偏移"按钮 ⊆，继续依次向上偏移，偏移间距分别为1877mm、2322mm、1800mm、1500mm、678mm、1722mm、2778mm、222mm、1790mm、788mm、700mm、1517mm、1683mm、1322mm、3778mm、6600mm、5100mm、6900mm、3300mm、2400mm、3300mm、3000mm、300mm、1800mm、1500mm、800mm、600mm、2100mm、2500mm和2000mm，如图10-19 所示。

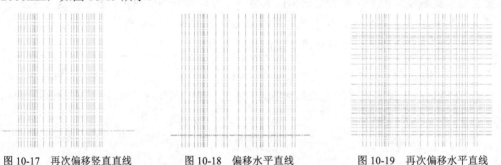

图 10-17　再次偏移竖直直线　　　　图 10-18　偏移水平直线　　　　图 10-19　再次偏移水平直线

10.2.3　绘制及布置墙体柱子

利用"矩形"和"圆"命令绘制柱子，然后使用"图案填充"命令填充图形，绘制不同尺寸的柱子。

1．设置当前图层

在"图层特性管理器"选项板中，将"柱子"图层设置为当前图层，如图10-20 所示。

✓ 柱子　　　　　♀ ☀ ᵯ 🖶 ■白　　Continu…　── 默认　0　　📖

图 10-20　设置当前图层

2．绘制 240mm×240mm 矩形

单击"默认"选项卡"绘图"面板中的"矩形"按钮 ▭，在图形空白区域任选一点为矩

形起点，绘制一个 240mm×240mm 的矩形，结果如图 10-21 所示。

3．填充图案

单击"默认"选项卡"绘图"面板中的"图案填充"按钮▨，打开"图案填充创建"选项卡，选择"SOLID"图案，如图 10-22 所示，完成柱子的图案填充，效果如图 10-23 所示。

图 10-21　绘制矩形

图 10-22　"填充图案创建"选项卡

图 10-23　填充图形

4．绘制剩余柱子

（1）利用上述绘制柱子的方法绘制图形中剩余的柱子图形。其中，各矩形的尺寸分别为 300mm×240mm、300mm×300mm、400mm×400mm、240mm×248mm、240mm×280mm、360mm×360mm、240mm×75mm、240mm×300mm、240mm×338mm 和 400mm×240mm。

（2）单击"默认"选项卡"绘图"面板中的"圆"按钮⊙，在图形空白区域绘制一个半径 63mm 的圆，如图 10-24 所示。单击"默认"选项卡"绘图"面板中的"图案填充"按钮▨，完成圆的图案填充，效果如图 10-25 所示。

5．布置柱子

（1）单击"默认"选项卡"修改"面板中的"移动"按钮✛，把前面绘制的半径为 63mm 的圆形柱子图形作为移动对象，将其移动放置到图 10-26 所示的轴线位置。

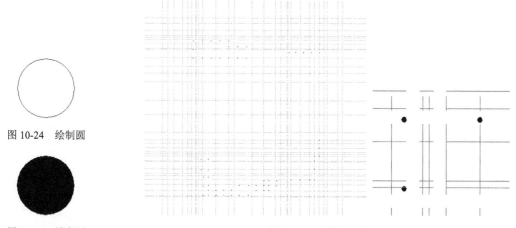

图 10-24　绘制圆

图 10-25　填充圆

图 10-26　布置圆形柱子

（2）单击"默认"选项卡"修改"面板中的"移动"按钮✛，把绘制完成的 240mm×240mm 的矩形柱子图形作为移动对象，将其放置到图 10-27 所示的轴线位置。

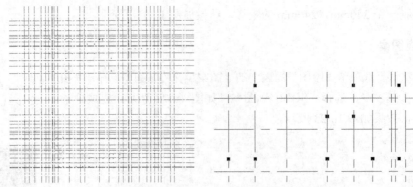

图 10-27　布置 240mm×240mm 的柱子

（3）单击"默认"选项卡"修改"面板中的"移动"按钮 ✛，把前面绘制的 400mm×400mm 的矩形柱子图形作为移动对象，将其放置到图 10-28 所示的轴线位置。

（4）单击"默认"选项卡"修改"面板中的"移动"按钮 ✛，把前面绘制的 300mm×300mm 的矩形柱子图形作为移动对象，将其放置到图 10-29 所示的轴线位置。

（5）单击"默认"选项卡"修改"面板中的"移动"按钮 ✛，把前面绘制的 400mm×240mm 的矩形柱子图形作为移动对象，将其放置到图 10-30 所示的轴线位置。

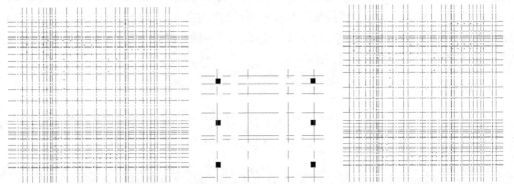

图 10-28　布置 400mm×400mm 的柱子　　　　　图 10-29　布置 300mm×300mm 的柱子

（6）利用上述方法完成图形中剩余柱子的布置，如图 10-31 所示。

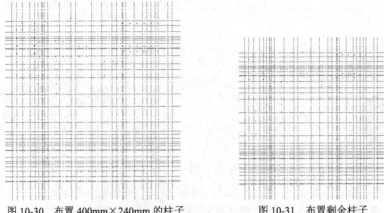

图 10-30　布置 400mm×240mm 的柱子　　　　　图 10-31　布置剩余柱子

10.2.4 绘制墙线

一般的建筑结构的墙线均可通过 AutoCAD 中的"多线"命令来绘制。本实例将利用"多线""修剪"和"偏移"命令完成绘制。

1．设置当前图层

在"图层特性管理器"选项板中，将"墙体"图层设置为当前图层，如图 10-32 所示。

✓ 墙体　　💡 ☼ 🗗 🖨 ■ 白　Continu... —— 默认　0　　🔒

图 10-32　设置当前图层

2．设置多线样式

（1）执行菜单栏中的"格式"→"多线样式"命令，打开"多线样式"对话框，如图 10-33 所示。

（2）在"多线样式"对话框中，"样式"栏中只有系统自带的 Standard 样式，单击右侧的"新建"按钮，打开"创建新的多线样式"对话框，如图 10-34 所示。在"新样式名"文本框中输入"240"作为多线的名称。单击"继续"按钮，打开"新建多线样式：240"对话框，如图 10-35 所示。

（3）将外墙的线型宽度设置为 240mm，将偏移分别修改为 120 和–120，单击"确定"按钮，回到"多线样式"对话框，单击"置为当前"按钮，将创建的多线样式设为当前多线样式，单击"确定"按钮，回到绘图状态。

图 10-33　"多线样式"对话框

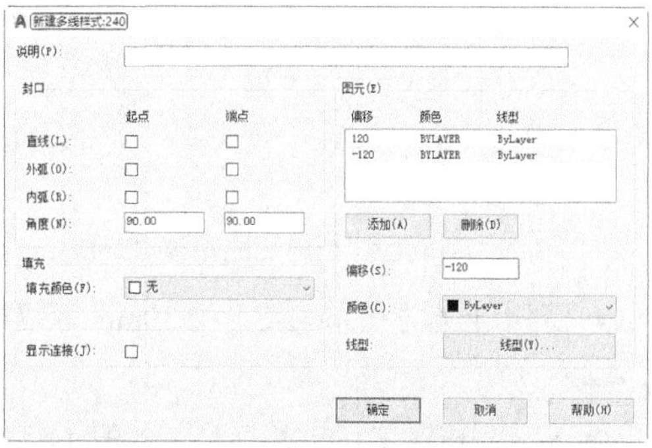

图 10-34　新建多线样式

图 10-35　编辑新建多线样式

3．绘制墙线

（1）执行菜单栏中的"绘图"→"多线"命令，绘制洗浴中心平面图中 240mm 厚的墙体。结果如图 10-36 所示。

（2）利用上述方法完成平面图中剩余 240mm 厚墙体的绘制，如图 10-37 所示。

4．重新设置多线样式

在建筑结构中，包括承载受力的承重结构和用来分割空间、美化环境的非承重墙。

（1）创建线型宽度为 120mm 的新的多线样式。

（2）执行菜单栏中的"绘图"→"多线"命令，完成图形中 120mm 厚墙体的绘制，如图 10-38 所示。

（3）创建线型宽度为 40mm 的新的多线样式，绘制平面图中卫生间 40mm 厚隔墙，如图 10-39 所示。

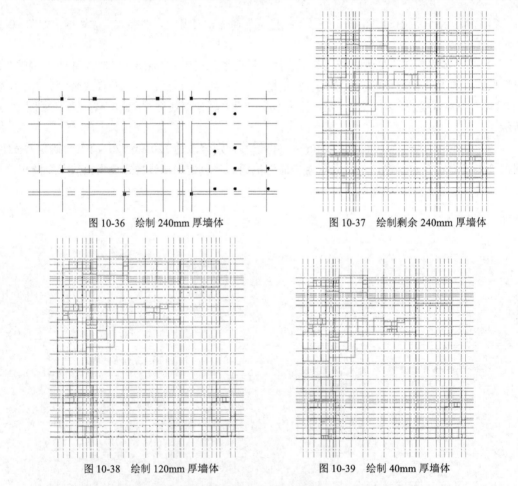

图 10-36　绘制 240mm 厚墙体　　　　　图 10-37　绘制剩余 240mm 厚墙体

图 10-38　绘制 120mm 厚墙体　　　　　图 10-39　绘制 40mm 厚墙体

（4）利用上述方法完成图形中 30mm 厚隔板墙的绘制，如图 10-40 所示。

注意

读者在绘制墙体时需要注意，墙体厚度不同，多线样式也要进行相应修改。

目前，国内对建筑 CAD 制图开发了多套适合我国规范的专业软件，如天正、广厦等。这些以 AutoCAD 为平台开发的制图软件，通常根据建筑制图的特点，对许多图形进行模块化、参数化设置，故使用这些专业软件，不仅大大提高了 CAD 制图的速度，而且使 CAD 制图格式得到了规范和统一，从而大大降低了一些单靠 CAD 制图易出现的小错误，为制图人员提供了极大的方便，节约了大量的制图时间，感兴趣的读者也可试一试相关软件。

（5）选择"图层"下拉列表框，单击"轴线"图层前的"开/关"图层按钮 💡，关闭"轴线"图层。

（6）执行菜单栏中的"修改"→"对象"→"多线"命令，打开"多线编辑工具"对话框，如图 10-41 所示。

（7）选择"多线编辑工具"对话框中的"十字打开"选项，选取多线进行操作，使两段墙体贯穿，完成多线编辑，如图 10-42 所示。

（8）利用上述方法，结合其他多线编辑命令完成图形墙线的编辑，如图 10-43 所示。

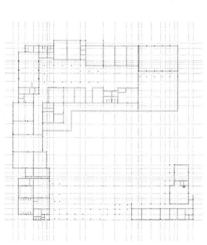

图 10-40　绘制 30mm 厚墙体

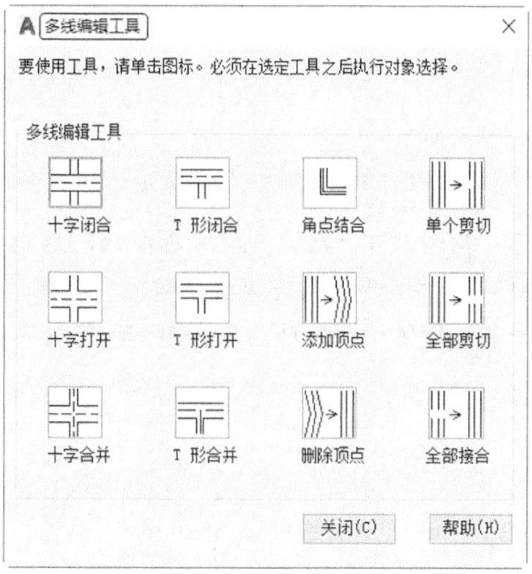

图 10-41　"多线编辑工具"对话框

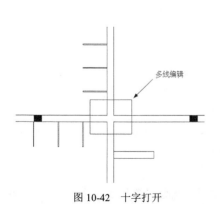

图 10-42　十字打开

图 10-43　墙线编辑

> **📢注意**
>
> 有一些多线并不适合利用"多线编辑"命令修改，但可以先将多线分解，直接利用"修剪"命令进行修改。

10.2.5 绘制门窗

1. 修剪窗洞

（1）单击"默认"选项卡"绘图"面板中的"直线"按钮 ∕，在墙体适当位置绘制一条竖直直线，如图 10-44 所示。

（2）单击"默认"选项卡"修改"面板中的"偏移"按钮 ⊆，把第（1）步中绘制的竖直直线作为偏移对象，将其向右进行偏移，完成窗洞线的创建，如图 10-45 所示。

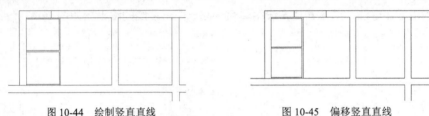

图 10-44　绘制竖直直线　　　　　　　　图 10-45　偏移竖直直线

（3）利用上述方法完成剩余窗洞线的绘制，如图 10-46 所示。

（4）单击"默认"选项卡"修改"面板中的"修剪"按钮 ↘，把第（3）步中绘制的竖直直线间多余墙体作为修剪对象，对其进行修剪处理，如图 10-47 所示。

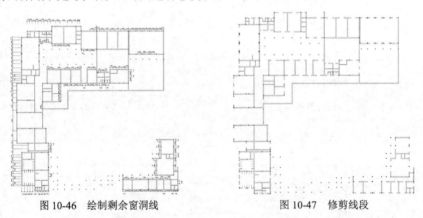

图 10-46　绘制剩余窗洞线　　　　　　　　图 10-47　修剪线段

2. 设置当前图层

在"图层"工具栏的下拉列表框中，将"门窗"图层设置为当前图层，如图 10-48 所示。

3. 设置多线样式

（1）执行菜单栏中的"格式"→"多线样式"命令，新建"窗"多线样式，如图 10-49 所示。窗户所在墙体的线型宽度为 240mm，将偏移分别修改为 120 和–120、40 和–40，单击"确定"按钮,回到"多线样式"对话框中,单击"置为当前"按钮,将创建的多线样式设为当前多线样式,单击"确定"按钮,回到绘图状态。

图 10-48 设置当前图层

图 10-49 编辑新建多线样式

(2)执行菜单栏中的"绘图"→"多线"命令,选择窗洞左侧竖直窗洞线中点为多线起点,右侧竖直窗洞线中点为多线终点,完成窗线的绘制,如图 10-50 所示。

(3)利用上述方法完成图形中剩余窗线的绘制,如图 10-51 所示。

(4)单击"默认"选项卡"绘图"面板中的"多段线"按钮,在图形适当位置绘制连续多段线,如图 10-52 所示。

(5)单击"默认"选项卡"修改"面板中的"偏移"按钮,把第(4)步中绘制的连续多段线作为偏移对象,将其依次向下偏移,偏移间距分别为 30mm、40mm 和 30mm,如图 10-53 所示。

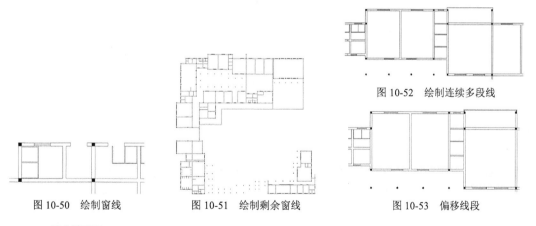

图 10-52 绘制连续多段线

图 10-50 绘制窗线   图 10-51 绘制剩余窗线   图 10-53 偏移线段

4.绘制门洞

(1)单击"默认"选项卡"绘图"面板中的"直线"按钮,在图中合适的位置处绘制一条竖直直线,如图 10-54 所示。

(2)单击"默认"选项卡"修改"面板中的"偏移"按钮,把第(1)步中绘制的竖直直线作为偏移对象向右偏移,偏移距离为 900mm,如图 10-55 所示。

（3）利用上述方法完成图形中剩余门洞的绘制，如图 10-56 所示。

（4）单击"默认"选项卡"修改"面板中的"修剪"按钮，把第（3）步中绘制的门洞线间墙体作为修剪对象对其进行修剪处理，如图 10-57 所示。

图 10-54　绘制直线

图 10-55　偏移直线

图 10-56　绘制门洞线

图 10-57　修剪门洞

5．绘制单扇门

（1）单击"默认"选项卡"绘图"面板中的"多段线"按钮，在图 10-58 所示的位置绘制连续多段线。

（2）单击"默认"选项卡"修改"面板中的"镜像"按钮，把第（1）步中绘制的图形作为镜像对象，以门洞的中点所在竖直线为镜像线，对其进行竖直镜像，如图 10-59 所示。

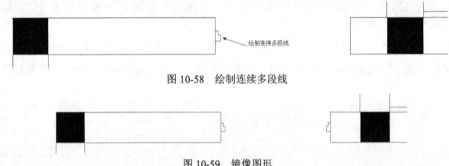

绘制连续多段线

图 10-58　绘制连续多段线

图 10-59　镜像图形

（3）单击"默认"选项卡"绘图"面板中的"矩形"按钮，在第（2）步中镜像后的右侧图形上选择一点为矩形起点，绘制一个 23mm×859mm 的矩形，如图 10-60 所示。

（4）单击"默认"选项卡"绘图"面板中的"圆弧"按钮，以"起点、端点、角度"方式绘制圆弧，以第（3）步中绘制的矩形左上角点为圆弧起点，端点落在前面绘制的多段线上，角度为 90°，如图 10-61 所示。

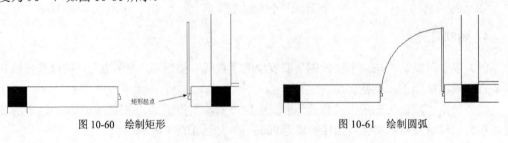

矩形起点

图 10-60　绘制矩形

图 10-61　绘制圆弧

（5）单击"默认"选项卡"块"面板中的"创建"按钮，打开"块定义"对话框，如图10-62 所示。把第（4）步中绘制的单扇门图形作为定义对象，选择任意点为基点，将其定义为块，块名为"单扇门"，如图10-63 所示。

图 10-62　"块定义"对话框　　　　　图 10-63　定义单扇门

6．绘制双扇门

（1）利用上述单扇门的绘制方法，首先绘制一个不同尺寸的单扇门图形，如图10-64 所示。

（2）单击"默认"选项卡"修改"面板中的"镜像"按钮，将第（1）步中绘制的单扇门图形作为镜像对象，以门洞的中点所在竖直线为镜像线对图形进行镜像，完成双扇门的绘制，结果如图10-65 所示。

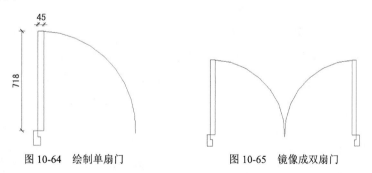

图 10-64　绘制单扇门　　　　　　图 10-65　镜像成双扇门

（3）单击"默认"选项卡"块"面板中的"创建"按钮，定义双扇门图块。

（4）单击"默认"选项卡"块"面板中的"插入"下拉菜单中"最近使用的块"选项，系统弹出"块"选项板，在"插入选项"下拉列表中勾选"插入点"并将"比例"更改为"统一比例"，如图10-66 所示。在"预览列表"中选择前面定义为块的单扇门图形，将其插入门洞处，在命令行中指定插入比例1，结果如图10-67 所示。

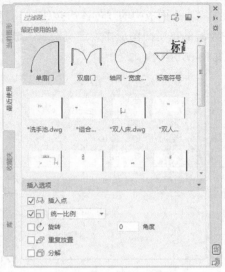

图 10-66　"块"选项板

（5）利用上述方法完成图形中所有单扇门的插入，如门洞大小不同，可结合"默认"选项卡"修改"面板中的"缩放"按钮 □，通过比例调整门的大小，结果如图 10-68 所示。

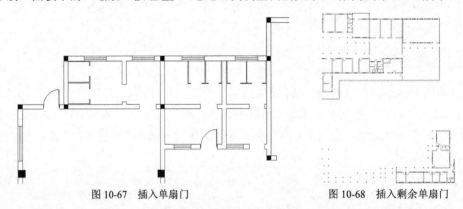

图 10-67　插入单扇门　　　　　　　　　　　　图 10-68　插入剩余单扇门

（6）用同样方法插入双扇门图块到相应门洞处，如图 10-69 所示。

（7）结合上述门窗的绘制方法完成图形中门联窗的绘制，如图 10-70 所示。

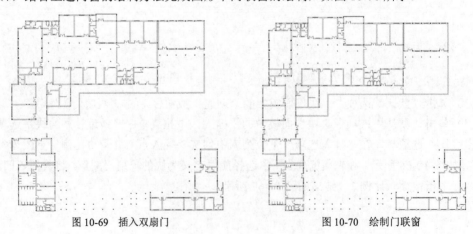

图 10-69　插入双扇门　　　　　　　　　　　　图 10-70　绘制门联窗

7.玻璃幕墙的绘制

单击"默认"选项卡"绘图"面板中的"直线"按钮，在图 10-71 所示的位置绘制一条水平直线，单击"默认"选项卡"修改"面板中的"偏移"按钮，将该水平直线作为偏移对象，依次向上进行偏移，偏移间距分别为 65mm、65mm 和 65mm，如图 10-72 所示。

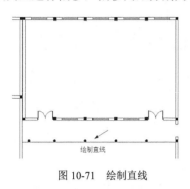
图 10-71　绘制直线

图 10-72　偏移直线

10.2.6　绘制台阶

设置"台阶"图层，并在"台阶"图层上绘制台阶图形，利用"矩形""直线""复制"和"偏移"命令来完成绘制。

（1）在"图层"工具栏的下拉列表框中，将"台阶"图层设置为当前图层，如图 10-73 所示。

图 10-73　设置当前图层

（2）单击"默认"选项卡"绘图"面板中的"矩形"按钮，在图 10-74 所示的位置绘制一个 1520mm×237mm 的矩形。

（3）单击"默认"选项卡"修改"面板中的"复制"按钮，把第（2）步中绘制的矩形作为复制对象，将其向下进行复制，如图 10-75 所示。

（4）单击"默认"选项卡"绘图"面板中的"直线"按钮，绘制台阶线，如图 10-76 所示。

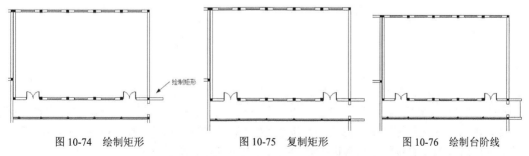

图 10-74　绘制矩形　　　　　图 10-75　复制矩形　　　　　图 10-76　绘制台阶线

（5）单击"默认"选项卡"修改"面板中的"偏移"按钮，将第（4）步中绘制的竖直直线作为偏移对象，依次向左进行偏移，偏移间距分别为 300mm、300mm，如图 10-77 所示。

（6）利用上述方法完成图形中剩余室外台阶的绘制，如图 10-78 所示。

图 10-77　偏移竖直直线

图 10-78　绘制剩余台阶

10.2.7　绘制楼梯

楼梯分为室内楼梯和室外楼梯两种形式，由楼梯段、休息平台和栏杆等组成。本例绘制的楼梯为室内楼梯，对于楼梯的绘制，首先，绘制踏步线；其次，再绘制楼梯扶手；最后，绘制带箭头的多段线，并标注文字，进而逐步完成对所需楼梯的绘制。

（1）将 "楼梯" 图层设置为当前图层，单击"默认"选项卡"绘图"面板中的"矩形"按钮 □，在图 10-79 所示的位置绘制一个 60mm×1740mm 的矩形。

（2）单击"默认"选项卡"绘图"面板中的"直线"按钮 ╱，在第（1）步中绘制的矩形上选择一点为直线起点向右绘制一条水平直线，如图 10-80 所示。

（3）单击"默认"选项卡"修改"面板中的"偏移"按钮 ⊑，将第（2）步中绘制的水平直线作为偏移对象，依次向下进行偏移，偏移间距分别为 280mm、280mm、280mm、280mm、280mm 和 280mm，如图 10-81 所示。

（4）单击"默认"选项卡"绘图"面板中的"直线"按钮 ╱，在第（3）步中绘制的楼梯梯段线上绘制一条斜向直线，如图 10-82 所示。

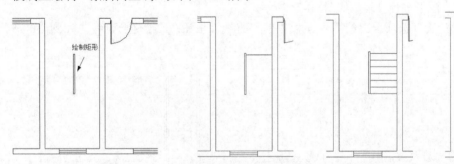

图 10-79　绘制矩形 1　　　图 10-80　绘制水平直线 1　图 10-81　偏移水平直线 1　图 10-82　绘制斜向直线

（5）单击"默认"选项卡"修改"面板中的"修剪"按钮 ╳，将第（4）步中绘制的向直线外的梯段线作为修剪对象，对其进行修剪处理，如图 10-83 所示。

（6）单击"默认"选项卡"绘图"面板中的"直线"按钮 ╱，在绘制的斜向直线上绘制楼梯折弯线，如图 10-84 所示。

（7）单击"默认"选项卡"修改"面板中的"修剪"按钮 ╳，将第（6）步中绘制的折弯线间的多余梯段线作为修剪对象，对其进行修剪处理，如图 10-85 所示。

（8）单击"默认"选项卡"绘图"面板中的"多段线"按钮 ，指定起点宽度和端点宽度，在第（7）步中绘制的楼梯上绘制楼梯指引箭头，如图 10-86 所示。

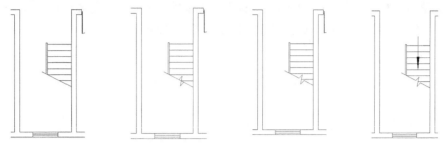

图 10-83　修剪线段　　图 10-84　绘制楼梯折弯线　　图 10-85　修剪对象　　图 10-86　绘制指引箭头

（9）单击"默认"选项卡"绘图"面板中的"矩形"按钮 ，在图 10-87 所示的位置绘制一个 4058mm×4500mm 的矩形。

（10）单击"默认"选项卡"修改"面板中的"分解"按钮 ，将第（9）步中绘制的矩形作为分解对象，按 Enter 键确认，对其进行分解，使第（9）步中绘制的矩形分解成 4 条独立边。

（11）单击"默认"选项卡"修改"面板中的"偏移"按钮 ，将分解矩形的左侧竖直边及上下水平边作为偏移对象，分别向内依次偏移两次，偏移间距均为 300mm 和 50mm，如图 10-88 所示。

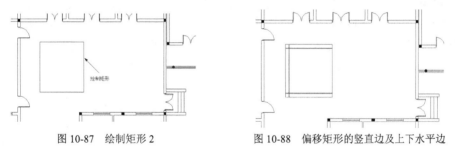

图 10-87　绘制矩形 2　　　　　　　图 10-88　偏移矩形的竖直边及上下水平边

（12）单击"默认"选项卡"修改"面板中的"修剪"按钮 ，将第（11）步中偏移的线段作为修剪对象，对其进行修剪处理，如图 10-89 所示。

（13）单击"默认"选项卡"绘图"面板中的"矩形"按钮 ，在矩形内绘制一个 237mm×790mm 的矩形，如图 10-90 所示。

（14）单击"默认"选项卡"修改"面板中的"镜像"按钮 ，将第（13）步中绘制的矩形作为镜像对象，以第（9）步中绘制的矩形竖直边中点所在的水平线为镜像线，对其进行水平镜像，如图 10-91 所示。

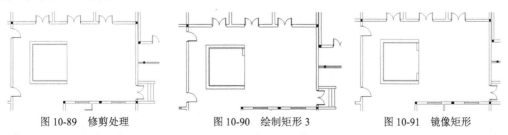

图 10-89　修剪处理　　　　　　图 10-90　绘制矩形 3　　　　　　图 10-91　镜像矩形

（15）单击"默认"选项卡"修改"面板中的"修剪"按钮 ，选择第（14）步中绘制的两个矩形内的线段为修剪对象，对其进行修剪处理，如图 10-92 所示。

（16）单击"默认"选项卡"绘图"面板中的"直线"按钮，在矩形右侧竖直边上选取一点为直线起点向右绘制一条水平直线，如图 10-93 所示。

（17）单击"默认"选项卡"修改"面板中的"偏移"按钮，将第（16）步中绘制的水平直线作为偏移对象，依次向下进行偏移，偏移间距为 300mm 和 300mm，如图 10-94 所示。

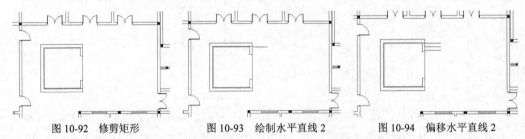

图 10-92　修剪矩形　　　　图 10-93　绘制水平直线 2　　　　图 10-94　偏移水平直线 2

（18）单击"默认"选项卡"修改"面板中的"镜像"按钮，将第（17）步中偏移后的线段作为镜像对象，以经过矩形右侧竖直边中点的水平线为镜像线，对其进行水平镜像，如图 10-95 所示。

（19）单击"默认"选项卡"修改"面板中的"镜像"按钮，将左侧修剪后的图形作为镜像对象，以经过在第（17）步中绘制的水平线的中点的竖直线为镜像线，对其进行竖直镜像，如图 10-96 所示。

（20）单击"默认"选项卡"修改"面板中的"复制"按钮，将图形中已有的半径为 63mm 的圆形柱子作为复制对象，对其进行连续复制，如图 10-97 所示。

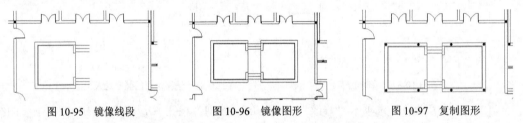

图 10-95　镜像线段　　　　图 10-96　镜像图形　　　　图 10-97　复制图形

（21）利用上述方法完成剩余相同图形的绘制，如图 10-98 所示。

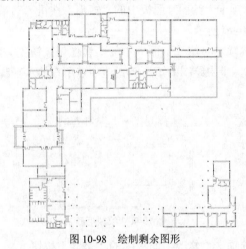

图 10-98　绘制剩余图形

10.2.8 绘制戏水池

新建"泳池"图层，并在"泳池"图层上利用前面所学过的知识进行绘制，首先，绘制泳池的大体轮廓；其次，进行细化绘制；最后，绘制楼梯等图形。

1．绘制泳池轮廓

（1）将"泳池"图层设置为当前图层，单击"默认"选项卡"绘图"面板中的"直线"按钮，在上面所绘制图形的适当位置绘制连续直线，将线型设置为"DASHED"，如图 10-99 所示。

（2）单击"默认"选项卡"绘图"面板中的"直线"按钮，在第（1）步中绘制的线段内绘制对角线，如图 10-100 所示。

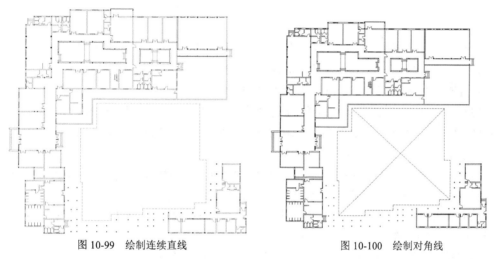

图 10-99　绘制连续直线　　　　　　　图 10-100　绘制对角线

（3）单击"默认"选项卡"绘图"面板中的"圆"按钮，在图 10-101 所示的位置绘制一个半径 3867mm 的圆，如图 10-101 所示。

（4）单击"默认"选项卡"修改"面板中的"偏移"按钮，将第（3）步中绘制的圆作为偏移对象，依次向外进行偏移，偏移间距分别为 60mm、200mm 和 60mm，如图 10-102 所示。

（5）单击"默认"选项卡"绘图"面板中的"圆弧"按钮，在第（4）步中绘制的圆图形内绘制一段适当半径的圆弧，如图 10-103 所示。

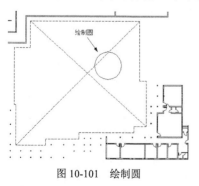
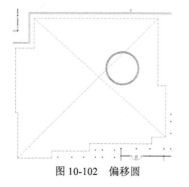

图 10-101　绘制圆　　　　　　图 10-102　偏移圆　　　　　　图 10-103　绘制圆弧

（6）单击"默认"选项卡"修改"面板中的"修剪"按钮 ，将第（5）步中绘制的圆弧的下半部分线段作为修剪对象，对其进行修剪处理，如图 10-104 所示。

（7）单击"默认"选项卡"绘图"面板中的"直线"按钮 ，在图 10-105 所示的位置绘制两段斜向直线。

（8）单击"默认"选项卡"修改"面板中的"修剪"按钮 ，将第（7）步中绘制的直线外线段作为修剪对象，对其进行修剪处理，如图 10-106 所示。

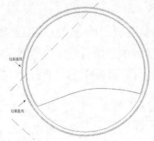

图 10-104　修剪图形　　　　　图 10-105　绘制斜向直线 1　　　　　图 10-106　修剪线段 1

（9）单击"默认"选项卡"绘图"面板中的"直线"按钮 和"圆弧"按钮 ，在第（8）步中图形的外侧绘制小泳池轮廓线，如图 10-107 所示。

（10）单击"默认"选项卡"修改"面板中的"偏移"按钮 ，将第（9）步中绘制的小泳池轮廓线作为偏移对象，依次向内进行偏移，偏移间距分别为 250mm、200mm 和 50mm，如图 10-108 所示。

（11）单击"默认"选项卡"修改"面板中的"修剪"按钮 ，将第（10）步中偏移的线段作为修剪线段，对其进行修剪处理，如图 10-109 所示。

（12）单击"默认"选项卡"绘图"面板中的"样条曲线拟合"按钮 和"直线"按钮 ，封闭第（11）步中偏移的线段边线，如图 10-110 所示。

（13）单击"默认"选项卡"修改"面板中的"偏移"按钮 ，将第（12）步中绘制的线段作为偏移对象，依次向上进行偏移，偏移间距分别为 50mm 和 200mm，如图 10-111 所示。

（14）单击"默认"选项卡"修改"面板中的"修剪"按钮 ，将第（13）步中绘制的偏移线段作为修剪对象，对其进行修剪处理，如图 10-112 所示。

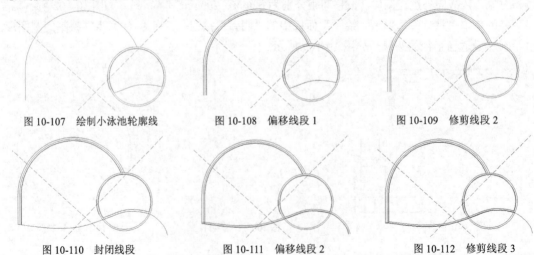

图 10-107　绘制小泳池轮廓线　　　　　图 10-108　偏移线段 1　　　　　图 10-109　修剪线段 2

图 10-110　封闭线段　　　　　图 10-111　偏移线段 2　　　　　图 10-112　修剪线段 3

（15）利用上述方法完成泳池下半部分图形的绘制，如图 10-113 所示。

2．进行细化绘制

（1）单击"默认"选项卡"绘图"面板中的"矩形"按钮 □，在已绘制的泳池轮廓图形的适当位置绘制多个 130mm×888mm 的矩形，如图 10-114 所示。

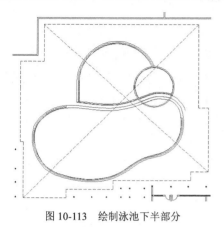

图 10-113　绘制泳池下半部分

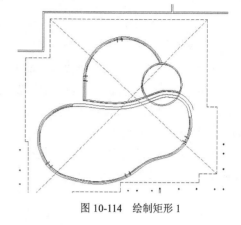

图 10-114　绘制矩形 1

（2）单击"默认"选项卡"修改"面板中的"修剪"按钮，将部分矩形内线段为修剪对象，对其进行修剪处理，如图 10-115 所示。

（3）单击"默认"选项卡"绘图"面板中的"矩形"按钮 □，在第（2）步中绘制的图形内适当位置绘制两个 600mm×600mm 的矩形，如图 10-116 所示。

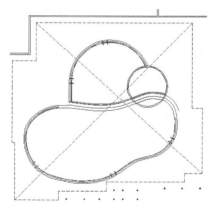

图 10-115　修剪矩形

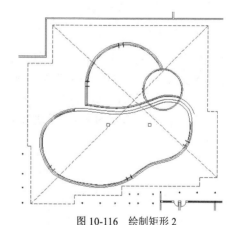

图 10-116　绘制矩形 2

（4）单击"默认"选项卡"绘图"面板中的"直线"按钮，在图 10-117 所示的位置绘制连续直线。

3．绘制楼梯

（1）单击"默认"选项卡"绘图"面板中的"直线"按钮，在图 10-118 所示图形的适当位置绘制多条斜向直线。

（2）单击"默认"选项卡"绘图"面板中的"直线"按钮，在第（1）步中图形外侧绘制连续直线，如图 10-119 所示。

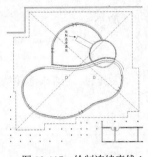

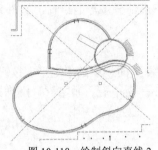
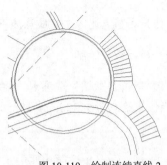

图 10-117 绘制连续直线 1   图 10-118 绘制斜向直线 2   图 10-119 绘制连续直线 2

（3）单击"默认"选项卡"修改"面板中的"偏移"按钮⊆，将第（2）步中绘制的连续直线作为偏移对象，向外进行偏移，偏移距离为 150mm，如图 10-120 所示。

（4）单击"默认"选项卡"绘图"面板中的"直线"按钮✓，封闭第（3）步中偏移线段的端口，如图 10-121 所示。

（5）单击"默认"选项卡"绘图"面板中的"直线"按钮✓，在第（4）步中绘制的图形右侧绘制连续直线，如图 10-122 所示。

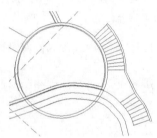
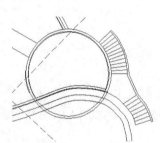
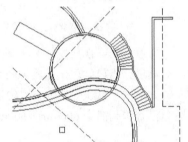

图 10-120 偏移线段 3   图 10-121 封闭端口   图 10-122 绘制连续直线 3

（6）结合"默认"选项卡"绘图"面板中的"矩形"按钮▢、"直线"按钮✓和"修改"面板中的"偏移"按钮⊆、"修剪"按钮▼，完成剩余图形的绘制，如图 10-123 所示。

（7）单击"默认"选项卡"修改"面板中的"偏移"按钮⊆，选择图 10-123 所示的图形中选中的水平直线及竖直直线作为偏移对象进行偏移，偏移间距分别为 33mm、33mm 和 33mm，如图 10-124 所示。

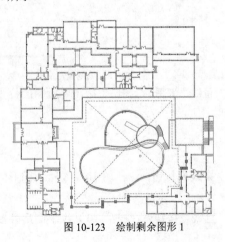
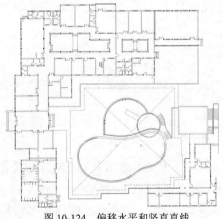

图 10-123 绘制剩余图形 1   图 10-124 偏移水平和竖直直线

（8）单击"默认"选项卡"修改"面板中的"偏移"按钮 ⊆，选择图 10-125 中最外侧的部分线段作为偏移对象向下进行偏移，偏移距离为 420mm，如图 10-125 所示。

（9）利用上述方法完成相同图形的绘制，如图 10-126 所示。

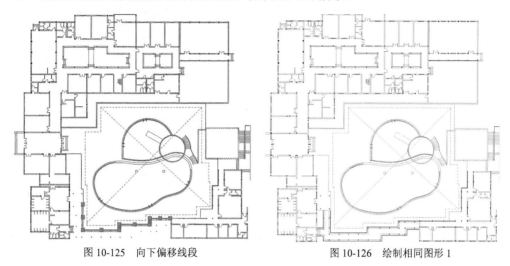

图 10-125　向下偏移线段　　　　　　　图 10-126　绘制相同图形 1

（10）单击"默认"选项卡"绘图"面板中的"直线"按钮 ╱，封闭偏移线段端口，如图 10-127 所示。

（11）单击"默认"选项卡"绘图"面板中的"直线"按钮 ╱，在图 10-128 所示的位置绘制一条水平直线。

（12）单击"默认"选项卡"修改"面板中的"偏移"按钮 ⊆，将第（11）步中绘制的水平直线作为偏移线段，对其依次向下进行偏移，偏移间距分别为 300mm、300mm、300mm、300mm 和 300mm，如图 10-129 所示。

（13）单击"默认"选项卡"绘图"面板中的"多段线"按钮 ⊃，在第（12）步中绘制的楼梯梯段线上绘制指引箭头，如图 10-130 所示。

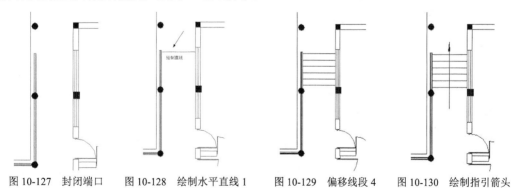

图 10-127　封闭端口　　图 10-128　绘制水平直线 1　　图 10-129　偏移线段 4　　图 10-130　绘制指引箭头

（14）利用上述方法完成图形中相同图形的绘制，如图 10-131 所示。

（15）单击"默认"选项卡"绘图"面板中的"矩形"按钮 □，在图 10-132 所示的位置绘制一个 201mm×400mm 的矩形。

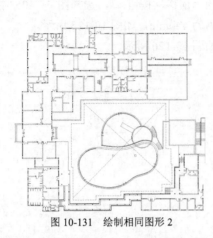

图 10-131　绘制相同图形 2

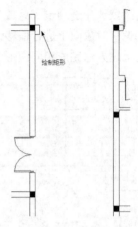

图 10-132　绘制矩形 3

（16）单击"默认"选项卡"修改"面板中的"复制"按钮，将第（15）步中绘制的矩形作为复制对象，对其进行复制操作，如图 10-133 所示。

（17）单击"默认"选项卡"绘图"面板中的"多段线"按钮，在图 10-134 所示的位置绘制连续多段线。

（18）单击"默认"选项卡"修改"面板中的"偏移"按钮，将第（17）步中绘制的多段线作为偏移线段向内进行偏移，偏移距离为 200mm，如图 10-135 所示。

（19）利用上述方法绘制剩余相同图形，如图 10-136 所示。

（20）单击"默认"选项卡"绘图"面板中的"直线"按钮，在第（18）步中绘制多段线间绘制两条水平直线，如图 10-137 所示。

（21）单击"默认"选项卡"修改"面板中的"偏移"按钮，将第（20）步中绘制的两条水平直线作为偏移对象，分别依次向内进行多次偏移，偏移间距均为 320mm，如图 10-138 所示。

（22）单击"默认"选项卡"绘图"面板中的"直线"按钮，在第（21）步中偏移线段上绘制两条竖直直线，如图 10-139 所示。

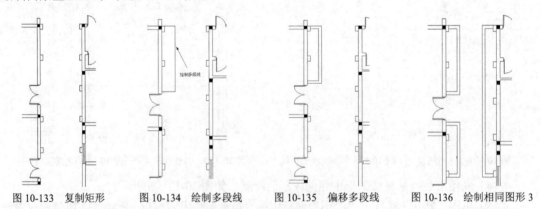

图 10-133　复制矩形　　图 10-134　绘制多段线　　图 10-135　偏移多段线　　图 10-136　绘制相同图形 3

（23）单击"默认"选项卡"绘图"面板中的"直线"按钮，在第（22）步中绘制的图形内绘制多条水平直线，如图 10-140 所示。

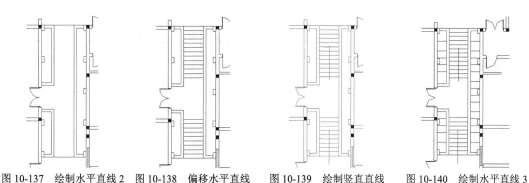

图 10-137　绘制水平直线 2　　图 10-138　偏移水平直线　　图 10-139　绘制竖直直线　　图 10-140　绘制水平直线 3

（24）利用上述方法完成剩余相同图形的绘制，如图 10-141 所示。

（25）剩余其他图形的绘制方法与上述图形的绘制方法基本相同，这里不再详细阐述，结果如图 10-142 所示。

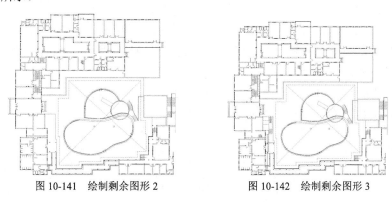

图 10-141　绘制剩余图形 2　　　　　　　图 10-142　绘制剩余图形 3

10.2.9　绘制雨篷

在"雨篷"图层绘制雨篷图形。

（1）将"雨篷"图层设置为当前图层，单击"默认"选项卡"修改"面板中的"偏移"按钮 ⊑，将图形外部墙线作为偏移对象，分别向外进行偏移，偏移距离为 1000mm，如图 10-143 所示。

（2）单击"默认"选项卡"绘图"面板中的"直线"按钮 ，在第（1）步中绘制的图形内绘制偏移线段的对角线，如图 10-144 所示。

图 10-143　偏移线段　　　　　　　　　图 10-144　绘制连接对角线

◀》注意

　　如果不事先设置线型，除基本的 Continuous 线型外，其他线型不会显示在"线型"选项后面的下拉列表框中。

10.2.10　尺寸标注

　　在"尺寸"图层标注图形的尺寸，利用"线性"命令和"连续"命令等进行尺寸标注。

　　（1）在"图层"工具栏的下拉列表框中，将 "尺寸"图层设置为当前图层，如图 10-145 所示。

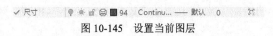

图 10-145　设置当前图层

　　（2）设置标注样式。

　　单击"默认"选项卡"注释"面板中的"标注样式"按钮，打开"标注样式管理器"对话框，如图 10-146 所示。单击"修改"按钮，打开"修改标注样式"对话框。选择"线"选项卡，参数设置如图 10-147 所示。

　　选择"符号和箭头"选项卡，按照图 10-148 所示的设置进行修改，箭头样式选择为"建筑标记"，"箭头大小"修改为 300，其他设置保持默认。

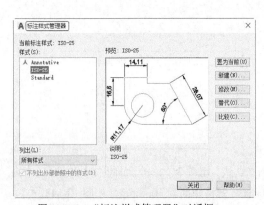

图 10-146　"标注样式管理器"对话框

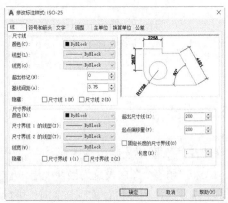

图 10-147　"线"选项卡

　　在"文字"选项卡中，将"文字高度"设置为 400，其他设置保持默认，如图 10-149 所示。

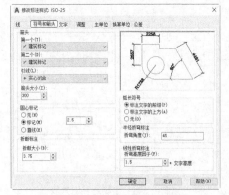

图 10-148　"符号和箭头"选项卡

图 10-149　"文字"选项卡

在"主单位"选项卡中，将"精度"设置为 0，如图 10-150 所示。

（3）单击"默认"选项卡"注释"面板中的"线性"按钮⊢和"连续"按钮⊢⊢，为图形添加第一道尺寸标注，如图 10-151 所示。

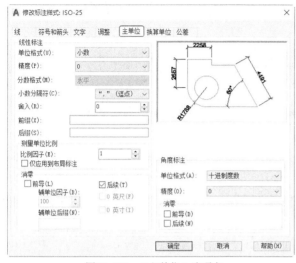

图 10-150　"主单位"选项卡

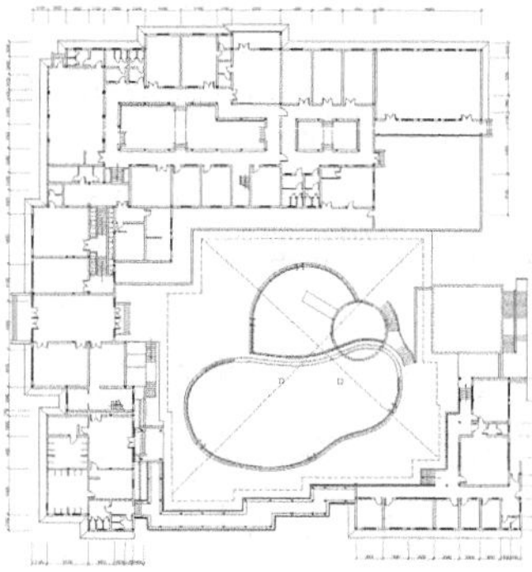

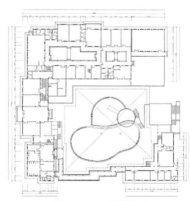

图 10-151　标注第一道尺寸

（4）单击"默认"选项卡"注释"面板中的"线性"按钮⊢，为图形添加总尺寸标注，如图 10-152 所示。

（5）单击"默认"选项卡"绘图"面板中的"直线"按钮，分别在标注的尺寸线上方绘制直线，如图 10-153 所示。

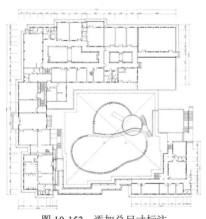

图 10-152　添加总尺寸标注

图 10-153　绘制直线

（6）单击"默认"选项卡"修改"面板中的"分解"按钮，将图形中所有尺寸标注作为分解对象，按 Enter 键确认，对其进行分解。

（7）单击"默认"选项卡"修改"面板中的"延伸"按钮，将分解后的竖直尺寸标注线作为延伸对象，向上延伸至绘制的直线处，如图 10-154 所示。

（8）单击"默认"选项卡"修改"面板中的"删除"按钮，选择尺寸线上方绘制的直线，将其删除，如图 10-155 所示。

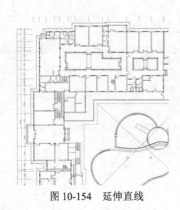 

图 10-154　延伸直线　　　　　　　　图 10-155　删除直线

10.2.11　添加轴号

　　下面将为所绘制的图形添加所有的轴号，水平方向的轴号以阿拉伯数字标注，竖向方向上的轴号以大写的字母来表示。

　　（1）单击"默认"选项卡"绘图"面板中的"圆"按钮⊙，在图中绘制一个半径 1000mm 的圆，如图 10-156 所示。

　　（2）执行菜单栏中的"绘图"→"块"→"定义属性"命令，打开"属性定义"对话框，参数设置如图 10-157 所示。

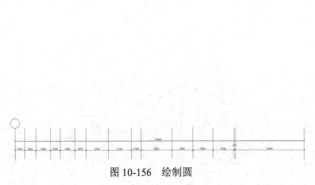

图 10-156　绘制圆

图 10-157　"属性定义"对话框

　　（3）单击"确定"按钮，在圆心位置输入一个块的属性值。设置完成后的结果如图 10-158 所示。

图 10-158　块属性定义

　　（4）单击"默认"选项卡"块"面板中的"创建"按钮，打开"块定义"对话框，如图 10-159 所示。在"名称"文本框中输入"轴号"，指定绘制圆圆心为定义基点；选择圆和输入的"轴号"标记为定义对象，单击"确定"按钮，打开图 10-160 所示的"编辑属性"对话框，在"轴号"文本框中输入"1-1"，单击"确定"按钮，依次输入轴号，轴号效果图如图 10-161 所示。

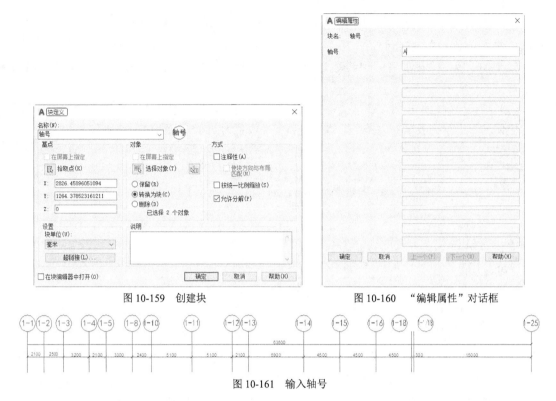

图 10-159　创建块　　　　　　　　　图 10-160　"编辑属性"对话框

图 10-161　输入轴号

（5）单击"默认"选项卡"块"面板中的"插入"下拉菜单中"最近使用的块"选项，系统弹出"块"选项板，将轴号图块插入轴线上，依次插入并修改插入的轴号图块属性，最终完成图形中所有轴号的插入，结果如图 10-162 所示。

图 10-162　标注轴号

10.2.12　文字标注

在平面图中，各房间的功能用途可以用文字进行标识。

（1）将"文字"图层设置为当前图层，关闭"轴线"图层，单击"默认"选项卡"注释"面板中的"文字样式"按钮 A ，打开"文字样式"对话框，如图 10-163 所示。

（2）单击"新建"按钮，打开"新建文字样式"对话框，将文字样式命名为"说明"，如图 10-164 所示。

（3）单击"确定"按钮，在"文字样式"对话框中取消选中"使用大字体"复选框，然后在"字体名"下拉列表框中选择"黑体"，"高度"设置为 750，如图 10-165 所示。

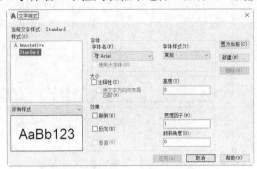

图 10-163 "文字样式"对话框

图 10-164 "新建文字样式"对话框

图 10-165 "文字样式"对话框

注意

在 AutoCAD 中输入汉字时，可以选择不同的字体，在"字体名"下拉列表框中，有些字体前面有"@"标记，如"@仿宋_GB2312"，这说明该字体是为纵向输入汉字用的，即输入的汉字逆时针旋转 90°，如果要输入横向的汉字，不能选择前面带"@"标记的字体。

（4）单击"默认"选项卡"注释"面板中的"多行文字"按钮 A ，为图形添加文字说明，最终完成图形中文字的标注，如图 10-166 所示。

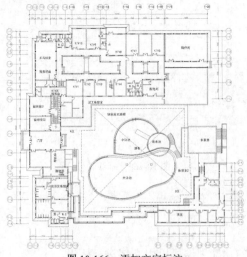

图 10-166 添加文字标注

📖 **高手支招**

　　在 AutoCAD 中绘图时也可以标注特殊符号，打开多行文字编辑器，在输入文字的矩形框中单击鼠标右键，选择符号，再选择"其他"选项，打开字符映射表，再选择符号即可。注意字符映射表的内容取决于用户在"字体"下拉列表框中选择的字体。

　　（5）在命令行中输入"qleader"命令，为图形添加文字说明，如图 10-167 所示。

　　（6）利用上述方法完成图形中剩余的文字说明的添加，如图 10-168 所示。

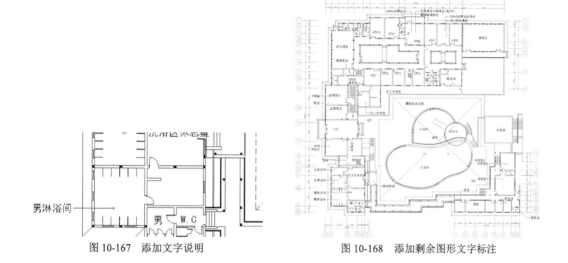

图 10-167　添加文字说明　　　　　　　　　图 10-168　添加剩余图形文字标注

10.2.13　添加标高

　　建筑中的标高是以某一部分与所确定的标准基点的高度差来确定的，它由标高符号及标高的数值组成，通常标高符号是用等腰直角三角形来表示的，绘制时要符合相关的规范。

　　（1）单击"默认"选项卡"绘图"面板中的"直线"按钮，在图形适当位置任选一点为起点水平向右绘制一条直线，如图 10-169 所示。

　　（2）单击"默认"选项卡"绘图"面板中的"直线"按钮，在第（1）步中绘制的水平直线下方绘制一段斜向角度为 45°的斜向直线。

　　（3）单击"默认"选项卡"修改"面板中的"镜像"按钮，将左侧绘制的斜向直线作为镜像对象，对其进行竖直镜像，如图 10-170 所示。

　　（4）单击"默认"选项卡"注释"面板中的"多行文字"按钮A，在第（3）步中绘制的图形上方添加文字，完成标高的绘制，如图 10-171 所示。

6.550

图 10-169　绘制水平直线　　　　　图 10-170　镜像斜向直线　　　　　图 10-171　添加文字

　　（5）单击"默认"选项卡"修改"面板中的"复制"按钮，将第（4）步中绘制的标高图形作为复制对象，然后复制粘贴到图形中，修改标高上的文字，如图 10-172 所示。

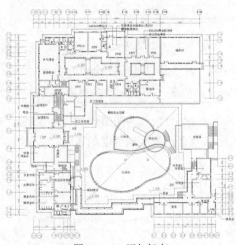

图 10-172　添加标高

10.2.14　绘制图框

在"图框"图层绘制图框，并将所绘制的图层保存为图块，方便下次使用。

（1）单击"默认"选项卡"图层"面板中的"图层特性"按钮🔳，新建"图框"图层，并将其设置为当前图层，如图 10-173 所示。

✓ 图框　　🔳 ☀ 🔒 🖶 ■ 白　Continu... —— 默认　0　　🗙

图 10-173　设置当前图层

（2）单击"默认"选项卡"绘图"面板中的"矩形"按钮 ▭，在图形空白位置任选一点为矩形起点，绘制一个 148 500mm×105 000mm 的矩形，如图 10-174 所示。

（3）单击"默认"选项卡"修改"面板中的"分解"按钮🗗，将第（2）步中绘制的矩形作为分解对象，按 Enter 键确认，对其进行分解，使第（2）步中绘制的矩形分解成 4 条独立边。

（4）单击"默认"选项卡"修改"面板中的"偏移"按钮⊆，将第（3）步中分解后的 4 条矩形边作为偏移对象，向内进行偏移，左侧竖直边向内偏移，偏移距离为 5713mm，剩余 3 条边分别向内进行偏移，偏移距离均为 2435mm，如图 10-175 所示。

（5）单击"默认"选项卡"修改"面板中的"修剪"按钮🗡，将第（4）步中的偏移线段作为修剪对象，对其进行修剪处理，如图 10-176 所示。

（6）单击"默认"选项卡"绘图"面板中的"多段线"按钮 ⟡，指定起点宽度 250，端点宽度 250，沿第（5）步中修剪后的 4 条边进行描绘，如图 10-177 所示。

图 10-174　绘制矩形　　　　图 10-175　偏移线段　　　　图 10-176　修剪线段

（7）单击"默认"选项卡"绘图"面板中的"直线"按钮／，在第（6）步中图形的适当位置绘制一条竖直直线，如图 10-178 所示。

（8）单击"默认"选项卡"修改"面板中的"偏移"按钮 ⊆，将第（7）步中绘制的竖直直线作为偏移对象，向右进行偏移，偏移距离为 112mm，如图 10-179 所示。

图 10-177　绘制多段线　　　图 10-178　绘制竖直直线　　　图 10-179　偏移竖直直线

（9）单击"默认"选项卡"绘图"面板中的"直线"按钮 ╱，在第（8）步中图形适当位置绘制一条水平直线，如图 10-180 所示。

（10）单击"默认"选项卡"修改"面板中的"偏移"按钮 ⊆，将第（9）步中绘制的水平直线作为偏移对象，依次向下进行偏移，偏移间距分别为 12 189mm、11 367mm、3525mm、3597mm、3561mm、3561mm、3561mm、3561mm、3561mm、3561mm、3561mm、3561mm 和 3561mm，如图 10-181 所示。

图 10-180　绘制水平直线　　　图 10-181　偏移水平直线

（11）单击"默认"选项卡"注释"面板中的"多行文字"按钮 Ａ，在第（11）步中偏移线段内添加文字，完成图框的绘制，如图 10-182 所示。

（12）单击"默认"选项卡"块"面板中的"创建"按钮 ⊡，将以上绘制的图形定义为图框名称。

（13）单击"默认"选项卡"块"面板中的"插入"下拉菜单中"最近使用的块"选项，系统弹出"块"选项板，把定义的图框作为插入对象，将其放置到绘制的图形外侧，在图框内添加文字，最终完成一层总平面图的绘制，如图 10-183 所示。

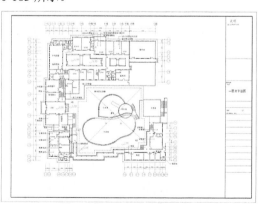

图 10-182　添加文字　　　　图 10-183　一层总平面布置图

二层平面图如图 10-184 所示，由健身房、KTV 包房、厕所构成，这里不再赘述。

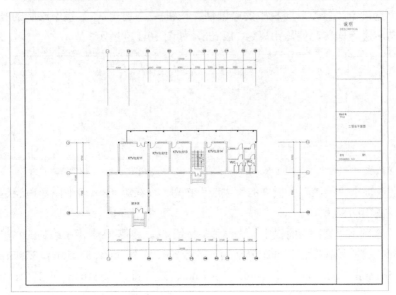

扫码看视频

图 10-184　二层平面图

10.3　道具单元平面图

高级洗浴中心为了吸引顾客，在造型设计上求新求变，所以往往需要设计一些特殊造型的道具，这里讲述洗浴中心涉及的一些道具的平面图的设计方法。

扫码看视频

10.3.1　道具 A 单元平面图的绘制

首先绘制道具 A 单元平面图，然后再进行尺寸标注和文字说明。

1．绘制图形

（1）道具 A 单元平面图如图 10-185 所示，下面讲述其绘制方法。

（2）单击"默认"选项卡"绘图"面板中的"矩形"按钮 ▭，在图形空白位置任选一点为矩形起点，绘制一个 2400mm×800mm 的矩形，如图 10-186 所示。

图 10-185　道具 A 单元平面图　　　　图 10-186　绘制 2400mm×800mm 的矩形

（3）单击"默认"选项卡"修改"面板中的"分解"按钮 ▱，将第（2）步中绘制的矩形作为分解对象，按 Enter 键确认，对其进行分解。

（4）单击"默认"选项卡"修改"面板中的"偏移"按钮 ⊆，将分解矩形的顶部水平边作为偏移对象，依次向下进行偏移，偏移间距分别为 35mm、10mm 和 35mm，如图 10-187 所示。

（5）单击"默认"选项卡"修改"面板中的"偏移"按钮 ⊆，将左侧竖直直线作为偏移对象，依次向右侧进行偏移，偏移间距分别为 186mm、2027mm，如图 10-188 所示。

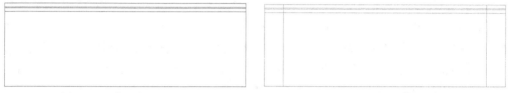

图 10-187　偏移水平线段　　　　　　　　　　　图 10-188　偏移竖直线段

（6）单击"默认"选项卡"修改"面板中的"修剪"按钮 ✂，将第（5）步中偏移线段作为修剪对象，对其进行修剪处理，如图 10-189 所示。

（7）单击"默认"选项卡"绘图"面板中的"矩形"按钮 ▢，在第（6）步中修剪的图形内绘制一个 80mm×80mm 的圆角半径为 6mm 的矩形，命令行提示与操作如下。

```
命令: _rectang
指定第一个角点或 [倒角(C)/标高(E)/圆角(F)/厚度(T)/宽度(W)]: F
指定矩形的圆角半径 <0.0000>: 6
指定第一个角点或 [倒角(C)/标高(E)/圆角(F)/厚度(T)/宽度(W)]:（选择一点为矩形起点）
指定另一个角点或 [面积(A)/尺寸(D)/旋转(R)]: @80,80
```
结果如图 10-190 所示。

图 10-189　修剪线段　　　　　　　　　　　图 10-190　绘制圆角矩形

（8）单击"默认"选项卡"修改"面板中的"偏移"按钮 ⊆，将第（7）步中绘制的矩形作为偏移对象，向内进行偏移，偏移距离为 4mm，如图 10-191 所示。

（9）单击"默认"选项卡"修改"面板中的"镜像"按钮 ⚠，将第（8）步中绘制的两矩形作为镜像对象，以大矩形的垂直对称轴为镜像线并向右镜像，如图 10-192 所示。

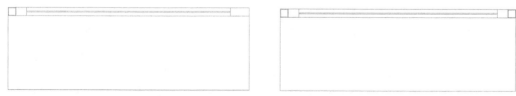

图 10-191　偏移矩形　　　　　　　　　　　图 10-192　镜像图形

（10）单击"默认"选项卡"绘图"面板中的"直线"按钮 ╱，在图 10-193 所示的位置绘制连续线段。

图 10-193　绘制线段

（11）单击"默认"选项卡"修改"面板中的"镜像"按钮 �mirror，将第（10）步中绘制的线段作为镜像对象，以大矩形的垂直对称轴为镜像线对其进行竖直镜像，如图 10-194 所示。

（12）单击"默认"选项卡"绘图"面板中的"矩形"按钮 ▭，在第（11）步中的图形内绘制一个 1192mm×40mm 的矩形，如图 10-195 所示。

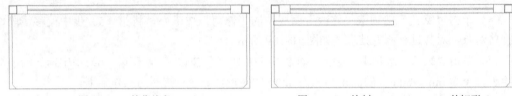

图 10-194　镜像线段　　　　　　　　　　图 10-195　绘制 1192mm×40mm 的矩形

（13）单击"默认"选项卡"绘图"面板中的"矩形"按钮 ▭，在第（12）步中绘制的矩形上分别绘制矩形，如图 10-196 所示。

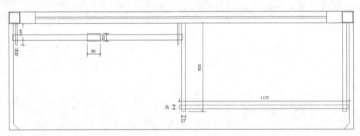

图 10-196　绘制矩形

（14）单击"默认"选项卡"修改"面板中的"修剪"按钮 ✂，将第（13）步中绘制的矩形间线段作为修剪对象，对其进行修剪处理，如图 10-197 所示。

（15）单击"默认"选项卡"绘图"面板中的"直线"按钮 ╱，在右侧竖直矩形内绘制两条竖直直线，如图 10-198 所示。

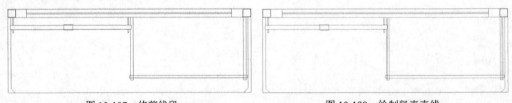

图 10-197　修剪线段　　　　　　　　　　图 10-198　绘制竖直直线

（16）单击"默认"选项卡"绘图"面板中的"直线"按钮 ╱，在中间矩形下方绘制两条竖直直线，直线长度为 540mm，直线间距为 40mm，如图 10-199 所示。

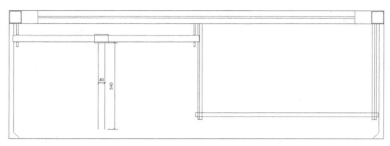

图 10-199　绘制竖直直线

（17）单击"默认"选项卡"绘图"面板中的"圆弧"按钮／，将第（16）步中绘制的左侧竖直直线下端点作为圆弧起点，右侧竖直直线下端点为圆弧终点，在直线间绘制一段圆弧，同理绘制剩余的圆弧图形，如图 10-200 所示。

（18）单击"默认"选项卡"绘图"面板中的"圆"按钮，在绘制的两竖直直线间绘制一个半径 14mm 的圆，如图 10-201 所示。

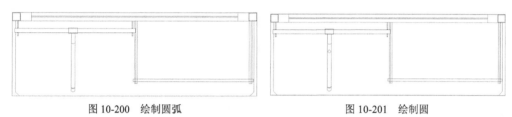

图 10-200　绘制圆弧　　　　　　　　　　　　　　　图 10-201　绘制圆

（19）单击"默认"选项卡"绘图"面板中的"直线"按钮／和"圆弧"按钮／，在第（18）步中绘制的圆上绘制图形，如图 10-202 所示。

（20）单击"默认"选项卡"修改"面板中的"复制"按钮，将第（19）步中的图形作为复制对象，对其进行连续复制，选择圆图形圆心为复制基点，间距为 63mm，复制个数为 5 个，如图 10-203 所示。

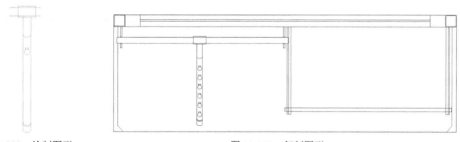

图 10-202　绘制图形　　　　　　　　　　　图 10-203　复制图形

2．进行尺寸标注和文字说明

（1）单击"默认"选项卡"注释"面板中的"线性"按钮，为道具 A 单元平面图添加总尺寸标注，如图 10-204 所示。

（2）在命令行中输入"qleader"命令，为图形添加文字说明，如图 10-205 所示。

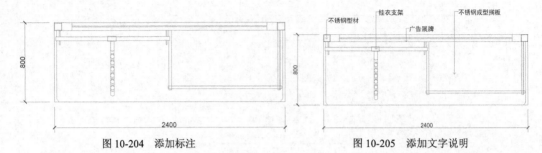

图 10-204　添加标注　　　　　　　　图 10-205　添加文字说明

（3）单击"默认"选项卡"绘图"面板中的"直线"按钮 ，在第（2）步中图形下方绘制一条长度 1139mm 的水平直线，如图 10-206 所示。

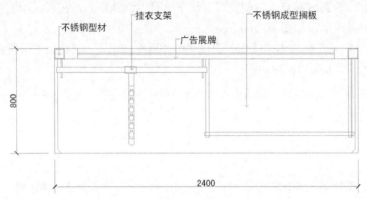

图 10-206　绘制水平直线

（4）单击"默认"选项卡"注释"面板中的"多行文字"按钮 A，在第（3）步中绘制的直线上添加文字，最终完成道具 A 单元平面图的绘制，如图 10-185 所示。

利用上述方法完成道具 B、C、D 单元平面图的绘制，如图 10-207、图 10-208 和图 10-209 所示。

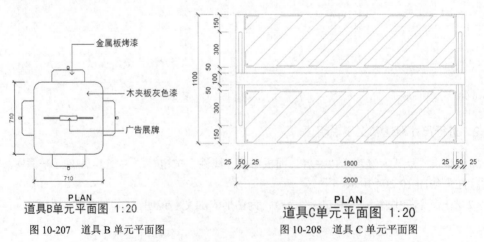

PLAN
道具B单元平面图 1:20

图 10-207　道具 B 单元平面图

PLAN
道具C单元平面图 1:20

图 10-208　道具 C 单元平面图

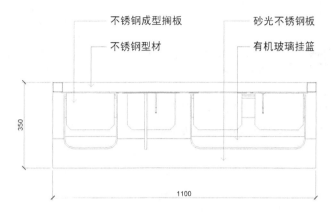

不锈钢成型搁板　　　　砂光不锈钢板

不锈钢型材　　　　　　有机玻璃挂篮

350

1100

PLAN
道具D单元平面图 1:10

图 10-209　道具 D 单元平面图

10.3.2　插入图框

单击"默认"选项卡"块"面板中的"插入"下拉菜单中"最近使用的块"选项，系统弹出"块"选项板。把定义的图框作为插入对象，将其放置到绘制的图形外侧，为图框添加说明，最终完成道具单元平面图的绘制，如图 10-210 所示。

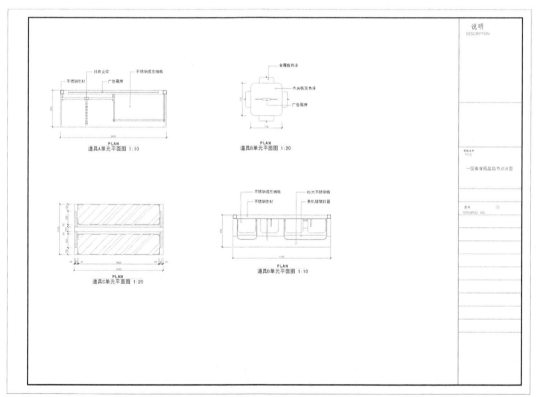

图 10-210　道具单元平面图

10.4 上机实验

【练习 1】绘制图 10-211 所示的宾馆大堂平面图。

【练习 2】绘制图 10-212 所示的八层客房平面图。

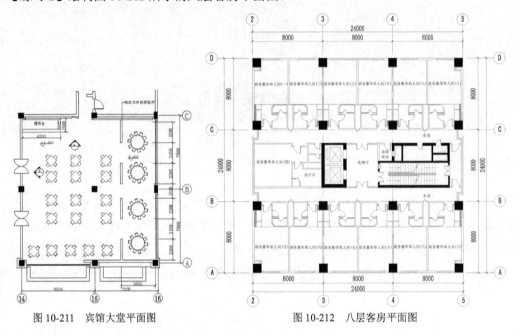

图 10-211　宾馆大堂平面图　　　　　　图 10-212　八层客房平面图

第11章

洗浴中心平面布置图的绘制

平面布置图是在建筑平面图基础上的深化和细化。装饰是室内设计的精髓所在，是对局部细节的雕琢和布置，最能体现室内设计的品位和格调。洗浴中心是公共活动场所，包括洗浴、健身、休息等多种功能。下面主要讲解洗浴中心平面布置图的绘制方法。

【内容要点】

☑ 一层总平面布置图
☑ 二层总平面布置图

【案例欣赏】

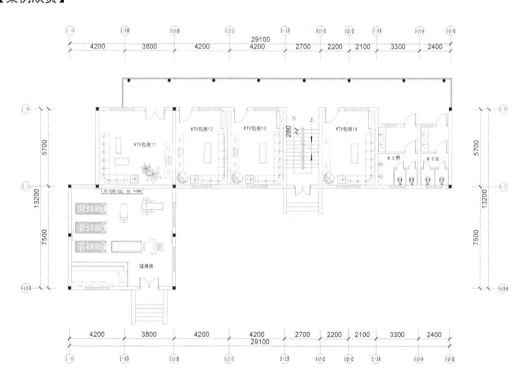

11.1 一层总平面布置图

一层总平面布置图如图 11-1 所示，下面讲述其绘制方法。

扫码看视频

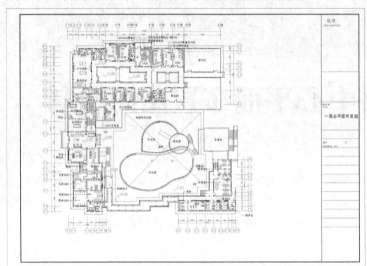

图 11-1 一层总平面布置图

11.1.1 绘制家具

利用前面学过的"绘图"和"编辑"中的命令，在建立的"家具"图层中，绘制所需的图形，并设置为图块。

（1）打开"源文件\第 11 章\一层平面图.dwg"，并将其另存为"一层总平面布置图.dwg"。新建"家具"图层，并将其设置为当前图层，如图 11-2 所示。

✓ 家具　　　♀ ✿ ☐ 🖨 ■ 洋红 Continu... —— 默认　0　　🔏

图 11-2 新建"家具"图层

（2）利用前面学过的"绘图"和"编辑"中的命令绘制电视柜、沙发及茶几、台灯、按摩椅、美发座椅、台球桌、服务台、坐便器、乒乓球桌、单人床、蹲便器、单人座椅、储藏柜、小便器、洗手盆、衣柜、绿植、按摩浴缸、花洒、四人座沙发、吧台及吧台椅子等家具，如图 11-3～图 11-23 所示（在本实例中可以直接调用源文件图块中对应的家具图形，将其插入图中合适的位置）。

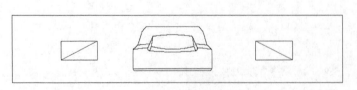

图 11-3 电视柜

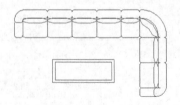

图 11-4 沙发及茶几

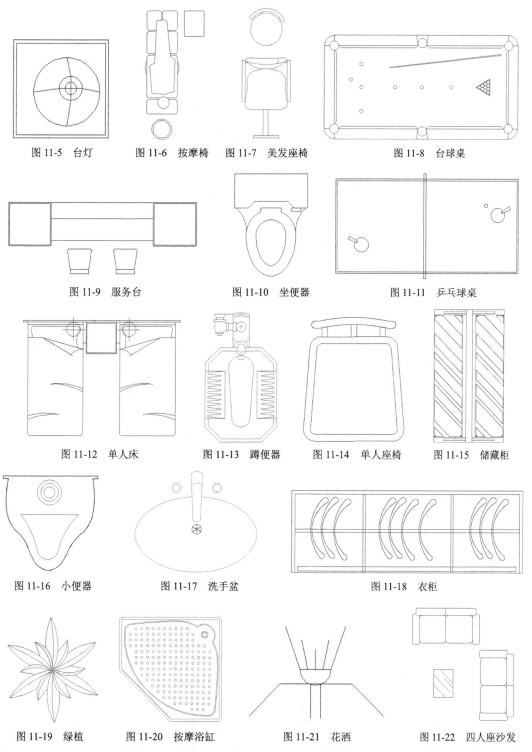

图 11-5　台灯　　　图 11-6　按摩椅　图 11-7　美发座椅　　　图 11-8　台球桌

图 11-9　服务台　　　　　图 11-10　坐便器　　　　图 11-11　乒乓球桌

图 11-12　单人床　　　图 11-13　蹲便器　　　图 11-14　单人座椅　　　图 11-15　储藏柜

图 11-16　小便器　　　图 11-17　洗手盆　　　　图 11-18　衣柜

图 11-19　绿植　　　图 11-20　按摩浴缸　　　图 11-21　花洒　　　图 11-22　四人座沙发

（3）单击"默认"选项卡"块"面板中的"创建"按钮 ，打开"块定义"对话框，如图
11-24 所示，把上述图形作为定义对象，以任意点为基点，将其定义为"块"。

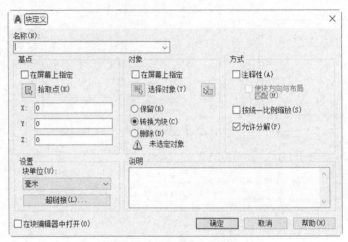

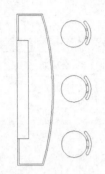

图 11-23　吧台及吧台椅子　　　　　　　　图 11-24　"块定义"对话框

11.1.2　布置家具

将绘制的图块，利用"插入"命令插入图形中，进行家具的布置，最终完成对一层总平面布置图。

（1）打开"图层"下拉列表框，将"尺寸""文字""图框"等图层关闭，整理图形，结果如图 11-25 所示。

（2）单击"默认"选项卡"绘图"面板中的"直线"按钮，在图 11-26 所示的位置绘制连续直线。

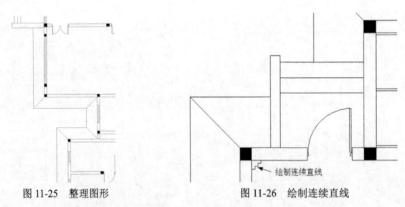

图 11-25　整理图形　　　　　　　　图 11-26　绘制连续直线

（3）利用上述方法完成相同图形的绘制，如图 11-27 所示。

（4）单击"默认"选项卡"块"面板中的"插入"下拉菜单中"最近使用的块"选项，系统弹出"块"选项板，单击选项板顶部的"　"按钮，选择"源文件\图块\电视柜"图块，单击"打开"按钮，回到"块"选项板，在"预览列表"中选择"电视柜"图块，插入绘图区域内，完成图块的插入，结果如图 11-28 所示。

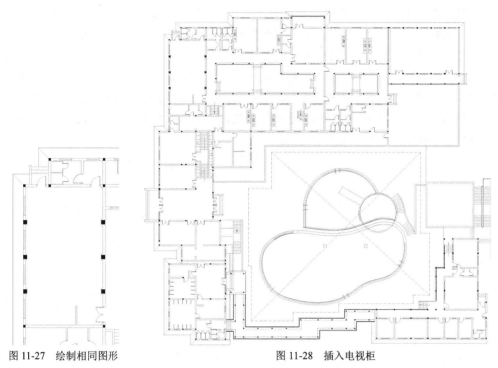

图 11-27　绘制相同图形　　　　　　　　　　　图 11-28　插入电视柜

（5）单击"默认"选项卡"块"面板中的"插入"下拉菜单中"最近使用的块"选项，系统弹出"块"选项板，单击选项板顶部的"🗁"按钮，选择"源文件\图块\沙发及茶几"图块，单击"打开"按钮，回到"块"选项板，在"预览列表"中选择"沙发及茶几"图块，插入绘图区域内，完成图块的插入，结果如图 11-29 所示。

（6）单击"默认"选项卡的"块"面板中的"插入"下拉菜单中"最近使用的块"选项，系统弹出"块"选项板，单击选项板顶部的"🗁"按钮，选择"源文件\图块\台灯"图块，单击"打开"按钮，回到"块"选项板，在"预览列表"中选择"台灯"图块，插入绘图区域内，完成图块的插入，结果如图 11-30 所示。

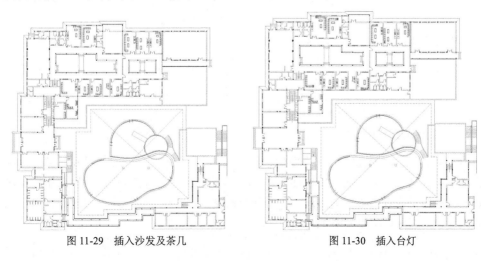

图 11-29　插入沙发及茶几　　　　　　　　　　图 11-30　插入台灯

（7）单击"默认"选项卡"块"面板中的"插入"下拉菜单中"最近使用的块"选项，系统弹出"块"选项板，单击选项板顶部的"🖵"按钮，选择"源文件\图块\按摩椅"图块，单击"打开"按钮，回到"块"选项板，在"预览列表"中选择"按摩椅"图块，插入绘图区域内，完成图块的插入，结果如图11-31所示。

（8）单击"默认"选项卡"块"面板中的"插入"下拉菜单中"最近使用的块"选项，系统弹出"块"选项板，单击选项板顶部的"🖵"按钮，选择"源文件\图块\台球桌"图块，单击"打开"按钮，回到"块"选项板，在"预览列表"中选择"台球桌"图块，插入绘图区域内，完成图块的插入，结果如图11-32所示。

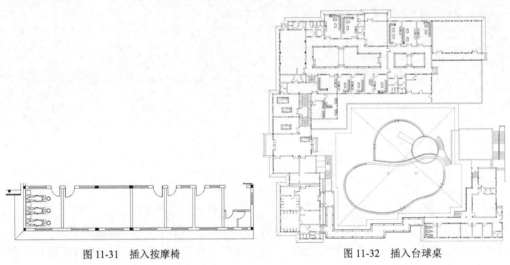

图 11-31　插入按摩椅　　　　　　　　　　　　图 11-32　插入台球桌

（9）单击"默认"选项卡"块"面板中的"插入"下拉菜单中"最近使用的块"选项，系统弹出"块"选项板，单击选项板顶部的"🖵"按钮，选择"源文件\图块\美发座椅"图块，单击"打开"按钮，回到"块"选项板，在"预览列表"中选择"美发座椅"图块，插入绘图区域内，完成图块的插入，结果如图11-33所示。

（10）单击"默认"选项卡"块"面板中的"插入"下拉菜单中"最近使用的块"选项，系统弹出"块"选项板，单击选项板顶部的"🖵"按钮，选择"源文件\图块\洗发躺椅"图块，单击"打开"按钮，回到"块"选项板，在"预览列表"中选择"洗发躺椅"图块，插入绘图区域内，完成图块的插入，结果如图11-34所示。

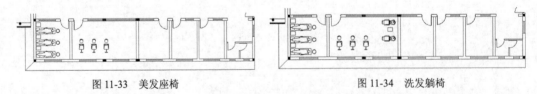

图 11-33　美发座椅　　　　　　　　　　　图 11-34　洗发躺椅

（11）单击"默认"选项卡"块"面板中的"插入"下拉菜单中"最近使用的块"选项，系统弹出"块"选项板，单击选项板顶部的"🖵"按钮，选择"源文件\图块\单人床"图块，单击"打开"按钮，回到"块"选项板，在"预览列表"中选择"单人床"图块，插入绘图区域内，完成图块的插入，结果如图11-35所示。

（12）单击"默认"选项卡"块"面板中的"插入"下拉菜单中"最近使用的块"选项，系统弹出"块"选项板，单击选项板顶部的"🖼️"按钮，选择"源文件\图块\衣柜"图块，单击"打开"按钮，回到"块"选项板，在"预览列表"中选择"衣柜"图块，插入绘图区域内，完成图块的插入，结果如图 11-36 所示。

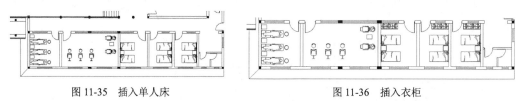

图 11-35　插入单人床　　　　　　　　　　　　图 11-36　插入衣柜

（13）单击"默认"选项卡"块"面板中的"插入"下拉菜单中"最近使用的块"选项，系统弹出"块"选项板，单击选项板顶部的"🖼️"按钮，选择"源文件\图块\乒乓球桌"图块，回到"块"选项板，在"预览列表"中选择"乒乓球桌"图块，插入绘图区域内，完成图块的插入，结果如图 11-37 所示。

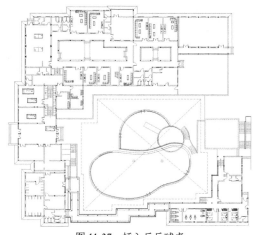

图 11-37　插入乒乓球桌

（14）单击"默认"选项卡"绘图"面板中的"矩形"按钮 ▢，在更衣间位置绘制一个 600mm×500mm 的矩形，如图 11-38 所示。

（15）单击"默认"选项卡"绘图"面板中的"直线"按钮 ╱，在第（13）步中绘制的矩形内绘制斜向直线，如图 11-39 所示。

（16）单击"默认"选项卡"修改"面板中的"复制"按钮 ⌗，把第（14）步中绘制的图形作为复制对象，将其向右连续复制 4 次，如图 11-40 所示。

（17）单击"默认"选项卡"修改"面板中的"复制"按钮 ⌗，选择第（15）步中复制后的图形为复制对象，将其向下进行复制，如图 11-41 所示。

（18）利用上述方法完成相同图形的绘制，如图 11-42 所示。

（19）单击"默认"选项卡"块"面板中的"插入"下拉菜单中"最近使用的块"选项，系统弹出"块"选项板，单击选项板顶部的"🖼️"按钮，选择"源文件\图块\蹲便器"图块，回到"块"选项板，在"预览列表"中选择"蹲便器"图块，插入绘图区域内，完成图块的插入，结果如图 11-43 所示。

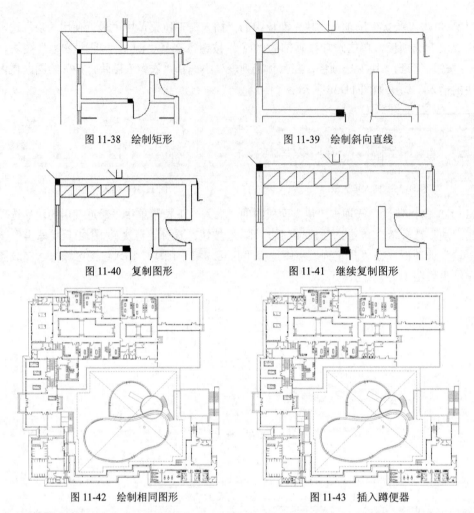

图 11-38　绘制矩形　　　　　　　　　图 11-39　绘制斜向直线

图 11-40　复制图形　　　　　　　　　图 11-41　继续复制图形

图 11-42　绘制相同图形　　　　　　　图 11-43　插入蹲便器

　　（20）单击"默认"选项卡"块"面板中的"插入"下拉菜单中"最近使用的块"选项，系统弹出"块"选项板，单击选项板顶部的"⊡"按钮，选择"源文件\图块\小便器"图块，回到"块"选项板，在"预览列表"中选择"小便器"图块，插入绘图区域内，完成图块的插入，结果如图 11-44 所示。

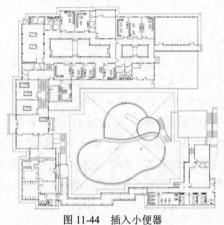

图 11-44　插入小便器

（21）利用上述方法完成图块的布置，如图 11-45 所示。

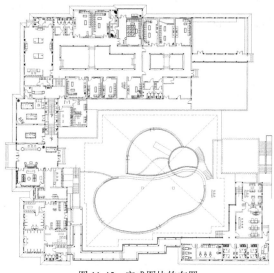

图 11-45　完成图块的布置

（22）打开关闭的图层，最终完成一层总平面布置图的绘制，如图 11-41 所示。

11.2　二层总平面布置图

二层总平面布置图如图 11-46 所示，下面讲述其绘制方法。

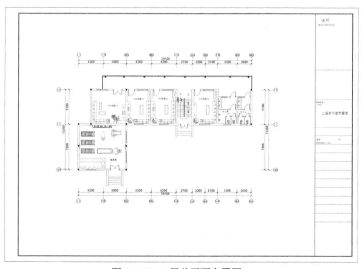

扫码看视频

图 11-46　二层总平面布置图

11.2.1　绘制家具

利用前面学过的"绘图"和"编辑"中的命令绘制健身器械，并将绘制的图形设置为图块。

（1）利用前面学过的"绘图"和"编辑"命令绘制健身器械 1 和健身器械 2，如图 11-47 和图 11-48 所示。

（2）其余图形可以参考前面的方法绘制完成并将其定义为块。

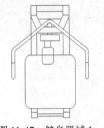

图 11-47　健身器械 1

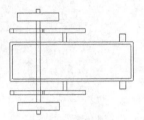

图 11-48　健身器械 2

11.2.2　布置家具

将绘制的图块，利用"插入"命令插入图形中，进行家具的布置，最终完成对二层总平面布置图。

（1）选择"快速访问"工具栏中"打开"按钮 ，在打开的"选择文件"对话框中单击"浏览"按钮，选择"源文件\第 11 章\二层平面图.dwg"，将其另存为"二层总平面布置图.dwg"。

（2）单击"默认"选项卡"块"面板中的"插入"下拉菜单中"最近使用的块"选项，系统弹出"块"选项板，单击选项板顶部的" "按钮，选择"源文件\图块\电视柜"图块，单击"打开"按钮，回到"块"选项板，在"预览列表"中选择"电视柜"图块，插入绘图区域内，完成图块的插入，结果如图 11-49 所示。

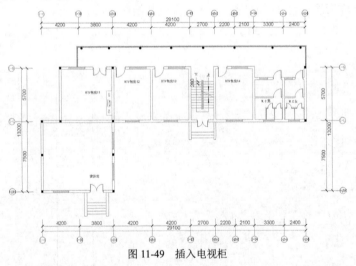

图 11-49　插入电视柜

（3）单击"默认"选项卡"块"面板中的"插入"下拉菜单中"最近使用的块"选项，系统弹出"块"选项板，单击选项板顶部的" "按钮，选择"源文件\图块\沙发及茶几"图块，单击"打开"按钮，回到"块"选项板，在"预览列表"中选择"沙发及茶几"图块，插入绘图区域内，完成图块的插入，结果如图 11-50 所示。

（4）单击"默认"选项卡"块"面板中的"插入"下拉菜单中"最近使用的块"选项，系统弹出"块"选项板，单击选项板顶部的" "按钮，选择"源文件\图块\台灯"图块，单击

"打开"按钮，回到"块"选项板，在"预览列表"中选择"台灯"图块，插入绘图区域内，完成图块的插入，结果如图 11-51 所示。

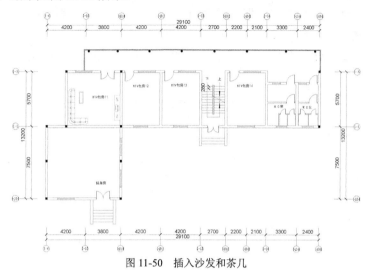

图 11-50　插入沙发和茶几

（5）单击"默认"选项卡的"块"面板中的"插入"下拉菜单中"最近使用的块"选项，系统弹出"块"选项板，单击选项板顶部的"□→"按钮，选择"源文件\图块\绿植 1"图块，单击"打开"按钮，回到"块"选项板，在"预览列表"中选择"绿植 1"图块，插入绘图区域内，完成图块的插入，结果如图 11-52 所示。

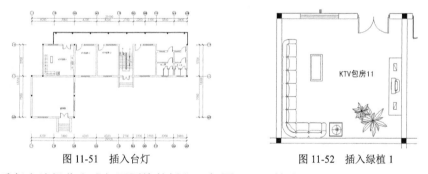

图 11-51　插入台灯　　　　　　　　　　　图 11-52　插入绿植 1

（6）重复上述操作完成相同图块的插入，如图 11-53 所示。

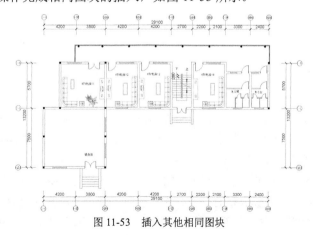

图 11-53　插入其他相同图块

（7）单击"默认"选项卡"绘图"面板中的"矩形"按钮□，在图 11-54 所示的位置绘制一个 320mm×1400mm 的矩形。

（8）单击"默认"选项卡"绘图"面板中的"直线"按钮／，在第（7）步中绘制的矩形内绘制对角线，如图 11-55 所示。

（9）单击"默认"选项卡"绘图"面板中的"多段线"按钮 ⌐，在矩形外侧绘制连续多段线，如图 11-56 所示。

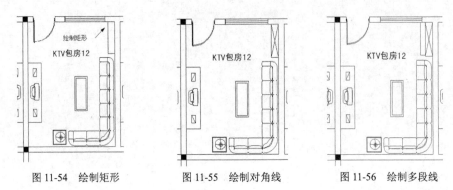

图 11-54　绘制矩形　　　　图 11-55　绘制对角线　　　　图 11-56　绘制多段线

（10）单击"默认"选项卡"修改"面板中的"偏移"按钮 ⊑，把第（9）步中绘制的多段线作为偏移对象，将其向内进行偏移，偏移距离为 15mm，如图 11-57 所示。

（11）单击"默认"选项卡"修改"面板中的"复制"按钮 ⅍，将第（10）步中绘制完成的图形作为复制对象，对其进行连续复制，如图 11-58 所示。

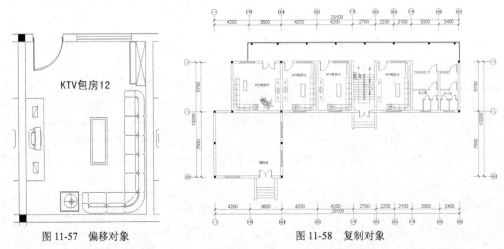

图 11-57　偏移对象　　　　　　　　　　图 11-58　复制对象

（12）单击"默认"选项卡"块"面板中的"插入"下拉菜单中"最近使用的块"选项，系统弹出"块"选项板，单击选项板顶部的" ⌐ "按钮，选择"源文件\图块\健身器械 1"图块，单击"打开"按钮，回到"块"选项板，在"预览列表"中选择"健身器械 1"图块，插入绘图区域内，完成图块的插入，结果如图 11-59 所示。

（13）单击"默认"选项卡"块"面板中的"插入"下拉菜单中"最近使用的块"选项，系统弹出"块"选项板，单击选项板顶部的" ⌐ "按钮，选择"源文件\图块\健身器械 2"图块，单击"打开"按钮，回到"块"选项板，在"预览列表"中选择"健身器械 2"图块，插入绘图区域内，完成图块的插入，结果如图 11-60 所示。

（14）单击"默认"选项卡"块"面板中的"插入"下拉菜单中"最近使用的块"选项，系统弹出"块"选项板，单击选项板顶部的"□ "按钮，选择"源文件\图块\跑步机"图块，单击"打开"按钮，回到"块"选项板，在"预览列表"中选择"跑步机"图块，插入绘图区域内，完成图块的插入，结果如图 11-61 所示。

图 11-59　插入健身器械 1　　　图 11-60　插入健身器械 2　　　图 11-61　插入跑步机

（15）利用上述方法完成图形中所有图块的插入，如图 11-62 所示。

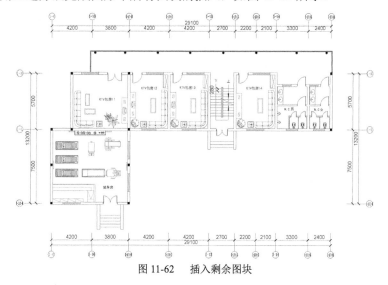

图 11-62　插入剩余图块

（16）单击"默认"选项卡"块"面板中的"插入"下拉菜单中"最近使用的块"选项，系统弹出"块"选项板，单击选项板顶部的"□ "按钮，把定义的图框作为插入对象，将其放置到绘制的图形外侧，最终完成二层总平面布置图的绘制，如图 11-46 所示。

11.3　上机实验

【练习 1】绘制图 11-63 所示的某剧院接待室平面布置图。

【练习 2】绘制图 11-64 所示的董事长室装饰平面图。

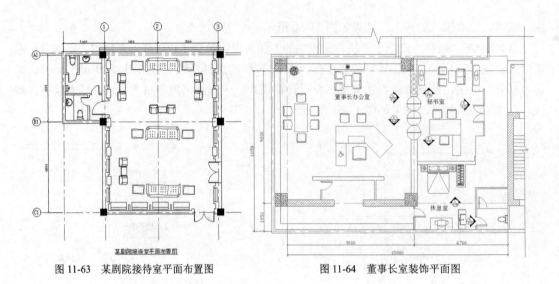

图 11-63　某剧院接待室平面布置图　　　　图 11-64　董事长室装饰平面图

第 **12** 章

洗浴中心顶棚图与地坪图的绘制

顶棚图与地坪图是室内设计中特有的图样，顶棚图是用于表达室内顶棚造型、灯具及相关电器布置的顶棚水平镜像投影图，地坪图是用于表达室内地面造型、纹饰图案布置的水平镜像投影图。本章将以洗浴中心顶棚与地坪室内设计为例，详细讲述洗浴中心顶棚图与地坪图的绘制过程。

【内容要点】

- ☑ 一层顶棚布置图
- ☑ 一层地坪布置图

【案例欣赏】

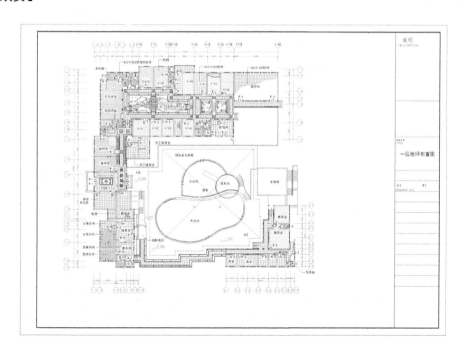

12.1　一层顶棚布置图

一层顶棚图如图 12-1 所示，下面讲述其绘制方法。

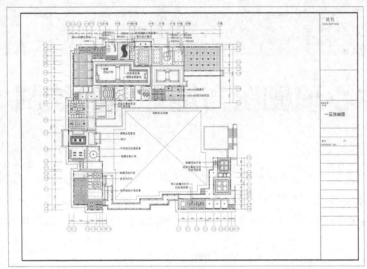

图 12-1　一层顶棚布置图

12.1.1　整理图形

利用之前所学过的知识，关闭不需要的图层，利用"直线"命令，在门洞处绘制直线封闭门洞。

（1）单击"快速访问"工具栏中的"打开"按钮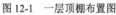，打开"选择文件"对话框，如图 12-2 所示。在"查找范围"下拉列表框中打开"源文件\第 12 章\"文件夹，选择"一层平面图.dwg"，将其打开，关闭不需要的图层，如图 12-3 所示。

图 12-2　"选择文件"对话框

（2）单击"默认"选项卡"绘图"面板中的"直线"按钮 ，在门洞处绘制直线封闭门洞，如图 12-4 所示。

图 12-3　关闭图层　　　　　　　图 12-4　封闭门洞

12.1.2　绘制灯具

新建"灯具"图层，并在"灯具"图层中绘制小型吊灯、装饰吊灯、小型吸顶灯、半径 100mm 的吸顶灯及排风扇等图形，然后将这些图形布置到一层顶棚布置图中。

1．设置当前图层

新建"灯具"图层，并将其设置为当前图层，如图 12-5 所示。

图 12-5　"灯具"图层

2．绘制小型吊灯

（1）单击"默认"选项卡"绘图"面板中的"圆"按钮 ，在图形空白位置任选一点为圆的圆心，绘制一个半径 91mm 的圆，如图 12-6 所示。

（2）单击"默认"选项卡"绘图"面板中的"圆"按钮 ，在第（1）步中绘制的圆外选取一点为圆的圆心，绘制一个半径 40mm 的圆，如图 12-7 所示。

图 12-6　绘制半径 91mm 的圆　　　　图 12-7　绘制半径 40mm 的圆

（3）单击"默认"选项卡"修改"面板中的"偏移"按钮 ，将第（1）步中半径 91mm 的圆作为偏移对象，向内进行偏移，偏移距离为 21mm，如图 12-8 所示。

（4）单击"默认"选项卡"绘图"面板中的"直线"按钮 ，在第（3）步中偏移圆上绘制 4 条相等的斜向直线，直线长度为 63mm，如图 12-9 所示。

图 12-8　偏移圆 1　　　　　　　　　　　图 12-9　绘制斜向直线 1

（5）单击"默认"选项卡"修改"面板中的"环形阵列"按钮，把图 12-9 中的图形作为阵列对象，以半径为 40mm 的圆的圆心为环形阵列基点，将项目数设置为 3，完成阵列，如图 12-10 所示。

（6）单击"默认"选项卡"绘图"面板中的"直线"按钮，在阵列后的图形间绘制两条斜向直线。单击"默认"选项卡"修改"面板中的"环形阵列"按钮，把绘制的斜向直线作为阵列对象，以中间小圆圆心为环形阵列基点，将项目数设置为 3，完成小型吊灯的绘制，结果如图 12-11 所示。

（7）单击"默认"选项卡"块"面板中的"创建"按钮，打开"块定义"对话框，如图 12-12 所示，把第（6）步中绘制的图形作为定义对象，以任意点为基点，将其定义为"块"，块名为"小型吊灯"。

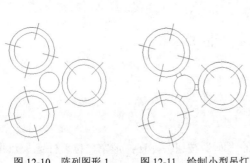

图 12-10　阵列图形 1　　　　图 12-11　绘制小型吊灯　　　　图 12-12　"块定义"对话框

3．绘制装饰吊灯

（1）单击"默认"选项卡"绘图"面板中的"圆"按钮，在图形空白位置任选一点为圆心，绘制一个半径 209mm 的圆，如图 12-13 所示。

（2）单击"默认"选项卡"修改"面板中的"偏移"按钮，将第（1）步中绘制的圆作为偏移对象，向内进行偏移，偏移间距分别为 118mm、44mm，如图 12-14 所示。

（3）单击"默认"选项卡"绘图"面板中的"矩形"按钮，在图形空白位置任选一点为矩形起点，绘制一个 16mm×116mm 的矩形，如图 12-15 所示。

（4）单击"默认"选项卡"修改"面板中的"旋转"按钮，将第（3）步中绘制的矩形作为旋转对象，以矩形的左下角点为旋转基点，将矩形旋转 26°，结果如图 12-16 所示。

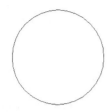　　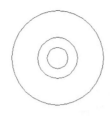　　　　

图 12-13　绘制半径209mm 的圆　　图 12-14　偏移圆 2　图 12-15　绘制 16mm×116mm 的矩形　图 12-16　旋转矩形

　　（5）单击"默认"选项卡"修改"面板中的"移动"按钮✛，把第（4）步中绘制的矩形作为移动对象，在图形上任选一点作为移动基点，将其放置到前面绘制的圆图形上，如图 12-17 所示。

　　（6）单击"默认"选项卡"绘图"面板中的"圆"按钮⊙，在第（5）步中移动的矩形上方选择一点作为绘制圆的圆心，绘制一个半径 139mm 的圆，如图 12-18 所示。

图 12-17　移动矩形

　　（7）单击"默认"选项卡"绘图"面板中的"直线"按钮╱，以第（6）步中绘制圆的圆心为直线起点绘制一条适当角度的斜向直线，如图 12-19 所示。

　　（8）单击"默认"选项卡"修改"面板中的"环形阵列"按钮❀，根据命令行提示将第（7）步中绘制的斜向直线作为阵列对象，以第（6）步中绘制圆的圆心为环形阵列基点，将阵列项目间角度设置为 14°、项目数设置为 25、填充角度设置为 360°，完成阵列，如图 12-20 所示。

　　（9）单击"默认"选项卡"修改"面板中的"环形阵列"按钮❀，将图 12-20 所示的图形作为阵列对象，以绘制的半径 209mm 的圆的圆心为环形阵列基点，将项目数设置为 6，完成装饰吊灯的绘制，结果如图 12-21 所示。

　　　　　　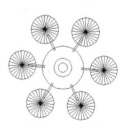

图 12-18　绘制半径 139mm 的圆　图 12-19　绘制斜向直线 2　图 12-20　阵列项目数　　图 12-21　装饰吊灯

　　（10）单击"默认"选项卡"块"面板中的"创建"按钮🖫，打开"块定义"对话框，把第（9）步中绘制的图形作为定义对象，以任意点为基点，将其定义为"块"，块名为"装饰吊灯"。

4．绘制小型吸顶灯

　　（1）单击"默认"选项卡"绘图"面板中的"圆"按钮⊙，在图形空白位置任选一点作为圆的圆心，绘制一个半径 200mm 的圆，如图 12-22 所示。

　　（2）单击"默认"选项卡"修改"面板中的"偏移"按钮⊆，将第（1）步中绘制的圆作为偏移对象，依次向内进行偏移，偏移间距分别为 20mm 和 155mm，如图 12-23 所示。

　　（3）单击"默认"选项卡"绘图"面板中的"矩形"按钮▢，在第（2）步中偏移的圆图形上任选一点作为矩形起点，绘制一个 20mm×50mm 的矩形，如图 12-24 所示。

　　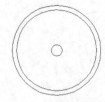　　

图 12-22　绘制半径 200mm 的圆　　　　图 12-23　偏移圆 3　　　　图 12-24　绘制 20mm×50mm 的矩形

（4）单击"默认"选项卡"修改"面板中的"环形阵列"按钮 ，把第（3）步中绘制完成的矩形作为阵列对象，以绘制的半径 200mm 的圆的圆心为环形阵列基点，将项目数设置为 4，完成阵列，如图 12-25 所示。

（5）单击"默认"选项卡"绘图"面板中的"直线"按钮 ，在内部小圆圆心处绘制十字交叉线，如图 12-26 所示。

（6）单击"默认"选项卡"修改"面板中的"旋转"按钮 ，把第（5）步中绘制的十字交叉线作为旋转对象，以相交点为旋转基点，将其旋转 45°，完成普通吸顶灯的绘制，如图 12-27 所示。

　　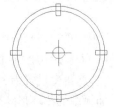　　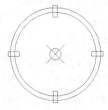

图 12-25　阵列矩形　　　　图 12-26　绘制十字交叉线 1　　　　图 12-27　旋转线段

5．绘制半径 100mm 的吸顶灯

（1）单击"默认"选项卡"绘图"面板中的"圆"按钮 ，在图形空白位置任选一点作为圆心，绘制一个半径 100mm 的圆，如图 12-28 所示。

（2）单击"默认"选项卡"修改"面板中的"偏移"按钮 ，将第（1）步中绘制的圆图形作为偏移对象，向内进行偏移，偏移距离为 40mm，如图 12-29 所示。

（3）单击"默认"选项卡"绘图"面板中的"直线"按钮 ，过第（2）步中偏移圆的圆心绘制十字交叉线，长度均为 360mm，完成外径 100mm 的筒灯的绘制，如图 12-30 所示。

　　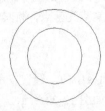　　

图 12-28　绘制半径 100mm 的圆　　　　图 12-29　偏移圆 4　　　　图 12-30　绘制十字交叉线 2

（4）利用上述方法完成外径 50mm 的筒灯的绘制，如图 12-31 所示。

（5）利用上述方法完成外径 68mm 的筒灯的绘制，如图 12-32 所示。

（6）利用上述方法完成外径 60mm 的筒灯的绘制，如图 12-33 所示。

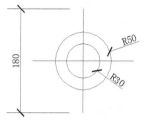

图 12-31　外径 50mm 的筒灯 1　　　　图 12-32　外径 68mm 的筒灯　　　　图 12-33　外径 60mm 的筒灯

（7）利用上述方法完成外径 160mm 的筒灯的绘制，如图 12-34 所示。

（8）利用上述方法完成小型射灯的绘制，如图 12-35 所示。

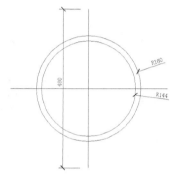

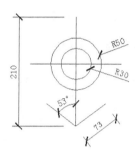

图 12-34　外径 160mm 的筒灯　　　　　　　图 12-35　小型射灯

（9）利用上述方法完成外径 260mm 的筒灯的绘制，如图 12-36 所示。

（10）利用上述方法完成外径 50mm 的筒灯的绘制，如图 12-37 所示。

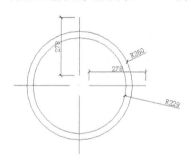

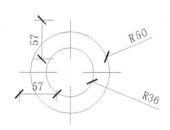

图 12-36　外径 260mm 的筒灯　　　　　　　图 12-37　外径 50mm 的筒灯 2

6．绘制排风扇

（1）单击"默认"选项卡"绘图"面板中的"矩形"按钮 ⬜，在图形适当位置任选一点作为矩形起点，绘制一个 250mm×250mm 的矩形，如图 12-38 所示。

（2）单击"默认"选项卡"修改"面板中的"偏移"按钮 ⊜，将第（1）步中绘制的矩形作为偏移对象，向内进行偏移，偏移距离为 20mm，如图 12-39 所示。

（3）单击"默认"选项卡"绘图"面板中的"直线"按钮 ✎，在第（2）步中偏移矩形内绘制对角线，完成排风扇的绘制，如图 12-40 所示。

图 12-38　绘制 250mm×250mm 矩形

图 12-39　偏移矩形

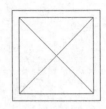

图 12-40　绘制对角线

（4）单击"默认"选项卡"块"面板中的"创建"按钮，打开"块定义"对话框，把第（3）步中的图形作为定义对象，以任意点为基点，将其定义为"块"，块名为"排风扇"。

12.1.3　绘制装饰吊顶

利用前面所学过的知识，绘制各种装饰造型，从而完成吊顶的绘制。

1．新建"顶棚"图层

新建"顶棚"图层，如图 12-41 所示，并将其设置为当前图层。

扫码看视频

✓ 顶棚　　　 ♀ ⋆ ⊾ 🖶 ■洋红 Continu... ── 默认　 0　　 ⚄

图 12-41　新建"顶棚"图层

2．绘制 KTV10 房间的装饰造型

（1）单击"默认"选项卡"绘图"面板中的"直线"按钮，在图 12-42 所示的位置绘制一条水平直线。

（2）单击"默认"选项卡"绘图"面板中的"矩形"按钮，在第（1）步中绘制的直线下方选取一点作为矩形起点，绘制一个 80mm×1700mm 的矩形，如图 12-43 所示。

（3）单击"默认"选项卡"修改"面板中的"复制"按钮，将第（2）步中绘制的矩形作为复制对象，以矩形水平边中点为复制基点向右进行复制，复制间距均为 280mm，如图 12-44 所示。

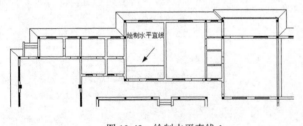

图 12-42　绘制水平直线 1

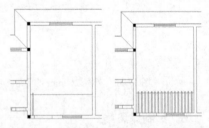

图 12-43　绘制矩形 1　图 12-44　复制矩形 1

（4）单击"默认"选项卡"绘图"面板中的"直线"按钮和"圆弧"按钮，绘制连续图形，如图 12-45 所示。

（5）单击"默认"选项卡"绘图"面板中的"直线"按钮，在图 12-46 所示的位置绘制连续直线。

（6）单击"默认"选项卡"绘图"面板中的"直线"按钮，以第（5）步中绘制的上侧水平直线左端点为直线起点向上绘制斜向角度 45°的线段，如图 12-47 所示。

（7）单击"默认"选项卡"修改"面板中的"镜像"按钮⚊，将第（6）步中绘制的斜向线段作为镜像对象，对其进行水平镜像，如图 12-48 所示。

（8）单击"默认"选项卡"修改"面板中的"镜像"按钮⚊，将第（7）步中绘制的图形作为镜像对象，对其进行水平镜像，如图 12-49 所示。

（9）利用上述方法完成镜像图形间的图形的绘制，如图 12-50 所示。

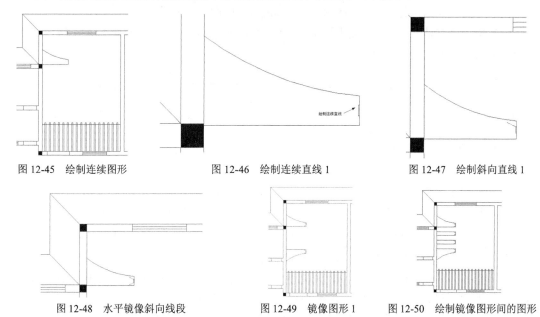

图 12-45　绘制连续图形　　　图 12-46　绘制连续直线 1　　　图 12-47　绘制斜向直线 1

图 12-48　水平镜像斜向线段　　　图 12-49　镜像图形 1　　　图 12-50　绘制镜像图形间的图形

（10）单击"默认"选项卡"绘图"面板中的"多段线"按钮⚊，在第（9）步中图形右侧绘制连续多段线，如图 12-51 所示。

（11）单击"默认"选项卡"修改"面板中的"偏移"按钮⚊，将第（10）步中绘制的多段线作为偏移线段，向内偏移，偏移距离为 99mm。

（12）单击"默认"选项卡"修改"面板中的"分解"按钮⚊，将第（11）步中的图形作为分解对象，按 Enter 键确认，对其进行分解。

（13）单击"默认"选项卡"修改"面板中的"修剪"按钮⚊和"延伸"按钮⚊，完成图形操作，如图 12-52 所示。

（14）将向内偏移的线段作为修改对象并单击鼠标右键，在打开的快捷菜单中执行"特性"命令，系统打开"特性"选项板，在"线型"一栏中将其线型修改为"DASH"，如图 12-53 所示。

（15）单击"默认"选项卡"修改"面板中的"偏移"按钮⚊和"修剪"按钮⚊，完成剩余图形的绘制，如图 12-54 所示。

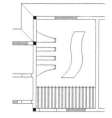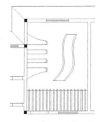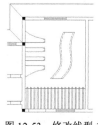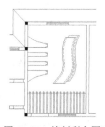

图 12-51　绘制连续多段线　　图 12-52　完成图形操作　　图 12-53　修改线型 1　　图 12-54　绘制剩余图形 1

3．绘制KTV8房间的装饰造型

（1）单击"默认"选项卡"绘图"面板中的"矩形"按钮 □，在图形适当位置绘制一个4634mm×6240mm的矩形，如图12-55所示。

（2）单击"默认"选项卡"修改"面板中的"偏移"按钮 ⊆，将第（1）步中绘制的矩形作为偏移对象，向内进行偏移，偏移距离为100mm，如图12-56所示。

（3）单击"默认"选项卡"绘图"面板中的"圆弧"按钮 ⌒，在偏移矩形内绘制一段适当半径的圆弧，如图12-57所示。

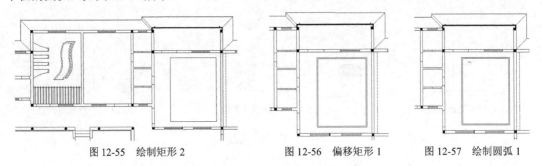

图12-55　绘制矩形2　　　　图12-56　偏移矩形1　　　　图12-57　绘制圆弧1

（4）单击"默认"选项卡"修改"面板中的"复制"按钮 ⊙，将第（3）步中绘制的圆弧作为复制对象，对其进行连续复制，如图12-58所示。

（5）单击"默认"选项卡"绘图"面板中的"圆"按钮 ⊙，在第（4）步中复制的图形内选择一点作为圆的圆心，绘制一个适当半径的圆，如图12-59所示。

（6）单击"默认"选项卡"绘图"面板中的"圆弧"按钮 ⌒，在第（5）步中绘制的圆上选择一点作为圆弧起点，绘制一段适当半径的圆弧，如图12-60所示。

（7）单击"默认"选项卡"修改"面板中的"环形阵列"按钮 ⊙，将第（6）步中绘制的圆弧作为阵列对象，以前面绘制的圆的圆心为阵列中心点，将项目数设置为16，完成阵列，如图12-61所示。

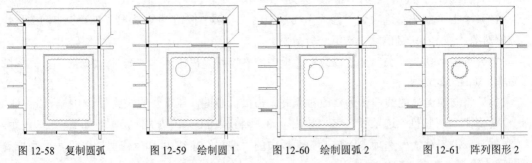

图12-58　复制圆弧　　　图12-59　绘制圆1　　　图12-60　绘制圆弧2　　　图12-61　阵列图形2

（8）单击"默认"选项卡"修改"面板中的"删除"按钮 ✎，把绘制的辅助圆图形删除，如图12-62所示。

（9）单击"默认"选项卡"修改"面板中的"复制"按钮 ⊙，将删除圆后的图形作为复制对象，对其进行等距复制，距离为1800mm，如图12-63所示。

4．绘制KTV6房间的装饰造型

（1）单击"默认"选项卡"绘图"面板中的"椭圆"按钮 ⊙，在图12-64所示的位置绘制一个适当大小的椭圆。

（2）单击"默认"选项卡"修改"面板中的"偏移"按钮 ⊆，将第（1）步中绘制的椭圆作为偏移对象，向内进行偏移，偏移距离为 165mm，如图 12-65 所示。

（3）选择图 12-65 所示的椭圆图形并单击鼠标右键，在打开的快捷菜单中执行"特性"命令，系统打开"特性"选项板，在"线型"一栏中将其线型修改为"DASH"，如图 12-66 所示。

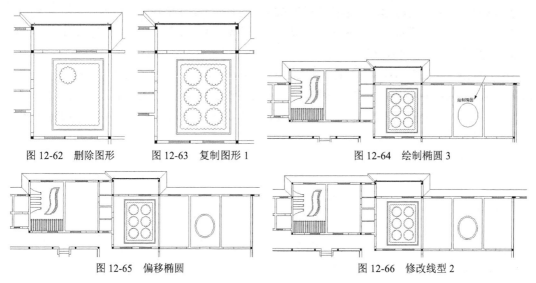

图 12-62　删除图形　　　图 12-63　复制图形 1　　　　　图 12-64　绘制椭圆 3

图 12-65　偏移椭圆　　　　　　　　　图 12-66　修改线型 2

（4）单击"默认"选项卡"绘图"面板中的"直线"按钮 ／，在椭圆内绘制连续直线，如图 12-67 所示。

（5）单击"默认"选项卡"修改"面板中的"偏移"按钮 ⊆，将第（4）步中绘制的连续直线作为偏移对象，分别向外进行偏移，如图 12-68 所示。

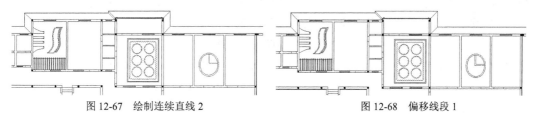

图 12-67　绘制连续直线 2　　　　　　　图 12-68　偏移线段 1

（6）选择偏移后的直线并单击鼠标右键，在打开的快捷菜单中执行"特性"命令，系统打开"特性"选项板，在"线型"一栏中将其线型修改为"DASH"，如图 12-69 所示。

（7）用上述方法完成圆内剩余相同图形的绘制，如图 12-70 所示。

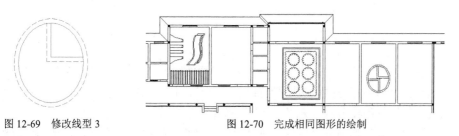

图 12-69　修改线型 3　　　　图 12-70　完成相同图形的绘制

5. 绘制台球室 01 的装饰造型

（1）单击"默认"选项卡"绘图"面板中的"矩形"按钮 ▢，绘制一个 6360mm×1730mm 的矩形，如图 12-71 所示。

（2）单击"默认"选项卡"修改"面板中的"偏移"按钮 ⊜，将第（1）步中绘制的矩形作为偏移对象，向内进行偏移，偏移距离为 50mm，如图 12-72 所示。

（3）单击"默认"选项卡"修改"面板中的"分解"按钮 ⬚，将内部矩形作为分解对象，按 Enter 键确认，对其进行分解。

（4）单击"默认"选项卡"修改"面板中的"偏移"按钮 ⊜，将内部矩形左侧竖直直线作为偏移对象，依次向右进行偏移，偏移间距分别为 990mm、40mm、616mm、60mm、339mm、40mm、336mm、60mm、630mm、40mm、1020mm、40mm、1020mm 和 40mm，如图 12-73 所示。

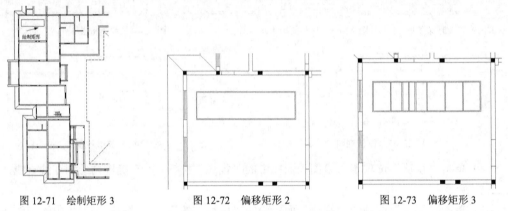

图 12-71　绘制矩形 3　　　　　图 12-72　偏移矩形 2　　　　　图 12-73　偏移矩形 3

（5）单击"默认"选项卡"绘图"面板中的"矩形"按钮 ▢，在第（4）步中偏移线段内选择一点作为矩形起点，绘制一个 1578mm×930mm 的矩形，如图 12-74 所示。

（6）单击"默认"选项卡"修改"面板中的"修剪"按钮 ✂，将第（5）步中绘制的矩形内线段作为修剪对象，对其进行修剪处理，如图 12-75 所示。

（7）单击"默认"选项卡"修改"面板中的"偏移"按钮 ⊜，将第（6）步中绘制的矩形作为偏移对象，向内进行偏移，偏移距离为 100mm，如图 12-76 所示。

图 12-74　绘制矩形 4　　　　　图 12-75　修剪矩形　　　　　图 12-76　偏移矩形 4

（8）选择偏移后的矩形并单击鼠标右键，在打开的快捷菜单中执行"特性"命令，在"特性"选项板中将矩形的线型修改为"DASH"，如图 12-77 所示。

（9）单击"默认"选项卡"绘图"面板中的"直线"按钮 ╱，过矩形 4 边的中点绘制十字交叉线，如图 12-78 所示。

（10）单击"默认"选项卡"绘图"面板中的"圆"按钮⊙，在第（9）步中图形左侧区域选择一点作为圆的圆心，绘制一个半径 229mm 的圆，并将其线型修改为"DASH"，如图 12-79 所示。

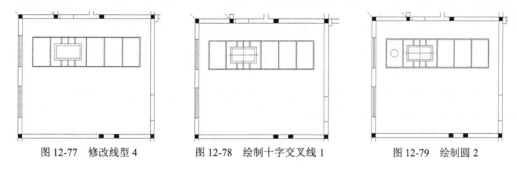

图 12-77　修改线型 4　　　　　图 12-78　绘制十字交叉线 1　　　　　图 12-79　绘制圆 2

（11）单击"默认"选项卡"修改"面板中的"偏移"按钮⊆，将第（10）步中绘制的圆作为偏移对象，向内进行偏移，偏移距离为 30mm，如图 12-80 所示。

（12）单击"默认"选项卡"绘图"面板中的"直线"按钮／，在第（11）步中偏移圆内绘制多条斜向直线，如图 12-81 所示。

（13）单击"默认"选项卡"修改"面板中的"复制"按钮⅋，将第（12）步中绘制的图形作为复制对象，对其进行连续复制，结果如图 12-82 所示。

图 12-80　偏移圆　　　　　图 12-81　绘制斜向直线 2　　　　　图 12-82　复制图形 2

（14）利用上述方法完成相同图形的绘制，如图 12-83 所示。

（15）单击"默认"选项卡"绘图"面板中的"矩形"按钮▭，在图 12-84 所示的位置绘制一个 300mm×600mm 的矩形。

（16）单击"默认"选项卡"修改"面板中的"偏移"按钮⊆，将第（15）步中绘制的矩形作为偏移对象，向内进行偏移，偏移距离为 20mm，如图 12-85 所示。

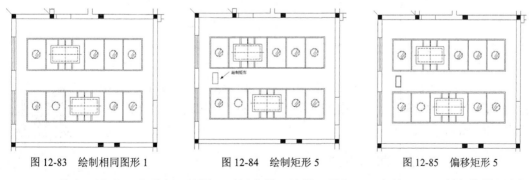

图 12-83　绘制相同图形 1　　　　　图 12-84　绘制矩形 5　　　　　图 12-85　偏移矩形 5

（17）单击"默认"选项卡"绘图"面板中的"直线"按钮／，在第（16）步中绘制两个矩形的对角线，如图 12-86 所示。

（18）单击"默认"选项卡"修改"面板中的"分解"按钮 ，将内部矩形作为分解对象，按 Enter 键确认，对其进行分解。

（19）单击"默认"选项卡"修改"面板中的"偏移"按钮 ，将内部矩形左侧竖直边作为偏移对象，依次向内进行偏移，偏移间距分别为 60mm、10mm、55mm、10mm、55mm 和 10mm，如图 12-87 所示。

（20）单击"默认"选项卡"修改"面板中的"复制"按钮 ，将图 12-87 所示的图形作为复制对象，向右进行连续复制，结果如图 12-88 所示。

（21）单击"默认"选项卡"绘图"面板中的"直线"按钮 ，在图 12-89 所示的位置绘制一条竖直直线。

（22）单击"默认"选项卡"修改"面板中的"偏移"按钮 ，将第（21）步中绘制的竖直直线作为偏移对象，依次向右进行偏移，偏移间距分别为 30mm、1050mm、30mm、1030mm、30mm、1030mm、30mm、1030mm、30mm、1030mm 和 30mm，如图 12-90 所示。

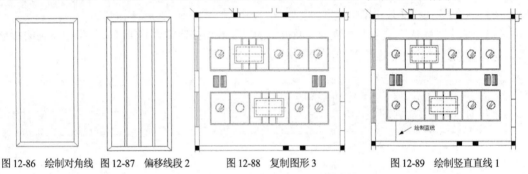

图 12-86　绘制对角线　图 12-87　偏移线段 2　图 12-88　复制图形 3　　图 12-89　绘制竖直直线 1

（23）利用上述方法完成图形中相同图形的绘制，结果如图 12-91 所示。

（24）单击"默认"选项卡"绘图"面板中的"矩形"按钮 ，在图 12-92 所示的位置绘制一个 40mm×779mm 的矩形。

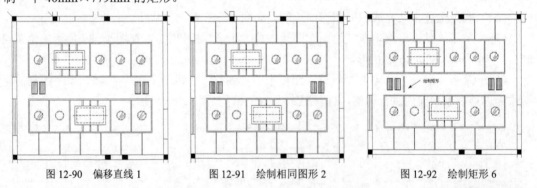

图 12-90　偏移直线 1　　　图 12-91　绘制相同图形 2　　　图 12-92　绘制矩形 6

（25）单击"默认"选项卡"修改"面板中的"复制"按钮 ，将第（24）步中绘制的矩形作为复制对象，对其进行连续复制，以矩形水平边中点为复制基点，复制间距为 1060mm，如图 12-93 所示。

6.　绘制体育用品店的装饰造型

（1）单击"默认"选项卡"绘图"面板中的"矩形"按钮 ，在图 12-94 所示的位置绘制

扫码看视频

一个 350mm×3300mm 的矩形。

（2）单击"默认"选项卡"绘图"面板中的"直线"按钮 ╱，将第（1）步中绘制的矩形的左上角点作为直线起点，右下角点作为直线终点，绘制一条斜向直线，如图 12-95 所示。

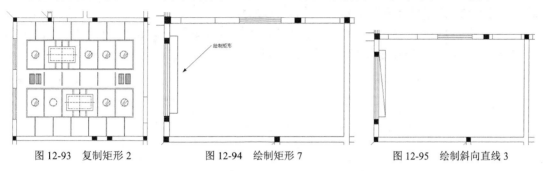

图 12-93　复制矩形 2　　　　　　图 12-94　绘制矩形 7　　　　　　图 12-95　绘制斜向直线 3

（3）单击"默认"选项卡"绘图"面板中的"直线"按钮 ╱，在图 12-96 所示的位置绘制连续直线。

（4）单击"默认"选项卡"绘图"面板中的"矩形"按钮 ▭，在第（3）步绘制的图形内绘制一个 200mm×200mm 的矩形，如图 12-97 所示。

（5）单击"默认"选项卡"绘图"面板中的"直线"按钮 ╱，在第（4）步绘制的矩形内绘制十字交叉线，如图 12-98 所示。

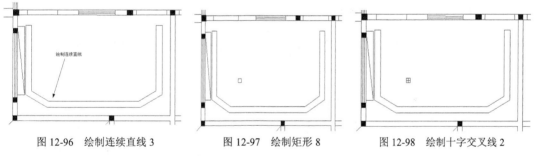

图 12-96　绘制连续直线 3　　　　图 12-97　绘制矩形 8　　　　　图 12-98　绘制十字交叉线 2

（6）单击"默认"选项卡"绘图"面板中的"圆"按钮 ⊙，以第（5）步中绘制的十字交叉线交点为圆心绘制一个圆，如图 12-99 所示。

（7）单击"默认"选项卡"修改"面板中的"复制"按钮 ⁂，将第（6）步中绘制的图形作为复制对象，对其进行连续复制，结果如图 12-100 所示。

（8）单击"默认"选项卡"修改"面板中的"复制"按钮 ⁂，将图 12-100 所示的图形作为复制对象，对其进行复制操作，结果如图 12-101 所示。

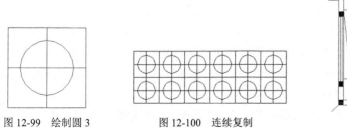

图 12-99　绘制圆 3　　　　图 12-100　连续复制　　　　　　　图 12-101　复制图形 4

（9）单击"默认"选项卡"绘图"面板中的"矩形"按钮 ⬜，在第（8）步中图形内绘制一个 20mm×2412mm 的矩形，如图 12-102 所示。

（10）单击"默认"选项卡"修改"面板中的"镜像"按钮 ⚠，将第（9）步中绘制的矩形作为镜像对象，对其进行竖直镜像，如图 12-103 所示。

（11）单击"默认"选项卡"绘图"面板中的"矩形"按钮 ⬜，在第（10）步的图形底部绘制一个 4242mm×20mm 的矩形，如图 12-104 所示。

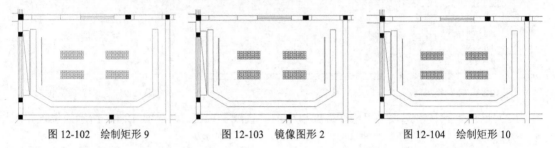

图 12-102　绘制矩形 9　　　　　图 12-103　镜像图形 2　　　　　图 12-104　绘制矩形 10

（12）单击"默认"选项卡"块"面板中的"插入"下拉菜单中"最近使用的块"选项，系统弹出"块"选项板，单击选项板顶部的按钮 🔲，选择"源文件\图块\射灯"图块，插入图形中，结果如图 12-105 所示。

（13）利用上述方法完成剩余图形的绘制，结果如图 12-106 所示。

7．绘制 KTV1 房间的装饰造型

（1）单击"默认"选项卡"绘图"面板中的"多段线"按钮 ⟋，绘制闭合多段线，如图 12-107 所示。

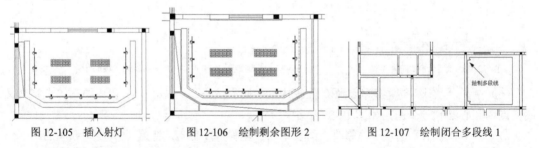

图 12-105　插入射灯　　　　　图 12-106　绘制剩余图形 2　　　　　图 12-107　绘制闭合多段线 1

（2）单击"默认"选项卡"绘图"面板中的"直线"按钮 ⟋，在第（1）步中绘制的多段线内绘制一条竖直直线，如图 12-108 所示。

（3）单击"默认"选项卡"绘图"面板中的"多段线"按钮 ⟋，在竖直直线右侧绘制闭合多段线，如图 12-109 所示。

（4）单击"默认"选项卡"修改"面板中的"复制"按钮 🗗，将第（3）步中绘制的多段线作为复制对象，向右进行复制，结果如图 12-110 所示。

（5）单击"默认"选项卡"绘图"面板中的"图案填充"按钮 ▨，打开"图案填充创建"选项卡，选择"DOTS"图案，将填充比例设置为 40，以多段线内部为填充区域，然后按 Enter键，完成图案填充，结果如图 12-111 所示。

（6）单击"默认"选项卡"绘图"面板中的"直线"按钮 ⟋，绘制连续直线，如图 12-112所示。

（7）单击"默认"选项卡"绘图"面板中的"矩形"按钮□，在第（6）步的图形内任选一点作为矩形起点，绘制一个 300mm×3960mm 的矩形，如图 12-113 所示。

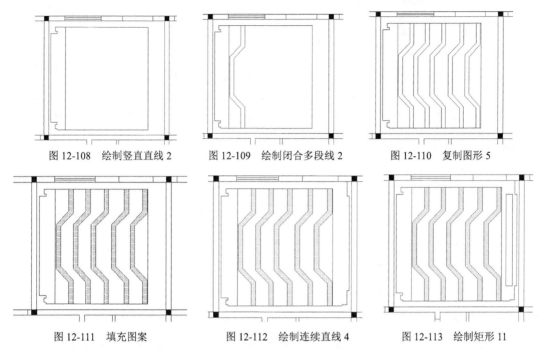

图 12-108　绘制竖直直线 2　　　图 12-109　绘制闭合多段线 2　　　图 12-110　复制图形 5

图 12-111　填充图案　　　图 12-112　绘制连续直线 4　　　图 12-113　绘制矩形 11

（8）单击"默认"选项卡"绘图"面板中的"图案填充"按钮▨，打开"图案填充创建"选项卡，选择"PLASTI"图案，将填充比例设置为 30，以第（7）步中绘制的矩形内部为填充区域，然后按 Enter 键，完成图案填充，结果如图 12-114 所示。

8．绘制操作间的装饰造型

（1）单击"默认"选项卡"修改"面板中的"偏移"按钮⊏，将图 12-115 所示的竖直直线作为偏移对象，向内进行偏移，偏移距离为 360mm，将偏移后竖直直线再向内连续偏移600mm，偏移次数为 23，如图 12-115 所示。

（2）单击"默认"选项卡"修改"面板中的"偏移"按钮⊏，将内部水平直线作为偏移对象，向下进行偏移，偏移距离为 363mm，将偏移后的水平直线再向下连续偏移 600mm，偏移次数为 14，如图 12-116 所示。

（3）单击"默认"选项卡"绘图"面板中的"矩形"按钮□，在第（2）步中偏移的线段内绘制一个 600mm×600mm 的矩形，如图 12-117 所示。

（4）单击"默认"选项卡"修改"面板中的"偏移"按钮⊏，将第（3）步中绘制的矩形作为偏移对象，向内进行偏移，偏移距离为 20mm，如图 12-118 所示。

（5）单击"默认"选项卡"修改"面板中的"分解"按钮╓，将第（4）步中偏移后的矩形作为分解对象，按 Enter 键确认，对其进行分解。

（6）单击"默认"选项卡"修改"面板中的"偏移"按钮⊏，将分解后矩形顶部水平边作为偏移对象，向下进行偏移，偏移间距分别为 175mm、10mm、190mm 和 10mm，如图 12-119所示。

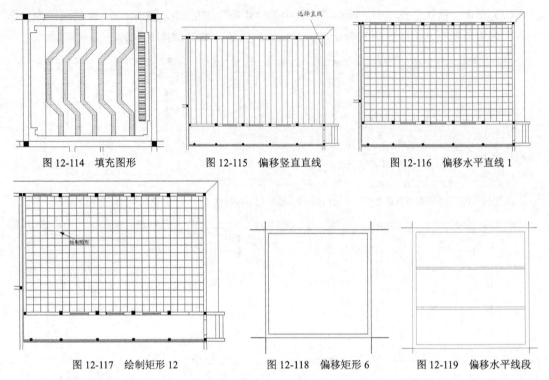

图 12-114　填充图形　　　　图 12-115　偏移竖直直线　　　　图 12-116　偏移水平直线 1

图 12-117　绘制矩形 12　　　　图 12-118　偏移矩形 6　　　　图 12-119　偏移水平线段

（7）单击"默认"选项卡"修改"面板中的"偏移"按钮⊆，将内部左侧竖直直线作为偏移对象，依次向右进行偏移，偏移间距分别为 75mm、10mm、90mm、10mm、90mm、10mm、90mm、10mm、90mm 和 10mm，结果如图 12-120 所示。

（8）单击"默认"选项卡"修改"面板中的"复制"按钮器，将第（7）步中绘制完成的图形作为复制对象，对其进行连续复制，结果如图 12-121 所示。

9．绘制乒乓球室的装饰造型

（1）单击"默认"选项卡"绘图"面板中的"直线"按钮╱，绘制连续直线，如图 12-122 所示。

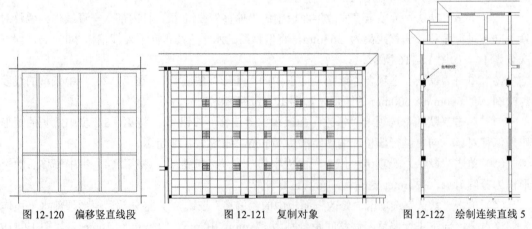

图 12-120　偏移竖直线段　　　　图 12-121　复制对象　　　　图 12-122　绘制连续直线 5

（2）单击"默认"选项卡"绘图"面板中的"直线"按钮╱，绘制一条水平直线，连接第

（1）步中绘制的图形，如图 12-123 所示。

（3）单击"默认"选项卡"修改"面板中的"偏移"按钮 ⊆，将第（2）步中绘制的水平直线作为偏移对象，依次向下进行偏移，偏移间距分别为 240mm、40mm 和 240mm，如图 12-124 所示。

（4）单击"默认"选项卡"绘图"面板中的"直线"按钮 ╱，在偏移线段上选取一点作为直线起点，绘制连续直线。

图 12-123　绘制水平直线 2

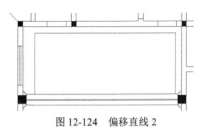

图 12-124　偏移直线 2

（5）单击"默认"选项卡"修改"面板中的"偏移"按钮 ⊆，将左侧竖直直线作为偏移线段，依次向右进行偏移，偏移间距分别为 350mm、600mm、200mm、800mm、100mm、300mm、1760mm、300mm、100mm、800mm、200mm 和 600mm，并将偏移后的部分线段的线型修改为"DASH"，如图 12-125 所示。

（6）单击"默认"选项卡"修改"面板中的"偏移"按钮 ⊆，将顶部水平直线作为偏移对象，向下进行偏移，偏移间距分别为 496mm、200mm、356mm、200mm、356mm、200mm、356mm 和 200mm，如图 12-126 所示。

（7）单击"默认"选项卡"修改"面板中的"修剪"按钮 ✂，将偏移线段作为修剪对象，对其进行修剪处理，如图 12-127 所示。

（8）单击"默认"选项卡"修改"面板中的"偏移"按钮 ⊆，将图 12-128 所示的水平直线作为偏移对象，依次向下进行偏移，偏移间距分别为 528mm、655mm、655mm 和 655mm。

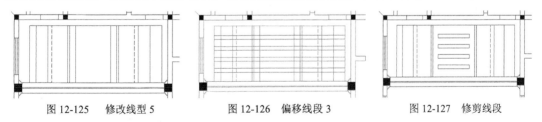

图 12-125　修改线型 5　　　　图 12-126　偏移线段 3　　　　图 12-127　修剪线段

（9）单击"默认"选项卡"修改"面板中的"修剪"按钮 ✂，将第（8）步中的偏移线段作为修剪对象，对其进行修剪处理，如图 12-129 所示。

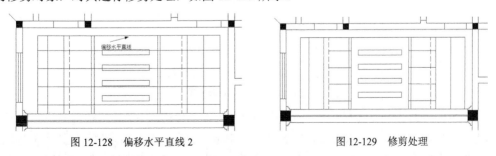

图 12-128　偏移水平直线 2　　　　　　　　图 12-129　修剪处理

（10）结合上述方法完成剩余一层总顶棚布置图装饰吊顶的绘制，结果如图 12-130 所示。

图 12-130　总图吊顶

12.1.4　布置吊顶灯具

布置吊顶上的灯具，并添加文字说明，最终完成洗浴中心一层顶棚图的绘制。

1. 布置吊顶灯具

（1）单击"默认"选项卡"块"面板中的"插入"下拉菜单中"最近使用的块"选项，系统弹出"块"选项板，单击选项板顶部的"⤢"按钮，选择"源文件\图块\装饰吊灯"图块，单击"打开"按钮，回到"块"选项板，在"预览列表"中选择"装饰吊灯"图块，插入绘图区域内，完成图块的插入，结果如图 12-131 所示。

图 12-131　插入装饰吊灯

（2）单击"默认"选项卡"块"面板中的"插入"下拉菜单中"最近使用的块"选项，系统弹出"块"选项板，单击选项板顶部的"⤢"按钮，选择"源文件\图块\小型吊灯"图块，单击"打开"按钮，回到"块"选项板，在"预览列表"中选择"小型吊灯"图块，插入绘图区域内，完成图块的插入，结果如图 12-132 所示。

（3）单击"默认"选项卡"块"面板中的"插入"下拉菜单中"最近使用的块"选项，系统弹出"块"选项板，单击选项板顶部的"⌂"按钮，选择"源文件\图块\小型吸顶灯"图块，单击"打开"按钮，回到"块"选项板，在"预览列表"中选择"小型吸顶灯"图块，插入绘图区域内，完成图块的插入，结果如图 12-133 所示。

图 12-132　插入小型吊灯　　　　　　　　　　图 12-133　插入小型吸顶灯

（4）单击"默认"选项卡"块"面板中的"插入"下拉菜单中"最近使用的块"选项，系统弹出"块"选项板，单击选项板顶部的"⌂"按钮，选择"源文件\图块\半径 100mm 的吸顶灯"图块，单击"打开"按钮，回到"块"选项板，在"预览列表"中选择"半径 100mm 的吸顶灯"图块，插入绘图区域内，完成图块的插入，结果如图 12-134 所示。

（5）利用上述方法完成剩余灯具的布置，结果如图 12-135 所示。

图 12-134　插入半径 100mm 的吸顶灯　　　　　　　图 12-135　布置灯具

2．添加文字说明

（1）在命令行中输入"qleader"命令，为图形添加引线文字说明，如图 12-136 所示。

（2）利用上述方法完成剩余文字说明的添加，结果如图 12-137 所示。

（3）单击"默认"选项卡"注释"面板中的"多行文字"按钮 A，在绘制完成的图形内添加剩余的不带引线的文字说明，如图 12-138 所示。

（4）打开关闭的图层，单击"默认"选项卡"块"面板中的"插入"下拉菜单中"最近使用的块"选项，系统弹出"块"选项板，单击选项板顶部的"⌂"按钮，把定义的图框作为插入对象，将其放置到绘制的图形外侧，最终完成一层顶棚图的绘制，结果如图 12-139 所示。

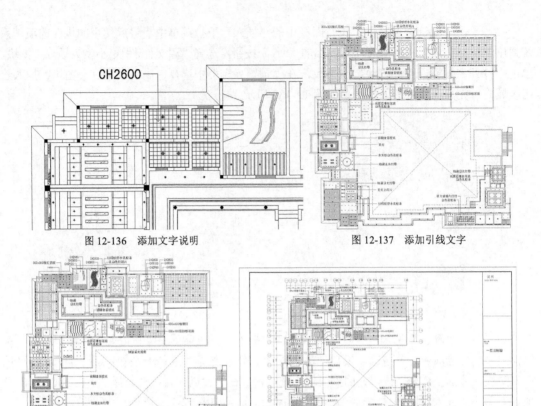

图 12-136　添加文字说明　　　　　　　　图 12-137　添加引线文字

图 12-138　添加文字　　　　　　　　图 12-139　一层顶棚布置图

二层总顶棚图如图 12-140 所示，这里不再赘述。

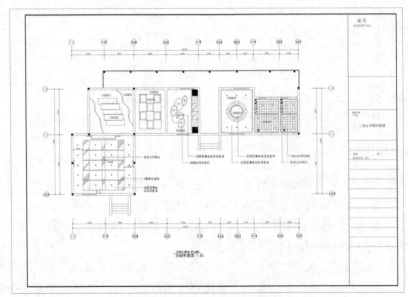

图 12-140　二层总顶棚布置图

12.2　一层地坪布置图

一层地坪图如图 12-141 所示，下面讲述其绘制方法。

扫码看视频

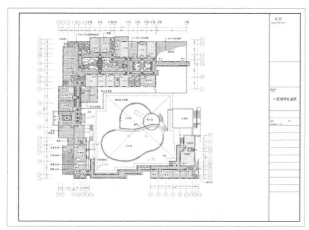

图 12-141　一层地坪图

12.2.1　整理图形

单击"快速访问"工具栏中的"打开"按钮📂，打开"选择文件"对话框。选择"一层平面图.dwg"文件，将其打开，关闭不需要的图层，并单击"默认"选项卡"修改"面板中的"删除"按钮✏，将图形中不需要的图形删除，最后整理图形，结果如图 12-142 所示。

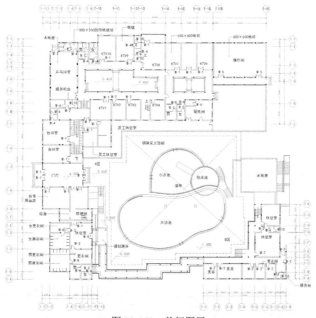

图 12-142　关闭图层

12.2.2 绘制地坪装饰图案

1．新建"地坪"图层

新建"地坪"图层，并将其设置为当前图层，如图 12-143 所示。

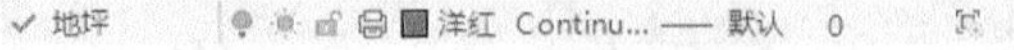

✓ 地坪 　　　💡 ⚙ ☑ 🖶 ■ 洋红 Continu… —— 默认 0 🔲

图 12-143 新建"地坪"图层

2．新建地坪装饰图案 1

（1）单击"默认"选项卡"绘图"面板中的"矩形"按钮 ▭，在图 12-144 所示的位置绘制一个 4800mm×2400mm 的矩形。

（2）单击"默认"选项卡"修改"面板中的"偏移"按钮 ⊂，将第（1）步中绘制的矩形作为偏移对象，向内进行偏移，偏移距离为 240mm。单击"默认"选项卡"修改"面板中的"分解"按钮 ⬚，将第（1）步中偏移的矩形分解。单击"默认"选项卡"修改"面板中的"偏移"按钮 ⊂，将分解的矩形两条水平直线向内偏移 240mm，两侧竖直直线向内偏移 480mm。单击"默认"选项卡"修改"面板中的"修剪"按钮 ✂，对图形进行修剪，结果如图 12-145 所示。

（3）单击"默认"选项卡"绘图"面板中的"直线"按钮 ╱，在第（2）步中偏移后内部的矩形中绘制 4 条斜向直线，如图 12-146 所示。

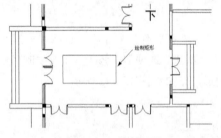

图 12-144 绘制矩形 1

图 12-145 偏移并修剪矩形

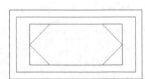

图 12-146 绘制 4 条斜向直线

（4）单击"默认"选项卡"修改"面板中的"修剪"按钮 ✂，将第（3）步中绘制的连续直线作为修剪对象，对其进行修剪处理，结果如图 12-147 所示。

（5）单击"默认"选项卡"绘图"面板中的"多段线"按钮 ⌐，在第（4）步的图形内绘制连续多段线，如图 12-148 所示。

（6）单击"默认"选项卡"修改"面板中的"偏移"按钮 ⊂，将第（5）步中绘制的多段线作为偏移对象，向内进行偏移，偏移距离为 187mm，如图 12-149 所示。

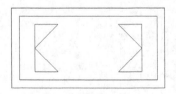

图 12-147 修剪图形

图 12-148 绘制连续多段线 1

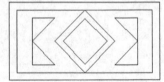

图 12-149 偏移多段线 1

（7）单击"默认"选项卡"绘图"面板中的"圆"按钮 ⊙，在第（6）步中偏移线段内绘制一个半径 116mm 的圆，如图 12-150 所示。

（8）单击"默认"选项卡"绘图"面板中的"直线"按钮，在第（7）步中绘制的圆上选取一点作为直线的起点，绘制两条斜向直线，如图 12-151 所示。

（9）单击"默认"选项卡"修改"面板中的"环形阵列"按钮，将第（8）步中绘制的斜向直线作为阵列对象，以第（8）步中绘制圆的圆心为阵列基点，对其进行环形阵列，将阵列项目数设置为 4，完成阵列，如图 12-152 所示。

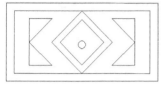
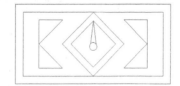
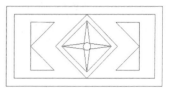

图 12-150　绘制圆 1　　　　图 12-151　绘制两条斜向直线　　　　图 12-152　阵列图形 1

（10）单击"默认"选项卡"绘图"面板中的"直线"按钮，在阵列后的图形上绘制连续直线，如图 12-153 所示。

（11）单击"默认"选项卡"修改"面板中的"环形阵列"按钮，将第（10）步中绘制的连续直线作为阵列对象，以第（7）步中半径 116mm 的圆的圆心为阵列基点，对其进行环形阵列，将阵列项目数设置为 4，完成阵列，如图 12-154 所示。

（12）单击"默认"选项卡"绘图"面板中的"矩形"按钮，在偏移矩形间绘制一个 120mm×120mm 的矩形，如图 12-155 所示。

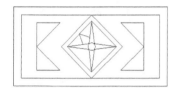
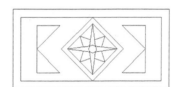
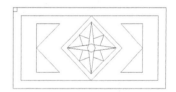

图 12-153　绘制连续直线　　　　图 12-154　阵列图形 2　　　　图 12-155　绘制矩形 2

（13）单击"默认"选项卡"修改"面板中的"复制"按钮，将第（12）步中绘制的矩形作为复制对象，对其进行连续复制，结果如图 12-156 所示。

（14）单击"默认"选项卡"绘图"面板中的"图案填充"按钮，打开"图案填充创建"选项卡，如图 4-157 所示，选择"SOLID"图案，单击"拾取点"按钮，以第（13）步中绘制的连续直线内部为填充区域，然后按 Enter 键，完成图案填充，结果如图 12-158 所示。

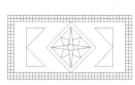

图 12-156　复制矩形　　　　图 12-157　"图案填充创建"选项卡

3．新建地坪装饰图案 2

（1）单击"默认"选项卡"绘图"面板中的"矩形"按钮，绘制一个 1260mm×1260mm 的矩形，如图 12-159 所示。

（2）单击"默认"选项卡"修改"面板中的"偏移"按钮 ⊆，将第（1）步中绘制的矩形作为偏移对象，向内进行偏移，偏移距离为 57mm，如图 12-160 所示。

（3）单击"默认"选项卡"绘图"面板中的"多段线"按钮 ⊃，指定多段线起点宽度为 0，端点宽度为 0，以内部矩形中点为多段线起点绘制连续多段线，如图 12-161 所示。

（4）单击"默认"选项卡"修改"面板中的"偏移"按钮 ⊆，将第（3）步中绘制的连续多段线作为偏移对象，向内进行偏移，偏移距离为 69mm，如图 12-162 所示。

（5）单击"默认"选项卡"绘图"面板中的"直线"按钮 ∕，在第（4）步中的偏移图形内绘制两条顶点相交的斜向直线，如图 12-163 所示。

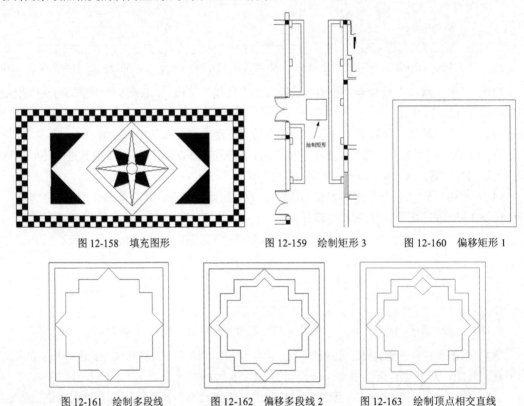

图 12-158　填充图形　　　　　图 12-159　绘制矩形 3　　　　　图 12-160　偏移矩形 1

图 12-161　绘制多段线　　　　　图 12-162　偏移多段线 2　　　　　图 12-163　绘制顶点相交直线

（6）单击"默认"选项卡"绘图"面板中的"直线"按钮 ∕，将偏移后的内部矩形 4 条边中点作为直线起点，绘制相交的十字线段，如图 12-164 所示。

（7）单击"默认"选项卡"修改"面板中的"环形阵列"按钮 ✥，将第（6）步中绘制的斜向直线作为环形阵列对象，以绘制的十字交叉线的交点为阵列基点，将项目数设置为 4，完成阵列，如图 12-165 所示。

（8）单击"默认"选项卡"修改"面板中的"删除"按钮 ✎，删除十字交叉线，如图 12-166 所示。

（9）单击"默认"选项卡"绘图"面板中的"多边形"按钮 ⬠，在第（8）步中绘制的图形内绘制一个多边形，如图 12-167 所示。

（10）单击"默认"选项卡"绘图"面板中的"直线"按钮 ∕，连接第（9）步中绘制的各图形，如图 12-168 所示。

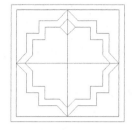

图 12-164　绘制十字相交直线

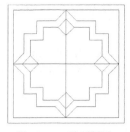

图 12-165　阵列图形 3

图 12-166　删除直线

（11）单击"默认"选项卡"修改"面板中的"复制"按钮，将第（10）步中绘制的图形作为复制对象，对其进行连续复制，并利用上述方法完成相同图形的绘制，结果如图 12-169 所示。

图 12-167　绘制多边形

图 12-168　连接图形

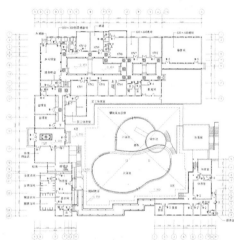

图 12-169　复制图形 1

4．新建地坪装饰图案 3

（1）单击"默认"选项卡"绘图"面板中的"矩形"按钮，绘制一个 1000mm×1000mm 的矩形，如图 12-170 所示。

（2）单击"默认"选项卡"修改"面板中的"偏移"按钮，将第（1）步中绘制的矩形作为偏移对象，依次向内进行偏移，偏移间距分别为 60mm、30mm，如图 12-171 所示。

（3）单击"默认"选项卡"绘图"面板中的"多段线"按钮，以第（2）步中偏移后的内部矩形 4 条边中点为起点，绘制连续多段线，如图 12-172 所示。

图 12-170　绘制矩形 4

图 12-171　偏移矩形 2

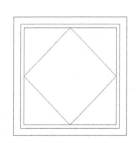

图 12-172　绘制连续多段线 2

（4）单击"默认"选项卡"修改"面板中的"删除"按钮，把偏移后的矩形删除，如图 12-173 所示。

（5）单击"默认"选项卡"修改"面板中的"偏移"按钮，将第（4）步中绘制的多段线作为偏移对象，向内进行偏移，偏移距离为 57mm，如图 12-174 所示。

（6）单击"默认"选项卡"绘图"面板中的"直线"按钮，连接外部矩形 4 条边中点，绘制十字交叉线，如图 12-175 所示。

（7）单击"默认"选项卡"绘图"面板中的"圆"按钮，将第（6）步中绘制的十字交叉线交点作为圆心，绘制一个半径 75mm 的圆，如图 12-176 所示。

  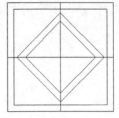 

图 12-173　删除图形 1　　图 12-174　偏移多段线 3　　图 12-175　绘制十字交叉线　　图 12-176　绘制圆 2

（8）单击"默认"选项卡"绘图"面板中的"样条曲线拟合"按钮，绘制图 12-177 所示的图形。

（9）单击"默认"选项卡"修改"面板中的"镜像"按钮，将第（8）步中绘制的图形作为镜像对象，对其进行竖直镜像，如图 12-178 所示。

（10）单击"默认"选项卡"修改"面板中的"环形阵列"按钮，将第（9）步中绘制的连续直线作为阵列对象，以第（7）步中绘制的圆的圆心为阵列基点，对其进行环形阵列，将阵列项目数设置为 4，完成阵列，如图 12-179 所示。

（11）单击"默认"选项卡"修改"面板中的"删除"按钮，把前面绘制的十字交叉线删除，如图 12-180 所示。

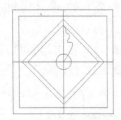 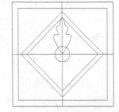 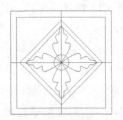 

图 12-177　绘制样条曲线 1　　图 12-178　镜像图形　　图 12-179　环形阵列　　图 12-180　删除图形 2

（12）单击"默认"选项卡"绘图"面板中的"样条曲线拟合"按钮，在第（11）步中图形的适当位置绘制多段样条曲线，如图 12-181 所示。

（13）单击"默认"选项卡"绘图"面板中的"图案填充"按钮，打开"图案填充创建"选项卡，选择"AR-SAND"图案，将填充角度设置为 0、填充比例设置为 0.5，选择填充区域，然后按 Enter 键，完成图案填充，效果如图 12-182 所示。

（14）单击"默认"选项卡"绘图"面板中的"图案填充"按钮，打开"图案填充创建"选项卡，选择"ANSI31"图案，将填充角度设置为 0、填充比例设置为 5，选择填充区域，然后按 Enter 键，完成图案填充，效果如图 12-183 所示。

图 12-181　绘制样条曲线 2　　　　图 12-182　填充 AR-SAND 图形　　　　图 12-183　填充 ANSI31 图形

（15）单击"默认"选项卡"绘图"面板中的"图案填充"按钮，打开"图案填充创建"选项卡，选择"AR-CONC"图案，将填充角度设置为 0、填充比例设置为 0.5，选择填充区域，然后按 Enter 键，完成图案填充，效果如图 12-184 所示。

（16）单击"默认"选项卡"修改"面板中的"复制"按钮，将第（15）步中绘制完成的图形作为复制对象，对其进行连续复制，结果如图 12-185 所示。

5．新建剩余地坪装饰图案

（1）单击"默认"选项卡"绘图"面板中的"直线"按钮，在兵乓球室门洞处绘制一条水平直线，如图 12-186 所示。

（2）单击"默认"选项卡"绘图"面板中的"图案填充"按钮，打开"图案填充创建"选项卡，选择"AR-B816"图案，将填充角度设置为 0、填充比例设置为 2，选择填充区域，然后按 Enter 键，完成图案填充，效果如图 12-187 所示。

图 12-184　填充 AR-CONC 图形　图 12-185 复制图形 2　图 12-186　绘制水平直线　图 12-187　填充 AR-B816 图形

（3）单击"默认"选项卡"绘图"面板中的"多段线"按钮，在一层地坪图的图形底部绘制连续多段线，如图 12-188 所示。

（4）单击"默认"选项卡"绘图"面板中的"直线"按钮和"圆弧"按钮，绘制剩余的线段填充区域，如图 12-189 所示。

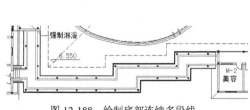
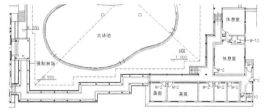

图 12-188　绘制底部连续多段线　　　　　　图 12-189　绘制剩余连续多段线

（5）单击"默认"选项卡"绘图"面板中的"圆"按钮，在第（4）步绘制的图形内绘制一个半径 362mm 的圆，如图 12-190 所示。

（6）单击"默认"选项卡"绘图"面板中的"图案填充"按钮▨，打开"图案填充创建"选项卡，选择"ANSI37"图案，将填充角度设置为 0、填充比例设置为 40，选择填充区域，然后按 Enter 键，完成图案填充，效果如图 12-191 所示。

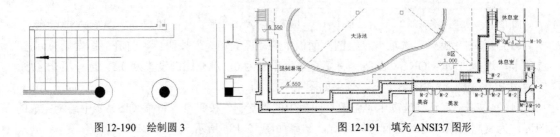

图 12-190　绘制圆 3　　　　　　　　　　　图 12-191　填充 ANSI37 图形

（7）单击"默认"选项卡"绘图"面板中的"样条曲线拟合"按钮，在操作间内绘制多段线作为填充区域分界线，如图 12-192 所示。

（8）单击"默认"选项卡"绘图"面板中的"直线"按钮，在操作间下方门洞处绘制水平直线作为区域封闭线段，如图 12-193 所示。

（9）单击"默认"选项卡"绘图"面板中的"图案填充"按钮▨，打开"图案填充创建"选项卡，选择"NET"图案，将填充角度设置为 0、填充比例设置为 150，选择填充区域，然后按 Enter 键，完成图案填充，效果如图 12-194 所示。

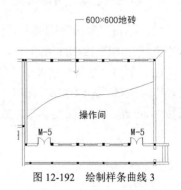

图 12-192　绘制样条曲线 3

（10）单击"默认"选项卡"绘图"面板中的"图案填充"按钮▨，打开"图案填充创建"选项卡，选择"GRASS"图案，将填充角度设置为 0、填充比例设置为 20，选择填充区域，然后按 Enter 键，完成图案填充，效果如图 12-195 所示。

（11）剩余的图案填充方法与上述方法相同，这里不再详细阐述。利用上述方法完成剩余地坪图的绘制。打开关闭的图框图层，并修改图层名称，最终完成一层地坪图的绘制，结果如图 12-196 所示。

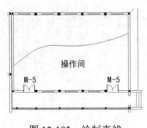

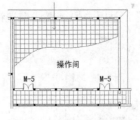

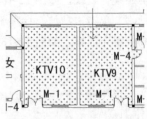

图 12-193　绘制直线　　　　　　图 12-194　填充 NET 图形　　　　　　图 12-195　填充 GRASS 图形

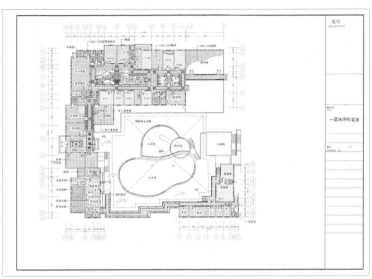

图 12-196　一层地坪图

二层地坪图如图 12-197 所示，这里不再赘述。

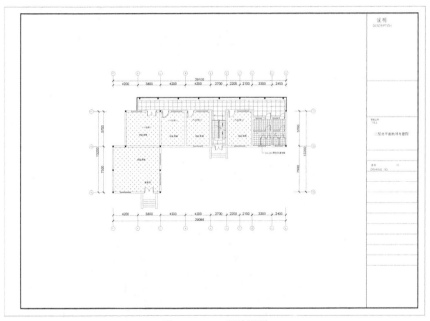

图 12-197　二层地坪图

12.3　上机实验

【练习 1】绘制图 12-198 所示的二层中餐厅顶棚装饰图。

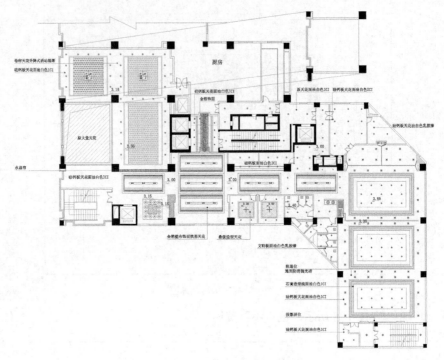

二层中餐厅天花图 1:150

图 12-198 二层中餐厅顶棚装饰图

【练习 2】绘制图 12-199 所示的餐厅地坪图。

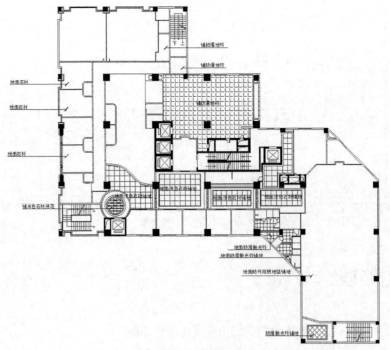

图 12-199 餐厅地坪图

第13章

洗浴中心立面图的绘制

　　立面图是用直接正投影法将建筑各个墙面进行投影所得到的正投影图。本章以洗浴中心立面图为例，详细讲解这些建筑立面图的 AutoCAD 绘制方法与相关技巧。

【内容要点】

- ☑ 一层门厅立面图
- ☑ 一层走廊立面图
- ☑ 其他立面图

【案例欣赏】

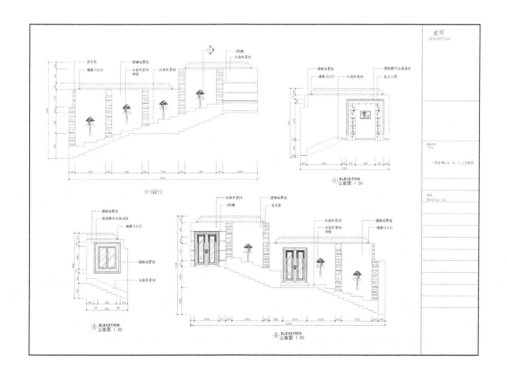

13.1 一层门厅立面图

一层门厅有 A、B、C、D 4 个立面，下面分别介绍各个立面图的具体绘制方法。

13.1.1 一层门厅 A 立面图、B 立面图

一层门厅 A 立面图、B 立面图如图 13-1 所示，下面介绍其绘制方法。

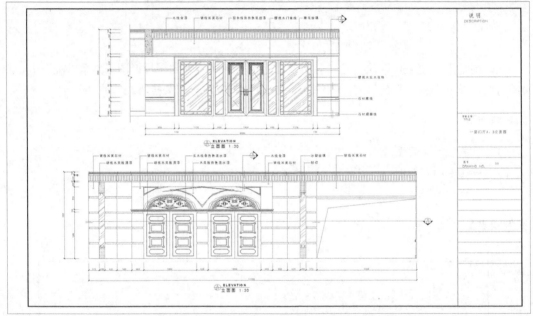

图 13-1 一层门厅 A、B 立面图

1. 绘制 B 立面图的大体轮廓

（1）单击"默认"选项卡"绘图"面板中的"直线"按钮∕，在图形空白区域任选一点作为直线起点，水平向右绘制一条长度 7122mm 的水平直线，如图 13-2 所示。

（2）单击"默认"选项卡"绘图"面板中的"直线"按钮∕，将第（1）步中绘制的水平直线左端点作为起点，向上绘制一条长度 3500mm 的竖直直线，如图 13-3 所示。

（3）单击"默认"选项卡"修改"面板中的"偏移"按钮∈，将第（1）步中绘制的水平直线作为偏移对象，依次向上进行连续偏移，偏移间距分别为 120mm、80mm、390mm、160mm、460mm、60mm、560mm、60mm、510mm、110mm、590mm、260mm 和 140mm，如图 13-4 所示。

（4）单击"默认"选项卡"修改"面板中的"偏移"按钮∈，将第（2）步中绘制的竖直直线作为偏移对象，依次向右进行偏移，偏移间距分别为 522mm、990mm、150mm、1 178mm、400mm、1404mm、400mm、1178mm、150mm 和 750mm，如图 13-5 所示。

图 13-2　绘制水平直线 1　　　　图 13-3　绘制竖直直线 1　　　　图 13-4　偏移水平直线 1

（5）单击"默认"选项卡"修改"面板中的"修剪"按钮 ，将第（4）步中的偏移线段作为修剪对象，对其进行修剪处理，如图 13-6 所示。

（6）单击"默认"选项卡"修改"面板中的"偏移"按钮 ，将底部水平线段作为偏移对象，依次向上进行偏移，偏移间距分别为 650mm、5mm、5mm、80mm、5mm 和 5mm，如图 13-7 所示。

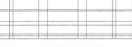
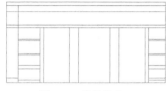
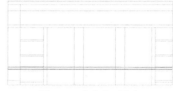

图 13-5　偏移竖直直线 1　　　　图 13-6　修剪线段 1　　　　图 13-7　偏移水平线段 1

（7）单击"默认"选项卡"修改"面板中的"修剪"按钮 ，将第（6）步中的偏移线段作为修剪对象，对其进行修剪处理，如图 13-8 所示。

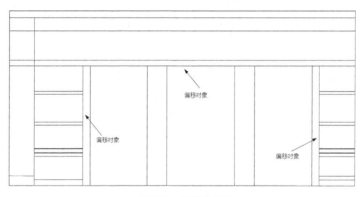

图 13-8　修剪线段 2

（8）单击"默认"选项卡"修改"面板中的"偏移"按钮 ，将第（7）步中的偏移线段作为偏移对象，对其进行偏移，偏移距离为 20mm，如图 13-9 所示。

（9）单击"默认"选项卡"修改"面板中的"修剪"按钮 ，将第（8）步中的偏移线段作为修剪对象，对其进行修剪处理，如图 13-10 所示。

（10）单击"默认"选项卡"修改"面板中的"偏移"按钮 ，将偏移和修剪后的水平直线作为偏移对象，依次向下进行偏移，偏移间距分别为 110mm、20mm，如图 13-11 所示。

（11）单击"默认"选项卡"修改"面板中的"偏移"按钮 ，将图13-11 所示的竖直直线作为偏移对象，向外进行偏移，偏移距离为 20mm，如图 13-12 所示。

（12）单击"默认"选项卡"修改"面板中的"修剪"按钮 ，将第（11）步中的偏移线段作为修剪对象，对其进行修剪处理，如图 13-13 所示。

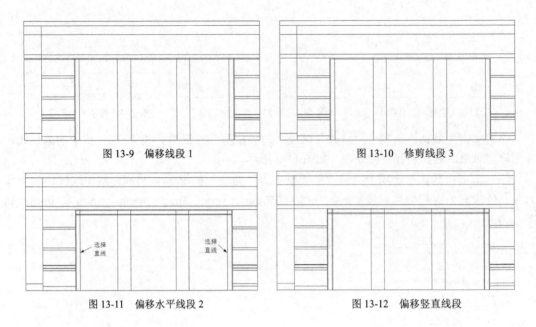

图 13-9　偏移线段 1　　　　　　　　　　　　　图 13-10　修剪线段 3

图 13-11　偏移水平线段 2　　　　　　　　　　　图 13-12　偏移竖直线段

2. 绘制 B 立面图的窗户造型

（1）单击"默认"选项卡"绘图"面板中的"矩形"按钮 □，在图 13-13 所示的刚修剪过的线段内绘制两个适当大小的矩形，如图 13-14 所示。

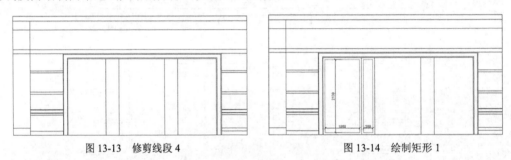

图 13-13　修剪线段 4　　　　　　　　　　　　　图 13-14　绘制矩形 1

（2）单击"默认"选项卡"修改"面板中的"偏移"按钮 ⊂，将第（1）步中绘制的两矩形作为偏移对象，向内进行偏移，偏移距离为 10mm，如图 13-15 所示。

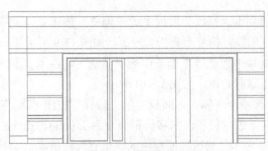

图 13-15　偏移矩形 1

（3）单击"默认"选项卡"修改"面板中的"分解"按钮 □，将左侧内部矩形作为分解对象，按 Enter 键确认，对其进行分解。

（4）单击"默认"选项卡"修改"面板中的"偏移"按钮⊆，将分解矩形的左侧竖直边作为偏移对象，依次向右进行偏移，偏移间距分别为 100mm、20mm、389mm、20mm、389mm 和 20mm，如图 13-16 所示。

（5）单击"默认"选项卡"修改"面板中的"偏移"按钮⊆，将分解后的水平直线作为偏移对象，依次向下进行偏移，偏移间距分别为100mm、20mm、170mm、20mm、194mm、20mm、194mm、20mm、194mm、20mm、194mm、20mm、194mm、20mm、194mm、20mm、194mm、20mm、194mm 和 20mm，如图 13-17 所示。

（6）单击"默认"选项卡"修改"面板中的"修剪"按钮，将第（5）步中的偏移线段作为修剪对象，对其进行修剪处理，如图 13-18 所示。

图 13-16　偏移竖直直线 2　　图 13-17　偏移水平直线 2　　图 13-18　修剪线段 5

（7）单击"默认"选项卡"绘图"面板中的"图案填充"按钮，打开"图案填充创建"选项卡，选择"AR-RROOF"图案，选择填充区域，然后按 Enter 键，完成图案填充，效果如图 13-19 所示。

（8）单击"默认"选项卡"修改"面板中的"镜像"按钮，将第（7）步中填充后的图形作为镜像对象，对其进行竖直镜像，如图 13-20 所示。

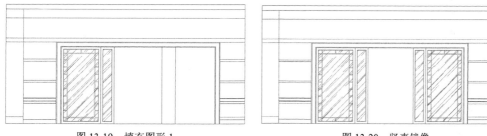

图 13-19　填充图形 1　　　　　　　　　　图 13-20　竖直镜像

3．绘制 B 立面图的门造型

（1）单击"默认"选项卡"绘图"面板中的"直线"按钮，在图形中间位置绘制一条竖直直线，如图 13-21 所示。

（2）单击"默认"选项卡"绘图"面板中的"矩形"按钮，在第（1）步中绘制的竖直直线间绘制一个 542mm×2050mm 的矩形，如图 13-22 所示。

（3）单击"默认"选项卡"修改"面板中的"偏移"按钮⊆，将第（2）步中绘制的矩形作为偏移对象，依次向内进行偏移，偏移间距分别为 20mm、5mm、50mm、5mm、10mm、20mm、10mm 和 5mm，如图 13-23 所示。

（4）单击"默认"选项卡"绘图"面板中的"直线"按钮✏，在第（3）步的图形内绘制 4 条斜向直线，如图 13-24 所示。

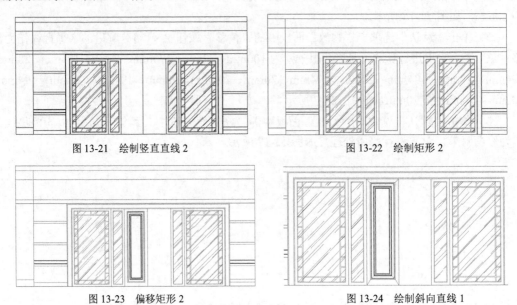

图 13-21　绘制竖直直线 2　　　　　　　　　　图 13-22　绘制矩形 2

图 13-23　偏移矩形 2　　　　　　　　　　图 13-24　绘制斜向直线 1

（5）单击"默认"选项卡"绘图"面板中的"矩形"按钮 ▢，在偏移线段间绘制两个 50mm× 50mm 的矩形，如图 13-25 所示。

（6）单击"默认"选项卡"绘图"面板中的"直线"按钮✏，过第（5）步中绘制的矩形 4 条边中点绘制十字交叉线，如图 13-26 所示。

（7）单击"默认"选项卡"绘图"面板中的"圆"按钮⊙，以第（6）步中绘制的十字交叉线交点为圆心，绘制一个半径 25mm 的圆，如图 13-27 所示。

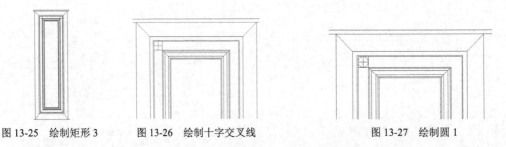

图 13-25　绘制矩形 3　　　图 13-26　绘制十字交叉线　　　　图 13-27　绘制圆 1

（8）单击"默认"选项卡"修改"面板中的"偏移"按钮 ⊂，将第（7）步中绘制的圆作为偏移对象，依次向内进行偏移，偏移间距分别为 5mm、2mm，如图 13-28 所示。

（9）单击"默认"选项卡"修改"面板中的"删除"按钮✎，把第（8）步中绘制的十字交叉线删除，如图 13-29 所示。

图 13-28　偏移圆　　　　　　　　　　图 13-29　删除对象

（10）单击"默认"选项卡"绘图"面板中的"圆弧"按钮／，在绘制的圆图形内，绘制一段适当半径的圆弧，如图 13-30 所示。

（11）单击"默认"选项卡"修改"面板中的"环形阵列"按钮，将第（10）步中绘制的圆弧作为阵列对象，以绘制圆的圆心为阵列中心点，将阵列项目数设置为 4，阵列后的结果如图 13-31 所示。

（12）利用上述方法完成剩余相同图形的绘制，如图 13-32 所示。

（13）单击"默认"选项卡"修改"面板中的"复制"按钮，将第（12）步中绘制的图形作为复制对象，对其进行复制操作，如图 13-33 所示。

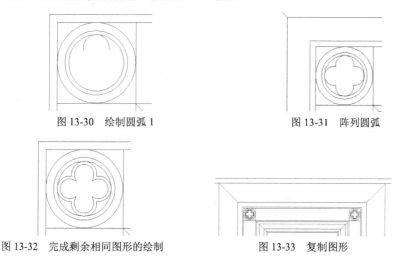

图 13-30　绘制圆弧 1　　　　　　　　　　图 13-31　　阵列圆弧

图 13-32　完成剩余相同图形的绘制　　　　　图 13-33　　复制图形

（14）单击"默认"选项卡"绘图"面板中的"直线"按钮／和"圆弧"按钮／，在第（12）步中绘制图形的下侧绘制图 13-34 所示的图案。

（15）单击"默认"选项卡"修改"面板中的"复制"按钮和"旋转"按钮，完成剩余相同图形的绘制，如图 13-35 所示。

（16）单击"默认"选项卡"绘图"面板中的"直线"按钮／，在图 12-36 所示的位置绘制直线。

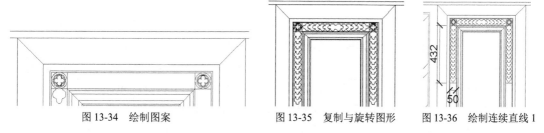

图 13-34　绘制图案　　　　图 13-35　复制与旋转图形　　　图 13-36　绘制连续直线 1

（17）单击"默认"选项卡"绘图"面板中的"直线"按钮／，在图 13-37 所示的位置绘制两条斜向直线。

（18）单击"默认"选项卡"绘图"面板中的"图案填充"按钮，打开"图案填充创建"选项卡，选择"AR-RROOF"图案，将填充角度设置为 45、填充比例设置为 10，选择填充区域，然后按 Enter 键，完成图案填充，效果如图 13-38 所示。

（19）单击"默认"选项卡"绘图"面板中的"直线"按钮／和"圆弧"按钮／，在第（18）步中填充图形的右侧绘制连续图形，如图 13-39 所示。

图 13-37　绘制斜向直线 2

图 13-38　填充图形 2

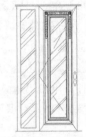

图 13-39　绘制图形

（20）单击"默认"选项卡"修改"面板中的"偏移"按钮⊂，将第（19）步中绘制的图形作为偏移对象，向内进行偏移，偏移距离为 3mm，如图 13-40 所示。

（21）单击"默认"选项卡"绘图"面板中的"圆弧"按钮／，在第（20）步中的图形处绘制连续图形，如图 13-41 所示。

（22）单击"默认"选项卡"修改"面板中的"修剪"按钮，将第（21）步中绘制的图形内线段作为修剪对象，对其进行修剪处理，如图 13-42 所示。

（23）单击"默认"选项卡"绘图"面板中的"圆"按钮⊙，在第（22）步中图形顶部和底部位置分别绘制两个半径 3mm 的圆，如图 13-43 所示。

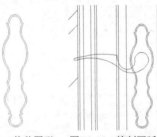

图 13-40　偏移图形　　图 13-41　绘制圆弧 2

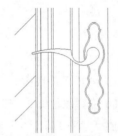

图 13-42　修剪图形

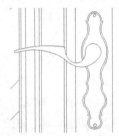

图 13-43　绘制圆 2

（24）单击"默认"选项卡"绘图"面板中的"直线"按钮／和"圆弧"按钮／，完成剩余图形的绘制，如图 13-44 所示。

（25）单击"默认"选项卡"修改"面板中的"镜像"按钮△，将绘制的左侧图形作为镜像对象，对其进行竖直镜像，如图 13-45 所示。

（26）单击"默认"选项卡"修改"面板中的"偏移"按钮⊂，将水平直线作为偏移对象，依次向下进行偏移，偏移间距分别为 30mm、7mm、27mm、3mm、10mm、23mm、40mm、220mm 和 690mm，如图 13-46 所示。

扫码看视频

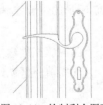

图 13-44　绘制剩余图形

图 13-45　镜像图形

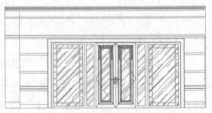

图 13-46　偏移水平直线 3

（27）单击"默认"选项卡"修改"面板中的"偏移"按钮 ⊑，将左侧竖直直线作为偏移对象，向右进行偏移，偏移间距分别为 522mm、240mm 和 6330mm，如图 13-47 所示。

（28）单击"默认"选项卡"修改"面板中的"修剪"按钮 ⅓，将第（27）步中的偏移线段作为修剪对象，对其进行修剪处理，如图 13-48 所示。

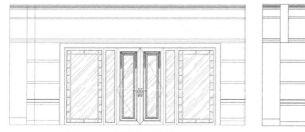

图 13-47 偏移竖直直线 3

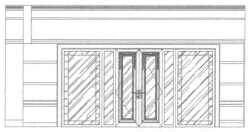

图 13-48 修剪对象

（29）单击"默认"选项卡"修改"面板中的"打断"按钮 ⑴，将图 13-49 所示的线段作为打断线段，将其打断成两段独立线段。

（30）单击"默认"选项卡"修改"面板中的"偏移"按钮 ⊑，将第（29）步中打断线段作为偏移对象，依次向右侧进行偏移，偏移间距分别为 59mm、30mm，如图 13-50 所示。

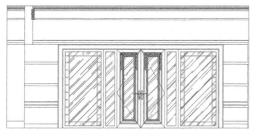

图 13-49 打断线段

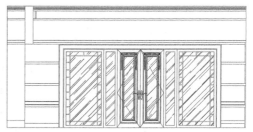

图 13-50 偏移线段 2

（31）单击"默认"选项卡"修改"面板中的"复制"按钮 ♋，以偏移距离为 59mm 的初始直线左上角点为复制基点，将第（30）步中偏移距离为 30mm 的两条竖直直线作为复制对象，进行连续复制，复制距离相等，如图 13-51 所示。

（32）单击"默认"选项卡"绘图"面板中的"直线"按钮 ╱，在第（31）步中图形的适当位置绘制两条竖直直线，如图 13-52 所示。

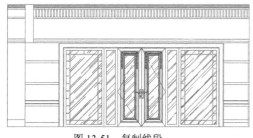

图 13-51 复制线段

图 13-52 绘制直线 1

（33）单击"默认"选项卡"绘图"面板中的"图案填充"按钮 ▨，打开"图案填充创建"选项卡，选择"ANSI31"图案，将填充角度设置为 0、填充比例设置为 30，选择填充区域，然后按 Enter 键完，成图案填充。

（34）单击"默认"选项卡"绘图"面板中的"图案填充"按钮，打开"图案填充创建"选项卡，选择"AR-CONC"图案，将填充角度设置为0、填充比例设置为1，选择填充区域，然后按 Enter 键，完成图案填充，结果如图 13-53 所示。

（35）单击"默认"选项卡"绘图"面板中的"多段线"按钮，在图形左侧的竖直直线上绘制连续多段线，如图 13-54 所示。

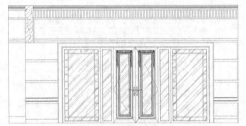

图 13-53　填充图形 3

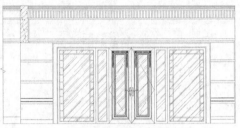

图 13-54　绘制连续多段线

（36）单击"默认"选项卡"修改"面板中的"修剪"按钮，将第（35）步中绘制的连续多段线内的多余线段作为修剪对象，对其进行修剪，如图 13-55 所示。

图 13-55　修剪线段 6

4．进行尺寸标注和文字说明

（1）单击"默认"选项卡"注释"面板中的"线性"按钮和"连续"按钮，为图形添加第一道尺寸标注，如图 13-56 所示。

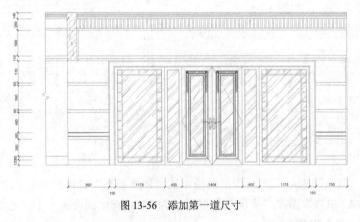

图 13-56　添加第一道尺寸

（2）单击"默认"选项卡"注释"面板中的"线性"按钮，为图形添加总尺寸，如图 13-57 所示。

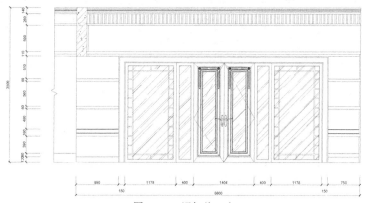

图 13-57　添加总尺寸

（3）在命令行中输入"qleader"命令，为图形添加文字说明，如图 13-58 所示。

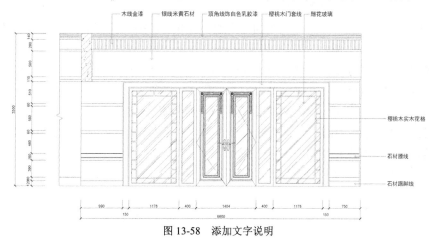

图 13-58　添加文字说明

（4）利用拖曳夹点命令将左侧竖直直线向上拖曳，如图 13-59 所示。

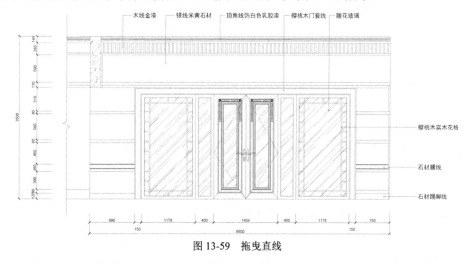

图 13-59　拖曳直线

（5）单击"默认"选项卡"绘图"面板中的"直线"按钮，在右侧图形位置绘制连续竖直直线，如图 13-60 所示。

（6）单击"默认"选项卡"绘图"面板中的"圆"按钮⊙，在第（5）步中绘制的直线上选取一点作为圆的圆心，绘制一个半径 120mm 的圆，如图 13-61 所示。

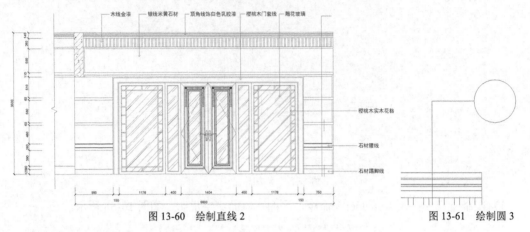

图 13-60　绘制直线 2　　　　　　　　　　　　　　　　图 13-61　绘制圆 3

（7）单击"默认"选项卡"绘图"面板中的"直线"按钮╱，在第（6）步中绘制的圆上绘制连续直线，如图 13-62 所示。

（8）单击"默认"选项卡"修改"面板中的"修剪"按钮▨，将第（7）步中绘制的连续直线作为修剪对象，对其进行修剪处理，结果如图 13-63 所示。

（9）单击"默认"选项卡"绘图"面板中的"图案填充"按钮▨，打开"图案填充创建"选项卡，选择"SOLID"图案，将填充角度设置为 0、填充比例设置为 1，选择填充区域，然后按 Enter 键，完成图案填充，如图 13-64 所示。

（10）单击"默认"选项卡"绘图"面板中的"直线"按钮╱，在圆图形内绘制一条水平直线，如图 13-65 所示。

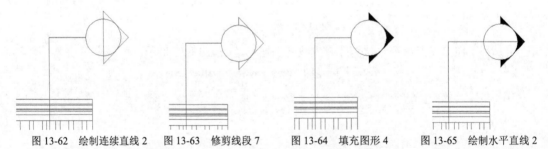

图 13-62　绘制连续直线 2　　图 13-63　修剪线段 7　　图 13-64　填充图形 4　　图 13-65　绘制水平直线 2

（11）单击"默认"选项卡"注释"面板中的"多行文字"按钮Ａ，在第（10）步的圆图形内添加文字，如图 13-66 所示。

（12）单击"默认"选项卡"绘图"面板中的"圆"按钮⊙，在完成图形底部任选一点作为圆心，绘制一个半径 120mm 的圆，如图 13-67 所示。

（13）单击"默认"选项卡"绘图"面板中的"直线"按钮╱，过第（12）步中绘制圆的圆心绘制一条长度 1198mm 的水平直线，如图 13-68 所示。

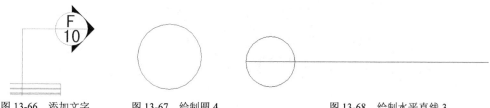

图 13-66　添加文字　　　　图 13-67　绘制圆 4　　　　图 13-68　绘制水平直线 3

（14）单击"默认"选项卡"注释"面板中的"多行文字"按钮 A，在第（12）步的圆周形和（13）步中绘制的直线上下侧添加文字，最终完成 B 立面图的绘制，如图 13-69 所示。

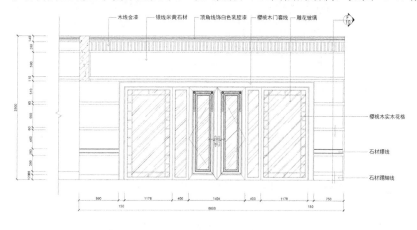

图 13-69　B 立面图的绘制

（15）利用 B 立面图的绘制方法完成 A 立面图的绘制，如图 13-70 所示。

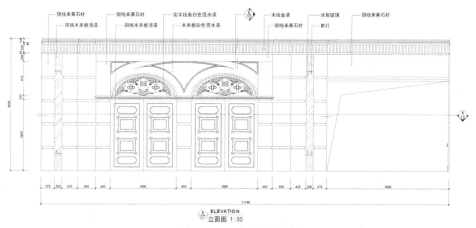

图 13-70　A 立面图的绘制

（16）单击"快速访问"工具栏中的"打开"按钮，打开"源文件\图块\图框"图块，然后将图块复制到当前图形中，并将其放置到绘制的图形外侧，最终完成图形的绘制，如图 13-71 所示。

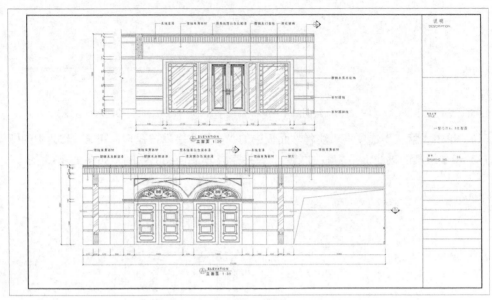

图 13-71　一层门厅 A 立面图、B 立面图

13.1.2　一层门厅 C 立面图、D 立面图

利用 B 立面图的绘制方法完成 C 立面图和 D 立面图的绘制。单击"快速访问"工具栏中"打开"按钮，打开"源文件\图块\图框"图块，然后将图形复制到当前图形中，并将其放置到绘制的图形外侧，最终完成一层门厅 C 立面图、D 立面图的绘制，如图 13-72 所示。

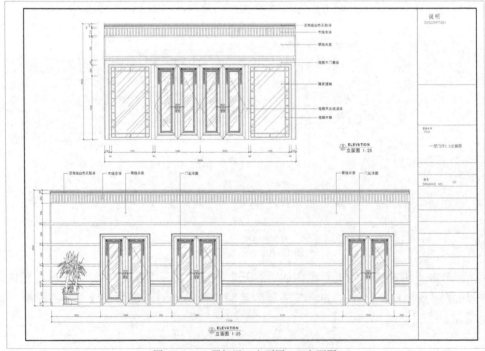

图 13-72　一层门厅 C 立面图、D 立面图

13.2 一层走廊立面图

一层走廊立面图如图 13-73 所示。下面分别介绍各个立面图的具体绘制方法。

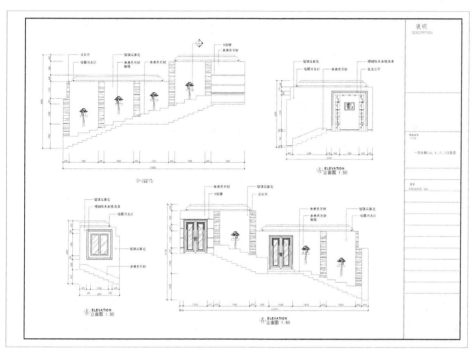

扫码看视频

图 13-73 一层走廊立面图

13.2.1 一层走廊 A 立面图

利用之前学过的知识绘制一层走廊 A 立面图。

1. 绘制走廊 A 立面图

（1）单击"默认"选项卡"绘图"面板中的"多段线"按钮，指定多段线起点宽度 0，端点宽度 0，在图形空白区域任选一点作为多段线起点，绘制连续多段线，如图 13-74 所示。

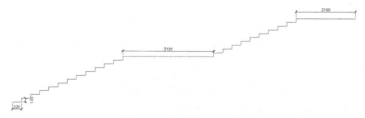

图 13-74 绘制连续多段线

（2）重复"多段线"命令，在第（1）步中绘制的多段线上选取一点作为多段线起点，绘制连续多段线，如图 13-75 所示。

（3）单击"默认"选项卡"绘图"面板中的"直线"按钮 ╱ ，以第（1）步中绘制的多段线起点为直线起点，向上绘制一条竖直直线，如图 13-76 所示。

图 13-75　重复绘制连续多段线　　　　　　　　　　　　图 13-76　绘制竖直直线

（4）单击"默认"选项卡"修改"面板中的"偏移"按钮 ⊂ ，将第（3）步中绘制的竖直直线作为偏移对象，依次向右进行偏移，偏移间距分别为 400mm、1950mm、400mm、1950mm、400mm、1920mm、400mm、1980mm、400mm 和 2200mm，如图 13-77 所示。

（5）单击"默认"选项卡"绘图"面板中的"直线"按钮 ╱ ，在图形底部绘制一条水平直线，如图 13-78 所示。

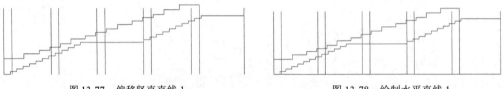

图 13-77　偏移竖直直线 1　　　　　　　　　　　　图 13-78　绘制水平直线 1

（6）单击"默认"选项卡"修改"面板中的"偏移"按钮 ⊂ ，将第（5）步中绘制的水平直线作为偏移对象，依次向上进行偏移，偏移间距分别为 3208mm、1102mm、300mm、100mm、896mm、300mm 和 100mm，如图 13-79 所示。

（7）单击"默认"选项卡"修改"面板中的"延伸"按钮 ⟶ ，将图形中所有竖直直线作为延伸对象，向上延伸至偏移后最顶端水平直线，如图 13-80 所示。

（8）单击"默认"选项卡"修改"面板中的"偏移"按钮 ⊂ ，将左侧竖直直线作为偏移对象，向右进行偏移，偏移距离为 240mm，将右侧竖直直线作为偏移对象，向左进行偏移，偏移距离为 300mm，如图 13-81 所示。

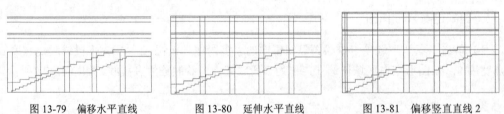

图 13-79　偏移水平直线　　　　　图 13-80　延伸水平直线　　　　　图 13-81　偏移竖直直线 2

（9）单击"默认"选项卡"修改"面板中的"修剪"按钮 ✂ ，将绘制的图形进行修剪处理，如图 13-82 所示。

（10）单击"默认"选项卡"绘图"面板中的"直线"按钮 ╱ 和"圆弧"按钮 ⌒ ，在第（9）步后的图形内绘制圆弧和直线，如图 13-83 所示。

（11）单击"默认"选项卡"修改"面板中的"修剪"按钮 ✂ ，将图形中的多余线段作为修剪对象，对其进行修剪处理，如图 13-84 所示。

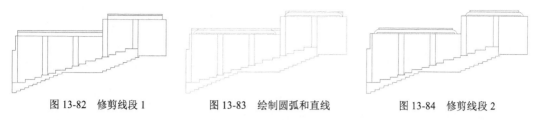

| 图 13-82 修剪线段 1 | 图 13-83 绘制圆弧和直线 | 图 13-84 修剪线段 2 |

（12）单击"默认"选项卡"绘图"面板中的"圆"按钮⊙，在第（11）步的图形内顶部位置选取一点作为圆的圆心，绘制一个半径 30mm 的圆，如图 13-85 所示。

（13）单击"默认"选项卡"修改"面板中的"偏移"按钮⊂，将第（12）步中绘制的圆图形作为偏移对象，向内进行偏移，偏移距离为 12mm，如图 13-86 所示。

（14）单击"默认"选项卡"绘图"面板中的"直线"按钮╱，在第（13）步中的偏移圆内绘制 4 段长度相等的直线，如图 13-87 所示。

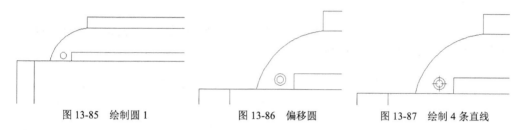

| 图 13-85 绘制圆 1 | 图 13-86 偏移圆 | 图 13-87 绘制 4 条直线 |

（15）单击"默认"选项卡"修改"面板中的"复制"按钮⅋，将第（14）步中绘制完成的灯图形作为复制对象，对其进行复制操作，复制后结果如图 13-88 所示。

（16）单击"默认"选项卡"绘图"面板中的"矩形"按钮▭，在第（15）步中的图形内绘制一个 500mm×100mm 的矩形，如图 13-89 所示。

（17）单击"默认"选项卡"绘图"面板中的"多段线"按钮⊃，在第（16）步中绘制的矩形上方绘制连续多段线，如图 13-90 所示。

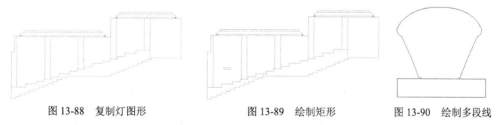

| 图 13-88 复制灯图形 | 图 13-89 绘制矩形 | 图 13-90 绘制多段线 |

（18）单击"默认"选项卡"绘图"面板中的"圆弧"按钮╭，在第（17）步中绘制的图形上方绘制瓶颈，如图 13-91 所示。

（19）单击"默认"选项卡"绘图"面板中的"椭圆"按钮◯。在第（18）步绘制的图形左侧绘制一个适当大小的椭圆，如图 13-92 所示。

（20）单击"默认"选项卡"修改"面板中的"偏移"按钮⊂，将第（19）步中绘制的椭圆作为偏移对象，向内进行偏移，偏移距离为 13mm，如图 13-93 所示。

（21）单击"默认"选项卡"修改"面板中的"修剪"按钮✂，将第（20）步中的偏移对象作为修剪对象，对其进行修剪处理，如图 13-94 所示。

图 13-91　绘制瓶颈　　　图 13-92　绘制椭圆　　　图 13-93　偏移椭圆　　　图 13-94　修剪椭圆

（22）单击"默认"选项卡"修改"面板中的"镜像"按钮 ，将第（21）步中绘制的图形作为镜像对象，对其进行竖直镜像，如图 13-95 所示。

（23）单击"默认"选项卡"绘图"面板中的"椭圆"按钮  和"修改"面板中的"偏移"按钮 ，绘制剩余的立面装饰瓶内部图形，如图 13-96 所示。

（24）单击"默认"选项卡"绘图"面板中的"直线"按钮 ，在第（23）步的图形内绘制细化线段，如图 13-97 所示。

（25）单击"默认"选项卡"修改"面板中的"修剪"按钮 ，将底部矩形作为修剪对象，对其进行修剪处理，如图 13-98 所示。

图 13-95　镜像图形　　　　　图 13-96　绘制立面装饰瓶内部图形

图 13-97　绘制图形细部　　　　　图 13-98　修剪矩形

（26）单击"默认"选项卡"修改"面板中的"复制"按钮 ，将第（25）步中绘制完成的图形作为复制对象，以底部矩形中点为复制基点，进行连续复制，结果如图 13-99 所示。

（27）单击"默认"选项卡"绘图"面板中的"直线"按钮 ，在图形右侧区域内绘制多条水平直线，如图 13-100 所示。

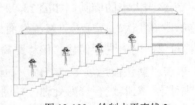

图 13-99　复制图形　　　　　图 13-100　绘制水平直线 2

（28）单击"默认"选项卡"绘图"面板中的"图案填充"按钮▨，打开"图案填充创建"选项卡，选择"AR-RROOF"图案，选择填充区域，然后按 Enter 键，完成图案填充，效果如图 13-101 所示。

2．进行尺寸标注和文字说明

（1）单击"默认"选项卡"注释"面板中的"线性"按钮⊢，为图形添加第一道尺寸标注，如图 13-102 所示。

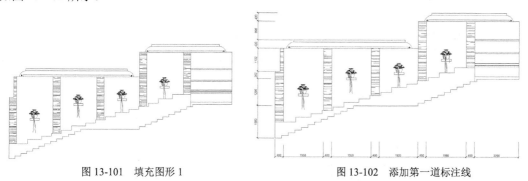

图 13-101　填充图形 1　　　　　　　　　　图 13-102　添加第一道标注线

（2）单击"默认"选项卡"注释"面板中的"线性"按钮⊢，为图形添加总尺寸标注，如图 13-103 所示。

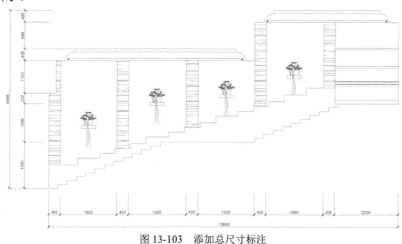

图 13-103　添加总尺寸标注

（3）在命令行中输入"qleader"命令，为图形添加文字说明，如图 13-104 所示。

（4）单击"默认"选项卡"绘图"面板中的"直线"按钮╱，在第（3）步中的图形上绘制连续直线，如图 13-105 所示。

（5）单击"默认"选项卡"绘图"面板中的"圆"按钮⊙，以第（4）步中绘制的连续水平直线右端点为圆心绘制一个半径 200mm 的圆，如图 13-106 所示。

（6）单击"默认"选项卡"绘图"面板中的"直线"按钮╱，在第（5）步中绘制的圆的外部绘制连续直线，如图 13-107 所示。

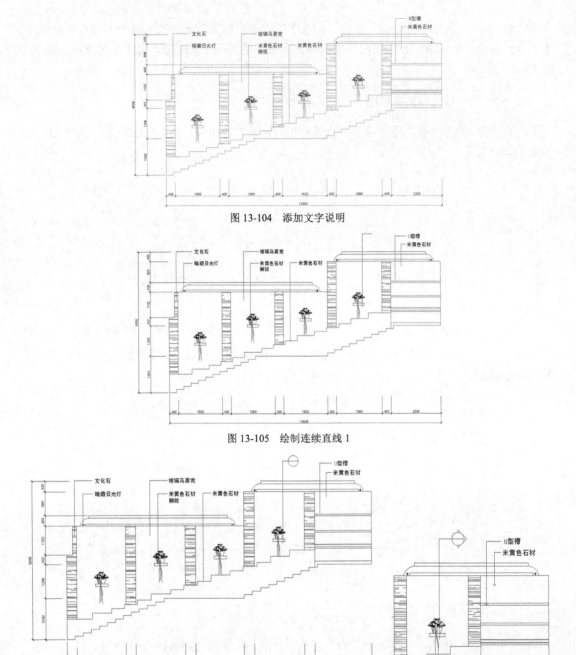

图 13-104　添加文字说明

图 13-105　绘制连续直线 1

图 13-106　绘制圆 2　　　　　　　　　　图 13-107　绘制连续直线 2

　　（7）单击"默认"选项卡"绘图"面板中的"图案填充"按钮，打开"图案填充创建"选项卡，选择"SOLID"图案，将填充角度设置为 0、填充比例设置为 1，选择填充区域，然后按 Enter 键，完成图案填充，效果如图 13-108 所示。

　　（8）单击"默认"选项卡"注释"面板中的"多行文字"按钮 A，在第（7）步中绘制的图形内添加文字，最终完成走廊 A 立面图的绘制，如图 13-109 所示。

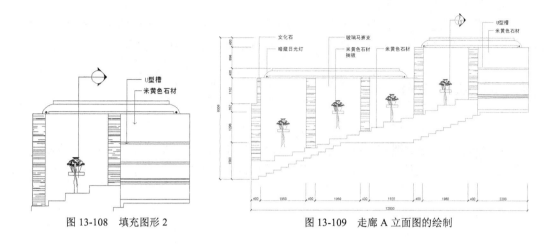

图 13-108 填充图形 2

图 13-109 走廊 A 立面图的绘制

13.2.2 一层走廊其他立面图

利用上述方法完成一层走廊 B 立面图、C 立面图、D 立面图的绘制，如图 13-110~图 13-112 所示。

图 13-110 一层走廊 B 立面图

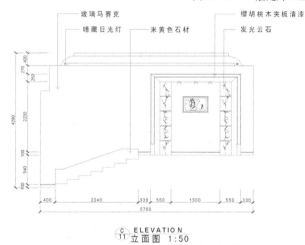

图 13-111 一层走廊 C 立面图

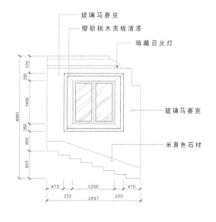

图 13-112 一层走廊 D 立面图

单击"默认"选项卡"块"面板中的"插入"按钮🔲，将定义的图框作为插入对象，并将其放置到绘制的图形外侧，最终完成一层走廊立面图的绘制，如图 13-73 所示。

13.3 其他立面图

使用相同的方法绘制图 13-113 所示的一层体育用品店立面图、图 13-114 所示的一层兵乓球室立面图、图 13-115 所示的一层台球室立面图及图 13-116~图 13-120 所示的道具单元立面图和侧面图。

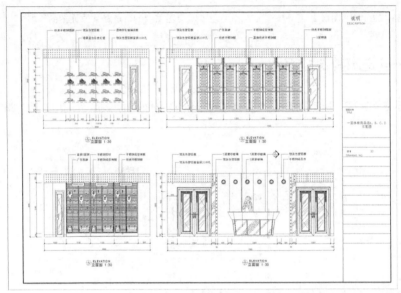

图 13-113　一层体育用品店立面图

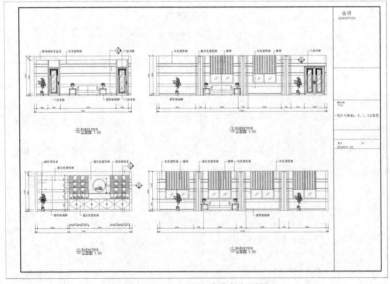

图 13-114　一层兵乓球室立面图

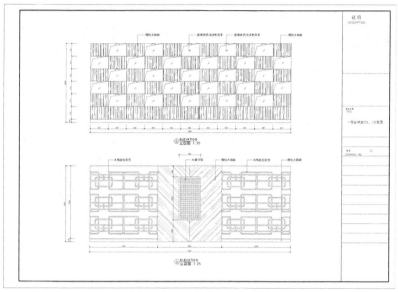

图 13-115　一层台球室立面图

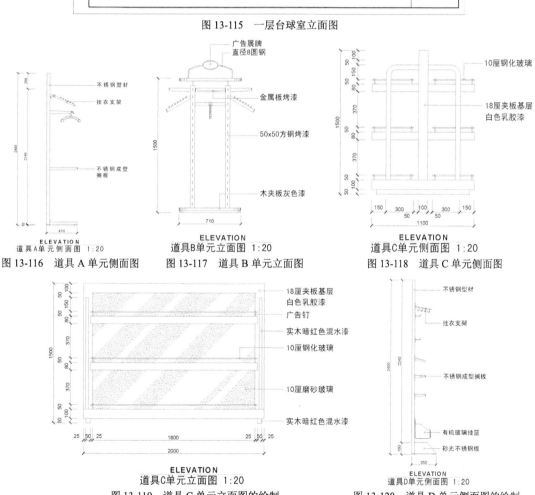

图 13-116　道具 A 单元侧面图　　图 13-117　道具 B 单元立面图　　　图 13-118　道具 C 单元侧面图

图 13-119　道具 C 单元立面图的绘制　　　　图 13-120　道具 D 单元侧面图的绘制

13.4 上机实验

【练习1】绘制图 13-121 所示的咖啡吧 A 立面图。

【练习2】绘制图 13-122 所示的咖啡吧 B 立面图。

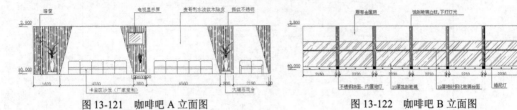

图 13-121　咖啡吧 A 立面图

图 13-122　咖啡吧 B 立面图

第14章

洗浴中心剖面图和详图的绘制

　　建筑剖面图主要反映建筑物的结构形式、垂直空间利用、各层构造做法和门窗洞口高度等。建筑节点详图设计是建筑施工图绘制过程中的一项重要内容，与建筑构造设计息息相关。本章以洗浴中心剖面图和详图为例，详细讲述建筑剖面图和详图的 AutoCAD 绘制方法与相关技巧。

【内容要点】

- ☑　一层走廊剖面图
- ☑　一层体育用品店剖面图
- ☑　一层台球室 E 剖面图、D 剖面图、H 剖面图

【案例欣赏】

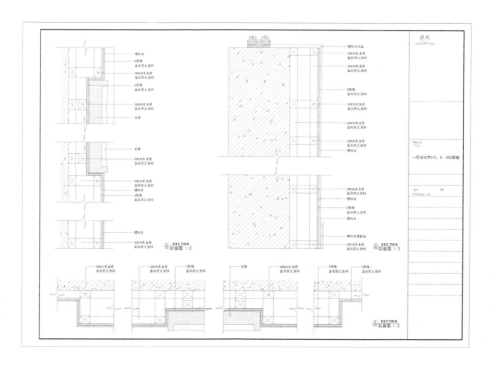

14.1　一层走廊剖面图

一层走廊剖面图如图 14-1 所示，下面讲述其中各个位置剖面图的绘制过程。

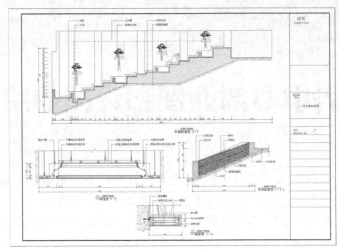

扫码看视频

图 14-1　一层走廊剖面图

14.1.1　一层走廊 E 剖面图

一层走廊 E 剖面图如图 14-2 所示，下面介绍其绘制过程。

1. 绘制一层走廊 E 剖面图的外部轮廓

（1）单击"默认"选项卡"绘图"面板中的"直线"按钮 ／，在图形空白位置任选一点作为直线起点，绘制一条长度 1683mm 的竖直直线，如图 14-3 所示。

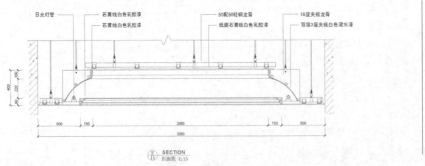

图 14-2　一层走廊 E 剖面图　　　　　图 14-3　绘制竖直直线

（2）单击"默认"选项卡"修改"面板中的"偏移"按钮 ⊆，将第（1）步中绘制的竖直直线作为偏移对象，依次向右进行偏移，偏移间距分别为 232mm、6720mm 和 229mm，如图 14-4 所示。

（3）单击"默认"选项卡"绘图"面板中的"直线"按钮 ／，绘制第（2）步中两竖直直线的水平连接线，如图 14-5 所示。

图 14-4　偏移竖直直线　　　　　　　　　　图 14-5　绘制水平线段

（4）单击"默认"选项卡"绘图"面板中的"图案填充"按钮 ▨，打开"图案填充创建"选项卡，选择"ANSI31"图案，将填充角度设置为 0、填充比例设置为 30，单击"拾取点"按钮 ▩，选择填充区域，然后按 Enter 键，完成图案填充，效果如图 14-6 所示。

（5）单击"默认"选项卡"绘图"面板中的"图案填充"按钮 ▨，打开"图案填充创建"选项卡，选择"AR-CONC"图案，将填充角度设置为 0、填充比例设置为 2，单击"拾取点"按钮 ▩，选择填充区域，然后按 Enter 键，完成图案填充，效果如图 14-7 所示。

（6）单击"默认"选项卡"修改"面板中的"删除"按钮 ∠，把左右两侧竖直边线删除。

（7）单击"默认"选项卡"修改"面板中的"偏移"按钮 ⊜，将底部水平直线作为偏移对象，依次向上进行偏移，偏移间距分别为 211mm、18mm，如图 14-8 所示。

图 14-6　填充 ANSI31 图形　　　图 14-7　填充 AR-CONC 图形　　　图 14-8　偏移水平直线

（8）单击"默认"选项卡"修改"面板中的"删除"按钮 ∠，把底部水平直线删除。

（9）单击"默认"选项卡"修改"面板中的"修剪"按钮 ↓，将偏移的线段作为修剪对象，对其进行修剪处理，如图 14-9 所示。

2．绘制一层走廊 E 剖面图的内部图形

（1）单击"默认"选项卡"绘图"面板中的"矩形"按钮 ▭，在第（9）步中图形的适当位置绘制一个 160mm×18mm 的矩形，如图 14-10 所示。

（2）单击"默认"选项卡"绘图"面板中的"直线"按钮 ／和"圆弧"按钮 ⌒，在第（1）步中绘制的矩形右侧绘制图 14-11 所示的图形。

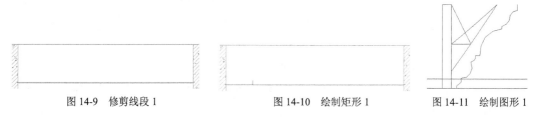

图 14-9　修剪线段 1　　　　　　　图 14-10　绘制矩形 1　　　　　　图 14-11　绘制图形 1

（3）单击"默认"选项卡"修改"面板中的"修剪"按钮 ↓，将第（2）步中绘制的图形作为修剪对象，对其进行修剪处理，如图 14-12 所示。

（4）单击"默认"选项卡"修改"面板中的"镜像"按钮 ⚠，将第（3）步中的图形作为镜像对象，以底部水平直线中点为镜像点，对图形进行竖直镜像，如图 14-13 所示。

（5）单击"默认"选项卡"绘图"面板中的"直线"按钮 ╱，绘制第（4）步中镜像图形间的连接线，如图 14-14 所示。

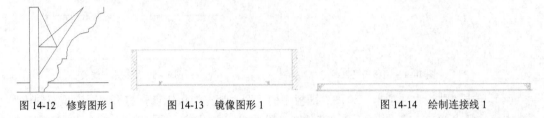

图 14-12　修剪图形 1　　　　图 14-13　镜像图形 1　　　　图 14-14　绘制连接线 1

（6）单击"默认"选项卡"修改"面板中的"偏移"按钮 ⊂，将第（5）步中绘制的水平直线作为偏移对象，依次向下进行偏移，偏移间距分别为 11mm、35mm、51mm、13mm 和 12mm，如图 14-15 所示。

（7）单击"默认"选项卡"修改"面板中的"修剪"按钮 ╲，将第（6）步中的偏移线段作为修剪对象，对其进行修剪处理，如图 14-16 所示。

图 14-15　偏移直线　　　　　　　　　　　　图 14-16　修剪处理

（8）单击"默认"选项卡"绘图"面板中的"多段线"按钮 ⌐⊃，在第（7）步中的图形上侧绘制连续直线，如图 14-17 所示。

（9）单击"默认"选项卡"绘图"面板中的"图案填充"按钮 ▨，打开"图案填充创建"选项卡，选择"AR-CONC"图案，将填充角度设置为 0、填充比例设置为 0.3，单击"拾取点"按钮 ⊞，选择填充区域，然后按 Enter 键，完成图案填充，效果如图 14-18 所示。

（10）单击"默认"选项卡"绘图"面板中的"直线"按钮 ╱，在图形底部绘制连续直线，如图 14-19 所示。

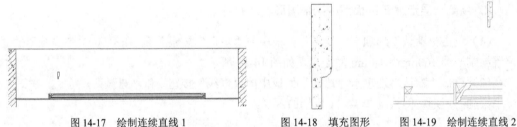

图 14-17　绘制连续直线 1　　　　图 14-18　填充图形　　图 14-19　绘制连续直线 2

（11）单击"默认"选项卡"绘图"面板中的"圆弧"按钮 ⌒，绘制第（10）步中两图形间的连接圆弧线，角度为 90°，如图 14-20 所示。

（12）单击"默认"选项卡"修改"面板中的"偏移"按钮 ⊂，将第（11）步中绘制的圆弧作为偏移对象，对其进行偏移处理，偏移距离为 6mm、6mm，并结合"延伸"命令延伸对象，如图 14-21 所示。

（13）单击"默认"选项卡"绘图"面板中的"矩形"按钮 ▭，在第（12）步中绘制的圆弧右侧绘制一个 120mm×45mm 的矩形，如图 14-22 所示。

（14）单击"默认"选项卡"绘图"面板中的"圆弧"按钮 ⌒ 和"直线"按钮 ╱，在第（13）步中绘制的矩形上方绘制图 14-23 所示的图形。

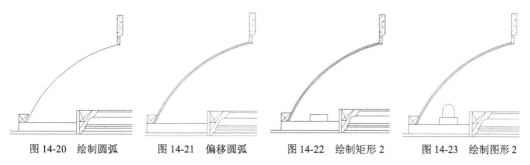

图 14-20　绘制圆弧　　　图 14-21　偏移圆弧　　　图 14-22　绘制矩形 2　　　图 14-23　绘制图形 2

（15）单击"默认"选项卡"绘图"面板中的"圆"按钮⊙，以第（14）步中绘制的圆弧中心为圆心，绘制一个适当半径的圆。

（16）单击"默认"选项卡"绘图"面板中的"矩形"按钮 ▭ 和"直线"按钮╱，在第（15）步中的图形外侧绘制图形，如图 14-24 所示。

（17）单击"默认"选项卡"修改"面板中的"镜像"按钮△，将第（16）步中的图形作为镜像对象，以顶部水平直线中点为镜像起点，向下确认一点为镜像终点，完成图形镜像，如图 14-25 所示。

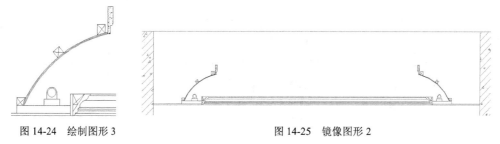

图 14-24　绘制图形 3　　　　　　　　　　图 14-25　镜像图形 2

（18）单击"默认"选项卡"绘图"面板中的"直线"按钮╱，绘制第（17）步中两图形间的连接线，如图 14-26 所示。

（19）单击"默认"选项卡"绘图"面板中的"矩形"按钮 ▭ ，在第（18）步中绘制的直线上方绘制两个矩形，如图 14-27 所示。

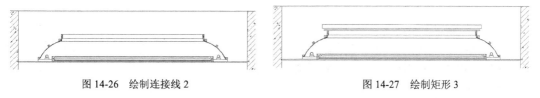

图 14-26　绘制连接线 2　　　　　　　　　图 14-27　绘制矩形 3

（20）单击"默认"选项卡"绘图"面板中的"直线"按钮╱，在第（19）步中绘制的矩形上绘制连续直线，如图 14-28 所示。

（21）单击"默认"选项卡"绘图"面板中的"多段线"按钮⊃，在第（20）步中绘制的连续直线外侧绘制连续多段线，如图 14-29 所示。

（22）单击"默认"选项卡"修改"面板中的"偏移"按钮⊆，将第（21）步中绘制的连续多段线作为偏移对象，向内进行偏移，偏移距离均为 1mm，如图 14-30 所示。

（23）单击"默认"选项卡"绘图"面板中的"直线"按钮╱，在第（22）步中的图形内绘制连续直线，如图 14-31 所示。

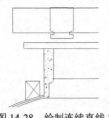
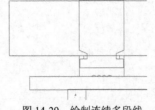
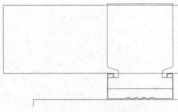

图 14-28　绘制连续直线 3　　　　图 14-29　绘制连续多段线　　　　　　图 14-30　偏移多段线

（24）单击"默认"选项卡"修改"面板中的"复制"按钮 ⊹，将第（23）步中绘制的图形作为复制对象，对其进行连续复制，复制完成后结果如图 14-32 所示。

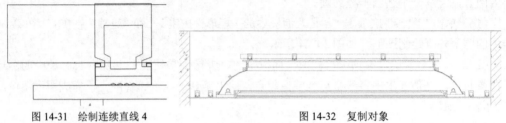

图 14-31　绘制连续直线 4　　　　　　　　　　　图 14-32　复制对象

（25）单击"默认"选项卡"绘图"面板中的"直线"按钮 ╱ 和"修改"面板中的"镜像"按钮 ⚊，完成底部图形的绘制，如图 14-33 所示。

（26）单击"默认"选项卡"绘图"面板中的"矩形"按钮 □，在第（25）步中的图形左侧绘制一个 50mm×240mm 的矩形，如图 14-34 所示。

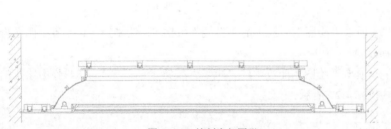
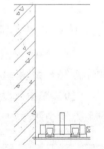

图 14-33　绘制底部图形　　　　　　　　　　　图 14-34　绘制矩形 4

（27）单击"默认"选项卡"修改"面板中的"分解"按钮 ⬚，将第（26）步中绘制的矩形作为分解对象，按 Enter 键确认，对其进行分解。

（28）单击"默认"选项卡"修改"面板中的"修剪"按钮 ✂，将分解矩形内的多余线段作为修剪对象，对其进行修剪处理，如图 14-35 所示。

（29）单击"默认"选项卡"修改"面板中的"偏移"按钮 ⊆，将第（28）步中分解矩形的顶部水平边作为偏移对象，依次向下进行偏移，偏移间距分别为 6mm、84mm，如图 14-36 所示。

（30）单击"默认"选项卡"绘图"面板中的"多边形"按钮 ⬡，在第（29）步中的偏移线段内绘制一个六边形，如图 14-37 所示。

（31）单击"默认"选项卡"绘图"面板中的"圆"按钮⊙，以第（30）步中绘制的六边形中心为圆心，绘制一个适当半径的圆，如图 14-38 所示。

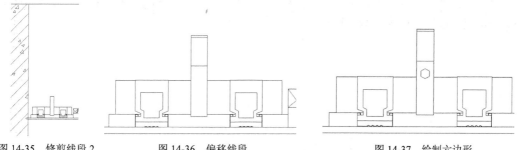

图 14-35　修剪线段 2　　　　图 14-36　偏移线段　　　　　　图 14-37　绘制六边形

（32）单击"默认"选项卡"绘图"面板中的"直线"按钮／，过第（31）步中圆的圆心绘制十字交叉线，如图 14-39 所示。

（33）单击"默认"选项卡"绘图"面板中的"直线"按钮／，完成剩余部分图形的绘制，如图 14-40 所示。

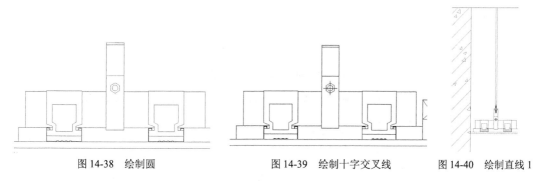

图 14-38　绘制圆　　　　　　图 14-39　绘制十字交叉线　　　　图 14-40　绘制直线 1

（34）利用上述方法完成剩余图形的绘制，如图 14-41 所示。

（35）单击"默认"选项卡"绘图"面板中的"直线"按钮／和"修改"面板中的"圆角"按钮⌒，在顶部水平线上绘制折弯线，如图 14-42 所示。

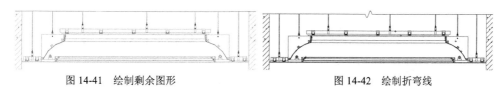

图 14-41　绘制剩余图形　　　　　　图 14-42　绘制折弯线

（36）单击"默认"选项卡"修改"面板中的"修剪"按钮＼，将折弯线之间的线段作为修剪对象，对其进行修剪处理，如图 14-43 所示。

图 14-43　修剪图形 2

3．进行尺寸标注和文字说明

（1）单击"默认"选项卡"注释"面板中的"线性"按钮和"连续"按钮，为图形添加第一道尺寸标注，如图 14-44 所示。

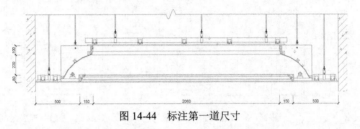

图 14-44　标注第一道尺寸

（2）单击"默认"选项卡"注释"面板中的"线性"按钮，为图形添加总尺寸标注，如图 14-45 所示。

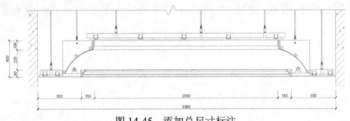

图 14-45　添加总尺寸标注

（3）在命令行中输入"qleader"命令，为图形添加文字说明，如图 14-46 所示。

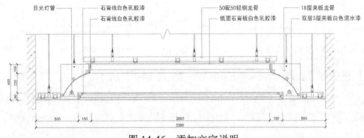

图 14-46　添加文字说明

（4）单击"默认"选项卡"绘图"面板中的"直线"按钮，在第（3）步中图形下方绘制一条水平直线，如图 14-47 所示。

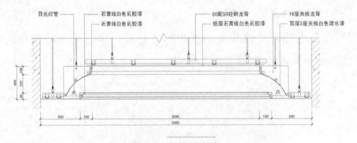

图 14-47　绘制直线 2

（5）单击"默认"选项卡"绘图"面板中的"圆"按钮，在第（4）步中绘制的水平直线上绘制一个适当半径的圆，如图 14-48 所示。

（6）单击"默认"选项卡"注释"面板中的"多行文字"按钮 A，在第（5）步中绘制的图形内添加文字，最终效果如图 14-2 所示。

14.1.2　一层其他剖面图

利用上述方法完成图 14-49 所示的一层花池剖面图、图 14-50 所示的一层 F 剖面图和图 14-51 所示的一层水池剖面图的绘制。

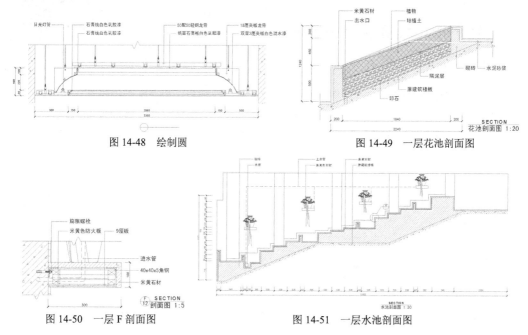

图 14-48　绘制圆

图 14-49　一层花池剖面图

图 14-50　一层 F 剖面图

图 14-51　一层水池剖面图

单击"快速访问"工具栏中"打开"按钮，打开"源文件\图块\图框"图块，然后将图块复制到当前图形中，并将其放置到绘制的图形外侧，最终完成一层走廊剖面图的绘制，如图 14-52 所示。

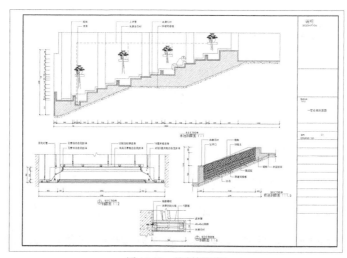

图 14-52　绘制剖面图

14.2 一层体育用品店剖面图

本节讲述一层体育用品店剖面图的具体绘制过程。

14.2.1 一层体育用品店 F 剖面图

一层体育用品店 F 剖面图如图 14-53 所示，下面介绍其绘制过程。

1．绘制一层体育用品店 F 剖面图

（1）单击"默认"选项卡"绘图"面板中的"直线"按钮✍和"圆弧"按钮，绘制台面，如图 14-54 所示。

图 14-53 一层体育用品店 F 剖面图　　　　　　　　图 14-54 绘制图形

（2）单击"默认"选项卡"绘图"面板中的"直线"按钮✍，在第（1）步中的图形下方绘制龙骨及夹板，如图 14-55 所示。

（3）单击"默认"选项卡"修改"面板中的"偏移"按钮，将底部水平边作为偏移对象，依次向下进行偏移，偏移间距分别为 5mm、29mm、45mm 和 1166mm，如图 14-56 所示。

（4）单击"默认"选项卡"绘图"面板中的"直线"按钮✍，在偏移线段右侧绘制一条竖直直线，如图 14-57 所示。

（5）单击"默认"选项卡"修改"面板中的"修剪"按钮，将竖直线段间的多余线段作为修剪对象，对其进行修剪处理，如图 14-58 所示。

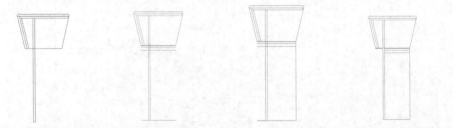

图 14-55 绘制龙骨及夹板　　图 14-56 偏移线段　　图 14-57 绘制竖直直线 1　　图 14-58 修剪线段 1

（6）单击"默认"选项卡"绘图"面板中的"直线"按钮╱，在第（5）步中的图形上绘制一条竖直直线，如图 14-59 所示。

（7）单击"默认"选项卡"修改"面板中的"修剪"按钮，将第（6）步中绘制的直线内的线段作为修剪对象，对其进行修剪处理，如图 14-60 所示。

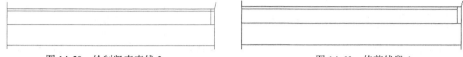

图 14-59　绘制竖直直线 2　　　　　　　　　　　　图 14-60　修剪线段 1

（8）单击"默认"选项卡"绘图"面板中的"矩形"按钮▢，在第（7）步中的图形内绘制一个 443mm×139mm 的矩形，如图 14-61 所示。

（9）单击"默认"选项卡"绘图"面板中的"矩形"按钮▢，在第（8）步中绘制的矩形右侧绘制一个 34mm×224mm 的矩形，如图 14-62 所示。

（10）单击"默认"选项卡"绘图"面板中的"直线"按钮╱，在第（9）步中的图形内绘制直线，如图 14-63 所示。

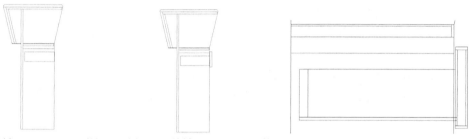

图 14-61　绘制 443mm×139mm 的矩形　　图 14-62　绘制 34mm×224mm 的矩形　　　　图 14-63　绘制直线 1

（11）单击"默认"选项卡"修改"面板中的"修剪"按钮，将第（10）步中绘制的直线内的多余线段作为修剪对象，对其进行修剪处理，如图 14-64 所示。

（12）单击"默认"选项卡"绘图"面板中的"多段线"按钮，在第（11）步中的图形内绘制连续多段线，如图 14-65 所示。

（13）单击"默认"选项卡"绘图"面板中的"圆"按钮⊙，在第（12）步中绘制的多段线内绘制一个半径 17mm 的圆，如图 14-66 所示。

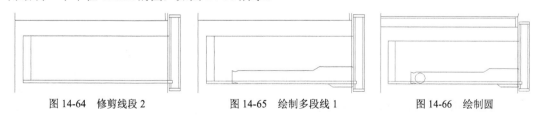

图 14-64　修剪线段 2　　　　　　图 14-65　绘制多段线 1　　　　　　图 14-66　绘制圆

（14）单击"默认"选项卡"修改"面板中的"复制"按钮，将第（13）步中绘制的圆作为复制对象，以圆心为复制基点，将复制间距设置为 276，对其进行复制操作，结果如图 14-67 所示。

（15）单击"默认"选项卡"绘图"面板中的"直线"按钮╱，在第（14）步中的图形内绘制一条水平直线，如图 14-68 所示。

（16）单击"默认"选项卡"绘图"面板中的"多段线"按钮，在第（15）步中的图形右侧绘制连续直线，如图 14-69 所示。

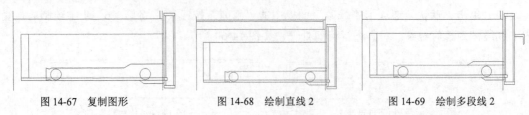

图 14-67　复制图形　　　　　　图 14-68　绘制直线 2　　　　　　图 14-69　绘制多段线 2

（17）单击"默认"选项卡"绘图"面板中的"直线"按钮 和"矩形"按钮，完成剩余图形的绘制，如图 14-70 所示。

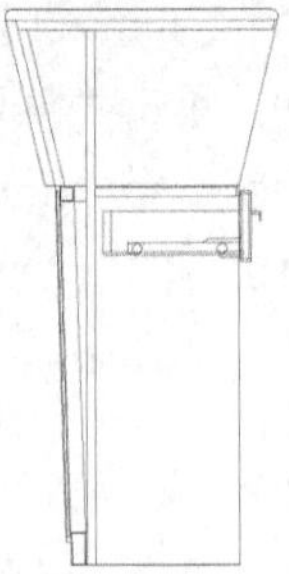

2．进行尺寸标注和文字说明

（1）单击"默认"选项卡"注释"面板中的"线性"按钮 和"连续"按钮，为图形添加第一道尺寸标注，如图 14-71 所示。

（2）单击"默认"选项卡"注释"面板中的"线性"按钮，为图形添加总尺寸标注，如图 14-72 所示。

（3）在命令行中输入"qleader"命令，为图形添加文字说明，如图 14-73 所示。

图 14-70　绘制剩余图形

（4）单击"默认"选项卡"绘图"面板中的"直线"按钮 "圆"按钮和"注释"面板中的"多行文字"按钮 A，为图形添加总图文字说明，最终完成 F 剖面图的绘制，结果如图 14-53 所示。

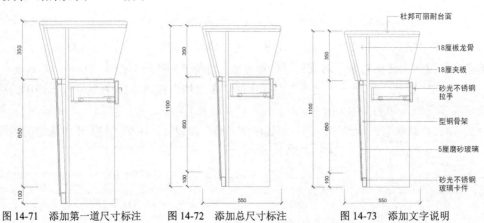

图 14-71　添加第一道尺寸标注　　　图 14-72　添加总尺寸标注　　　图 14-73　添加文字说明

14.2.2　一层体育用品店 E 剖面图

利用上述方法完成一层体育用品店 E 剖面图的绘制，如图 14-74 所示。

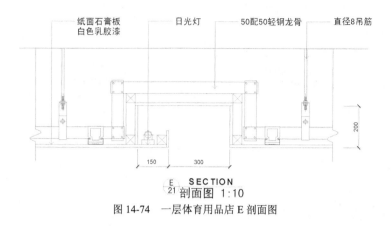

图 14-74　一层体育用品店 E 剖面图

14.3　一层台球室 E 剖面图、D 剖面图、H 剖面图

利用上述方法绘制一层台球室剖面图，如图 14-75 所示。

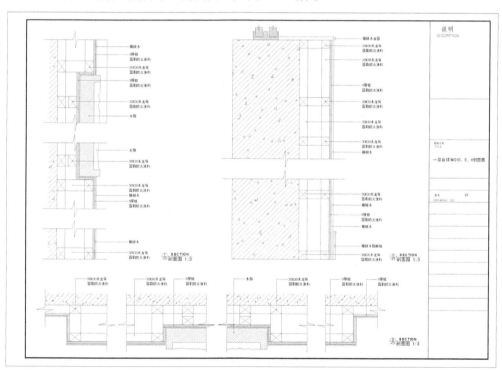

图 14-75　一层台球室剖面图

14.4　一层走廊节点详图

利用上述方法绘制一层走廊节点详图，如图 14-76 所示。

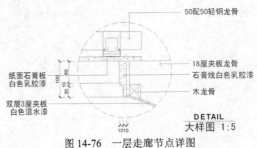

图 14-76 一层走廊节点详图

<table>
<tr><td>14.5</td><td>上机实验</td></tr>
</table>

【练习 1】绘制图 14-77 所示的歌舞厅室内 1-1 剖面图。

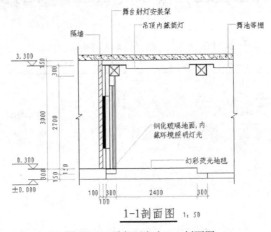

图 14-77 歌舞厅室内 1-1 剖面图

【练习 2】绘制图 14-78 所示的卫生间台盆剖面图。

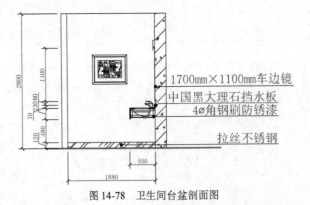

图 14-78 卫生间台盆剖面图